国家自然科学基金资助项目（编号：51978147）

城市开放空间研究系列丛书 | 徐宁 主编

公共空间

PUBLIC SPACE

斯蒂芬·卡　　尔　STEPHEN CARR
马　克·弗朗西斯　MARK FRANCIS
丽安娜·G.里夫林　LEANNE G.RIVLIN
安德鲁·M.斯　通　ANDREW M.STONE
著

徐　宁　徐小东　译

东南大学出版社
·南京·

图书在版编目(CIP)数据

公共空间 /(美)斯蒂芬·卡尔(Stephen Carr)等著；徐宁，徐小东译 .-- 南京：东南大学出版社，2023.11

(城市开放空间研究系列丛书)

书名原文：Public Space

ISBN 978-7-5766-0416-0

I. ①公… II . ①斯… ②徐… ③徐… III . ①公共空间-建筑设计-研究 IV . ① TU242

中国版本图书馆 CIP 数据核字 (2022) 第 227194 号

图字：10-2015-335 号

责任编辑：丁　丁　　责任校对：子雪莲　　封面设计：徐　宁　　责任印制：周荣虎

公共空间 GONGGONG KONGJIAN

著　　者：斯蒂芬·卡尔 Stephen Carr　马克·弗朗西斯 Mark Francis
丽安娜·G. 里夫林 Leanne G. Rivlin　安德鲁·M. 斯通 Andrew M. Stone
译　　者：徐　宁　徐小东
出版发行：东南大学出版社
社　　址：南京市四牌楼2号　邮编：210096　电话：025-83793330
出 版 人：白云飞
网　　址：http://www.seupress.com
电子邮箱：press@seupress.com
经　　销：全国各地新华书店
印　　刷：南京玉河印刷厂
开　　本：787 mm×1092 mm　1/16
印　　张：22.5
字　　数：404千字
版　　次：2023年11月第1版
印　　次：2023年11月第1次印刷
书　　号：ISBN 978-7-5766-0416-0
定　　价：148.00元

本社图书若有印装质量问题，请直接与营销部联系。电话：025-83791830。

丛书前言

在生态文明时代，城市发展面临的重要挑战是如何处理自然系统与人类活动的关系[①]，这主要体现在如何协调城市开放空间系统与不同城市功能分区之间的关系，从而实现城市高质量发展，创造高品质生活。尤其在当前我国城市从增量开发为主转向调整优化空间结构为主的存量更新阶段，城市开放空间系统建设对维系城市生态系统稳定性及其发挥生态效益、提升城市形象和环境品质、培育城市活力与市民认同感、承载当地居民的社会生活与文化意象具有关键作用。城市开放空间系统主要包括城市公共空间和城市开敞空间系统。城市公共空间蕴含公共与空间双重含义，指全体公众可达的开放场所，以硬质空间为主，是城市生活的重要载体；城市开敞空间是指城市内外以自然环境为主的场所，以软质空间为主，主要功能在于改善城市气候、调节城市的生态平衡、提供自然休憩环境。城市公共空间与城市开敞空间共同构成城市开放空间系统。

长期以来，物质层面的公共空间研究通常由城市设计和规划学者主导，兼有社会学者、政治哲学家等参与，研究对象是硬质的街道广场和其他为步行者设计的区域，这些空间主要分布在城市建成区，多为城市地段至片区的中微观尺度，公共性、公平、活力、可达性、使用者行为心理是城市公共空间研究的关键词[②]。城市开敞空间研究通常由风景园林学者和生态学者主导，研究对象是软质的绿色生态空间，这些空间更多分布在城区外围，覆盖从市域、区域直至国家层面的战略规划尺度，功能、结构、尺度、动态性、多样化是开敞空间研究的关键词[③]。鉴于以上学科背景、研究对象、空间区位、研究尺度与主

---

① 王建国．“从自然中的城市”到“城市中的自然”：因地制宜、顺势而为的城市设计［J］．城市规划，2021(2):36–43.

② 徐宁．多学科视角下的城市公共空间研究综述［J］．风景园林，2021,28(4): 52–57.

③ 刘滨谊，王鹏．绿地生态网络规划的发展历程与中国研究前沿［J］．中国园林，2010(3): 1–5.

题的差异，既往的城市公共空间与城市开敞空间系统的研究与实践工作往往泾渭分明，城市公共空间与城市开敞空间研究也较少同时进入同一批学者的视野。

然而，城市公共空间与城市开敞空间并不是完全独立的两套系统，而是相互交叠、融会渗透的，两者间存在一些重合区域，如公园绿地、城市绿色空间等，空间结构与主导功能上也具有景观功能复合、协同发展的潜力。城市公共空间需要在承载市民公共生活的基础上寻求生态化发展，发挥景观生态效益；城市开敞空间则需要在保障城市生态安全、维护生物多样性的基础上发展生态游憩活动，发挥公共性价值。尤其是在城市高度建成区，两者的协同发展能够在集约用地的基础上增强城市绿色网络的生态连接性，提升公共服务系统的复合功能，形成涵盖自然与社会两套公共系统的景观全局性框架，主导城市社会人居环境的健康有序发展。景观在此成为瓦尔德海姆意义上的“理解和重塑当代城市的媒介”[①]。与之对应的是，当代风景园林面临的研究和实践对象正在从单一用地性质（绿地）拓展为多种用地性质（公共空间），公共开放空间体系成为风景园林学科关注的焦点；在生态文明时代，城市设计的主体研究和实践对象也不再局限于硬质为主的公共空间系统，而是向更广泛的城市开放空间领域扩展。

但城市公共空间与城市开敞空间系统的研究迄今为止仍然是比较割裂的，这实际上对应着城市设计与风景园林之间的模糊关系。历史上，从中国传统城市建设的生态智慧到西方现代城市公园系统实践，从田园城市、生态城市、健康城市、低碳城市到景观都市主义和生态可持续城市设计，从早期哈佛大学、宾夕法尼亚大学风景园林专业创设与城市设计教育的深刻渊源到当今我国高校风景园林专业培养方案中对城市设计方向的关注，都表明风景园林与城市设计的关系应当非常密切。但事实上，至少在我国，虽然城市设计与建筑学科、城乡规划学科的紧密关系已在研究和实践的各个层面得到全面、深入的探索，但城市设计与风景园林的有效结合则相对不够。例如：城市系统与自然系统如何更具体地结合在一起？城市进程与生态过程的作用关系与作用机理是怎样的？这种关系如何落位在空间形态上？形成什么样的空间秩序？城市固然应当更重视开放空间体系的存在，但如何将城市所在的地理环境、公共空间与开敞空间作为景观结构与功能上的整合系统进行考虑？城市形态和过程如何科学纳入风景园林学的视野？风景园林又如何与城市设计真正走向协作及融合？

---

① 瓦尔德海姆 C. 景观都市主义［M］. 刘海龙，刘东云，孙璐，译. 北京：中国建筑工业出版社，2011.

更重要的是，风景园林需要借鉴城市设计思维，突破囿于开放空间本体的局限，因为城市开放空间无法脱离特定的城市物质和社会特征而孤立存在，处在与城市语境作用关系中的开放空间系统研究更贴近真实的城市状态，也利于从空间本体与城市语境两方面提升开放空间规划建设的科学性，解决开放空间建设与城市形态及功能关联的内洽性不够等问题。同时，风景园林在生态规划设计层面的优势对城市设计的影响也是不可替代的，有潜力将城市设计从对空间形态层面的关注引向真正建立在生态科学基础上的生态与形态耦合的绿色城市设计①，更好地满足在城市设计中整合城市自然系统保护与修复、生态服务功能提升等需求。因此，风景园林与城市设计的关系是互补、互益的，两者的深度融合有利于有效推进生态优先、全域统筹、高效可达、公平优质的城市开放空间体系建设，进而支撑和统领城市空间可持续发展。

基于以上想法，编者组织编写了这套“城市开放空间研究系列丛书”，将部分城市公共空间与城市开敞空间方向的研究成果汇编在一起，这一方面源于编者从城市设计求学领域迈入风景园林职业领域的相关思考，另一方面也尝试为风景园林与城市设计领域的学者形成更多共识搭建桥梁，推动风景园林与城市设计的战略融合。编者坚信，开放空间体系建设将成为新时代城市绿色发展的有效手段。

本丛书的内容遴选和价值体系具有开放性。丛书第 1 册是《效率与公平视角的城市公共空间格局及其评价》，根据王建国院士指导、徐宁完成的博士学位论文改写而成，论文获评东南大学优秀博士学位论文。该书以城市公共空间格局为核心命题，通过城市结构形态、土地利用、交通组织、人口分布四个层面，研究了城市公共空间格局对城市发展的全局性影响，并提出了相应的协同互构、关联支配、竞争联合、差异并置等重要原则；采用量化技术手段，针对性地提出了相关发展策略与指标评估系统，并结合南京与苏黎世的案例展开了实证研究，拓展了城市公共空间建设与优化的科学途径。

丛书第 2 册《公共空间》译著是城市公共空间史上的经典之作，揭示了人们如何实际使用和评价公共空间，同时注重公共空间设计与管理的社会基础。作者包括一位建筑师兼环境设计师、一位景观设计师、一位环境心理学者和一位开放空间管理者，他们就如何整合公共空间与公共生活提供了一种巧妙的视角。该书作者认为，公共空间的设计和管理过程应以三项关键的人性维度为指导：使用者的基本需求、他们的空间权利以及他们所寻求的意义。为了论证和解释这三大维度，作者们归纳了公共生活与公共空间的历史，并结

① 王建国．中国绿色城市设计的概念缘起、策略建构和实践探索［J］．城市规划学刊，2023(1): 11–19.

合自己的规划设计经验以及一系列原创的案例研究对其展开充分论述[①]。

丛书第3册《南京老城公共空间格局分析与优化：南京记忆2020》侧重南京老城公共空间调研基础上的可达性评估与优化，在回顾南京老城公共空间十年变迁的基础上，应用社会网络分析法评估公交出行模式下的公园绿地可达性，引入贪心算法生成公园绿地的公交可达性优化方案以改善现有公共空间的使用状况；应用遗传算法生成权衡公平性与土地转换成本的公园绿地布局优化方案，旨在为城市公共空间格局研究提供新的思路和方法，同时为南京老城公共空间系统优化提供科学依据。

编者计划围绕城市开放空间研究主题出版系列丛书，前3册只是该丛书的部分阶段性成果。随着研究的深入，丛书会不断增加相关主题的研究成果，也期待更多学者能够加入城市开放空间的研究、实践与本丛书的撰写工作中。鉴于编者水平有限，书中不当之处甚或错误在所难免，恳切欢迎读者给予意见反馈并及时指正。

徐宁

2023年2月于南京

① Carr S, Francis M, Rivlin L G, et al. Public space［M］. New York：Cambridge University Press，1992.

公共空间

斯蒂芬·卡尔（Stephen Carr）
卡尔、林奇、哈克和桑德尔设计公司
建筑师、景观设计师和规划师

马克·弗朗西斯（Mark Francis）
加利福尼亚大学戴维斯分校
联合设计公司，景观设计师

丽安娜·G. 里夫林（Leanne G. Rivlin）
纽约市立大学研究生院

安德鲁·M. 斯通（Andrew M. Stone）
公共土地信托机构

目　录

案例研究

英文版系列前言

近几十年来，人类行为与物质环境之间的关系已经吸引了来自社会学科——心理学、社会学、地理学、人类学和来自环境设计学科——建筑学、城市和区域规划、室内设计研究人员的关注。在诸多方面，一个新的和令人兴奋的研究领域迅速发展起来。它的多学科特点一方面会带来启发和相互促进，另一方面也会导致交流中的混淆和困难。研究者们有着各种各样的思维风格和目标。有些人关心的是基础和理论问题，有些则关心环境设计中的现实应用问题。

本系列丛书提供了一种共性的交汇点。它由不同主题的书构成，面向所有环境行为分析的相关人员。我们希望该系列丛书能够为学生、研究人员和实践者提供这一领域的有用介绍，同时也能促进该领域的进一步发展。

我们的目标包括：（1）描述相对成熟的研究问题，这些问题已有相当多的研究和知识；（2）从多元视角征集不同学科的作者；（3）对于不属于理论方向的论著，确保作者不仅进行一些总结工作，而且要提出“观点”；（4）出品广泛适用于社会学科与环境设计领域中不同学科的学生、专业人士和学者们的书籍。

埃尔文·阿特曼（Irwin Altman）
丹尼尔·斯托科斯（Daniel Stokols）

谨以此书纪念

凯文·林奇（Kevin Lynch）

哈罗斯·M. 普罗尚斯基（Harold M.Proshansky）

[——老师、同事、朋友和灵感源泉]

前 言

本书与公共空间和它所支持的生活有关。我们认为公共空间是一处共用的地方，无论是常规的日常生活还是周期性的庆典活动，人们在这里开展功能性的和仪式性的活动，从而联结成为社区。我们认识到，公共空间在世界上的许多地方，尤其在西方，越来越多地被用于“私人的”目的——买卖物品、园艺、通过运动完善自我，抑或就是寻找一个存在之处。它也可能成为威胁社区的活动场所，诸如犯罪和抗议活动。由于公共生活伴随文化而演进，因此人们可能需要新型的空间，而旧的空间将被摒弃或予以再生。我们需要学会如何创造和维护适合使用者和环境的场所，以及这些场所如何随着时间的变迁一直得到很好的利用。

《公共空间》为改进公共场所的设计、管理和使用提供了指导。我们希冀本书不仅有益于那些在现有空间中需求并不总是能得到满足的使用者，而且对负责创造或提升公共空间的政界人士、公共管理人员、私人开发商、设计师和管理人员都有所裨益。我们的思想源泉包括对公共空间历史和社会的科学研究、专业设计和规划经验，以及对众多空间的直接观察。我们提出了一套特定的价值体系来组织这些信息，以及在设计和管理中使用这些信息的方法与工作流程。

第一部分基于对我们这个时代的历史回溯，提供了关于公共空间和公共生活的批判性视角。在第一章中，我们回顾了创造公共空间的主要动机和对现有成果的评论。我们提出，好的公共空间应当是具有支持性的、民主的和富有意义的。在第二章中，我们从历史的角度分析了公共生活，审视了塑造公共生活的各种力量，并探讨了如何使公共空间助力于创造更加人性化的文化。最后，我们对第一部分进行总结，说明公共生活的演化如何产生了我们今天所拥有的诸多空间类型，包括那些专门为支持公共生活而设计的空间如公园、广场、游乐场，以及那些适用于这一目的的空间，如街角、公共建筑的台阶或是空地。

在第二部分，以当前的环境和社会研究以及大量案例研究为基础，对公共空间的人性维度加以描述。我们的研究中补充了对欧美公共空间的案例研究，这些案例主要源自我们自己的实地考察和评估，少量来自其他学者和设计人员的研究。我们的方法论主张，任何对公共空间的良好分析必须始于在某个空间中经历一段时间去观察它如何被使用，并记录其如何被感知。总之，这些章节提供了一个框架，用于识别和评估人们在公共空间里的需求，保护他们的权利，并使空间变得富有意义。

第二部分没有给出有关公共空间中人与环境研究的全面综述。更完整的综述已经有了，包括由阿特曼（Altman）和斯托科斯（Stokols）所著双卷本的《环境心理学手册》（Altman & Stokols,1987），由阿特曼和沃尔威尔（Wohlwill）所著的多卷系列丛书《人类行为和环境》中的第十卷（Altman & Wohlwill,1983），由阿特曼和祖贝（Zube）编写的杰出著作《公共空间和场所》（Altman & Zube,1989），由祖贝和摩尔（Moore）编撰的多卷丛书《环境、行为与设计中的进展》(Zube & Moore,1987,1989,1991)。我们的目的也不是提供另一套指导准则，这些准则可以在由克里斯托弗·亚历山大（Christopher Alexander）等著的《模式语言》（Alexander et al.,1977）、克莱尔·库珀·马库斯（Clare Cooper Marcus）和卡洛琳·弗朗西斯（Carolyn Francis）所著的《人性场所》（Cooper Marcus & Francis,1990），以及杰弗瑞·布罗德本特（Geoffrey Broadbent）撰写的《城市空间设计的新兴概念》（Broadbent,1990）中找到。相反，第二部分旨在提供一种对原理的理解——关于公共空间的“人性维度”，这是更具创造性地和更有效地设计和管理空间所必需的。

在第三部分，我们提出了设计和管理的方法。第七章展示了如何运用第二部分所界定的维度来指导多元文化和不断变迁的社会背景下的进程。接着，我们分析了设计和管理通常是如何展开的，并针对我们复杂的文化提出了一种更有效的流程。最后以对关键社会问题的讨论结尾，相信这些问题在公共空间的未来发展中必定会得以解决。

虽然我们的主要目的是帮助公共空间的生产者和使用者创造和维护更好的空间，但是本书还有其他三个议题。首先，我们希望这份研究和案例分析的汇编会有益于环境心理学者及其他关注公共生活和公共空间的社会研究人员。为了帮助未来的研究，我们提供了一套关于既往研究、理论和设计的参考书目。希望我们的回顾有助于促进长期的案例研究，因为我们发现现有文献中很少出现。我们明白，要把此事做好所需的时间和支持往往难以保证。一份好的使用后评价，包括对参与设计过程的所有人员的广泛访谈，以及对管理者和使用者的观察和访谈，可以近似于从充分观察的案例中所获得的深入理解。然而，我们坚信，公共空间的总体状况几乎无异于创造和维护它们的过程，因此，除成品外，过程也需要被研究。希望设计者和管理者能够带头创造机会以供社会学家观察他们的工作过程，这不算苛求吧？

我们的第二个愿望是为社会学家、赞助方、使用者、设计者和管理者在创造和维护公共空间方面的合作激发更多的灵感。本书试图证明这种方法的价值。设计人员和管理人员需要起到引领作用，但建设单位和使用者的理解与资金支持也是需要的。社会学家的参与并不是解决公共空间设计与管理中诸多问题的灵丹妙药，但他们所提供的知识和观点将极大地丰富公共空间创造中的社会艺术。

最后，我们希望对设计和管理人员的教育能显著拓展。我们认为，除了对团队工作过程的技能培训外，还应该更加注重设计和管理中的人性与文化维度。设计教育不仅应包括有关设计的社会基础的课程和研讨，还应请具有环保意识的社会学家走进工作室，与学生们共同开展他们的设计项目，激励他们去探索其设计与人的需求的匹配程度。虽然大部分设计计划的安排试图提供团队合作的经验，但只有少数安排会包括学习如何与使用者群体和社区合作。那些学生作助手的实际项目可以提供这种体验，如果能得到团队工作过程专家的指导，那么这样的体验将是最有意义的。管理培训可能会走向相反的错误方向，即过于关注与人共事的技能，而对工作成果的社会价值关注不足。

更多的研究，更多的跨学科合作，扩大对设计师和管理人员的培训，都将有助于创造更好的公共空间。不过，我们深信，目前对显著提升空间创造的典型过程和产品的了解已足够多。本书致力于此项工作。

开展工作后，我们对已有的大量关于公共空间的社会研究很感兴趣，更感兴趣的是，设计师和管理人员对这些研究知之甚少。当我们审视这套知识体系、观察许多现有的公共空间并回顾我们自己作为设计师和规划师的经验时，我们得出了一些明确的结论。作为这次合作探究的成果，《公共空间》一书秉持这一坚定立场，即公共空间能贡献最重要的价值，而设计和管理过程能最好地增进这些价值。我们希望本书超越目前已知的学术论述，为所有参与创造、改进和管理公共空间的人们提供灵感。

《公共空间》一书特别融合了历史、社会科学和实践知识，折射出作者们跨学科的技能和经历。里夫林（Rivlin）和斯通（Stone）是环境心理学家。里夫林为设计项目做咨询，斯通也是执业规划师。卡尔（Carr）是建筑师及城市和景观设计师。弗朗西斯（Francis）是景观设计师、研究员和教师。四位作者对环境心理学的兴趣都由来已久。本书的构想正是几位作者在纽约市立大学从事环境心理学博士课程的合作教学和研究中产生的。

全书总体上的理论、目标、结构和内容是作者们共同决定的，每位作者负责特定的章节。总的来说，丽安娜·里夫林（Leanne Rivlin）、安德鲁·斯通（Andrew Stone）和马克·弗朗西斯（Mark Francis）调研的社会科学和历史研究，奠定了第二章到第六章的基础。斯蒂芬·卡尔（Stephen Carr）和马克·弗朗西斯合作的对当下实践的批判形成了第一章，二人在第七章和第八章中共同提出了关于更好方法的构想。里夫林、斯通和卡尔共同提出了第六章的观点。

鉴于我们在一起共事过很长一段时间，因而有充分的机会进行思想上的碰撞，至此，所有章节都有我们思想的影子。最后的成稿，第一章由弗朗西斯和卡尔撰写；第二章由里夫林撰写；第三章由斯通撰写，弗朗西斯和里夫林也有贡献；第四、五章由斯通和里夫林撰写，弗朗西斯也有贡献；第六章由里夫林和斯通撰写，卡尔也有贡献；第七、八、九章由卡尔撰写，也从所有人那里得到了建议。插图是由卡尔和弗朗西斯共同挑选的。最终成书由弗朗西斯协作完成。

如果没有诸多组织和个人的支持与帮助，本书将无法成稿。国家艺术基金会为我们的背景研究和案例研究文献提供了资金。我们自己的机构——马萨诸塞州剑桥市的卡尔、林奇、哈克和桑德尔（Carr, Lynch, Hack and Sandell）设计公司，加利福尼亚大学戴维斯分校的环境设计系，纽约市立大学的环境心理学计划，以及公共土地信托机构都慷慨地为此项研究提供了自由的时间并以其他重要方式帮助了我们。琳·罗弗兰（Lyn Lofland）审核了早期的手稿并提出有益的改进建议。剑桥大学出版社系列丛书的总编辑，埃尔文·阿特曼（Irwin Altman）和丹尼尔·斯托科斯（Daniel Stokols）在对后期手稿的最宝贵的意见中总是充满了鼓励、缜密思考和挑战性。伊丽莎白·马奇（Elizabeth March）协助了在波士顿和华盛顿特区开展的案例研究，十分有助于我们早期对维度的定义，并在整个过程中促进我们思考。玛丽·奈木（Mary Naki）、马蒂·马蒂诺（Marti Martino）、乔·法尹（Joe Fajen）、安妮·玛丽·萨多斯基（Anne Marie Sadowski）和贝丝·米尔斯（Beth Meres）拥有良好的技能和幽默感，他们将许多手写草稿键入电脑。汤姆·弗莱（Tom Frye）协助编制了插图。

我们感谢读者对本书的兴趣，并恳请提出意见。我们知道，如果与您展开对话，本书将会成为更好的作品，我们希望从您的回应中学习。在不断创造和改造人类环境的进程中，需要进行许多对话，也需要聆听多方声音。

第一部分 公共空间与公共生活

第一部分探讨了美国公共生活和公共空间的起源与现状。尽管对公共生活的明显式微已有许多讨论，但是我们认为最近的公共空间复兴表明它只是采取了新的形式。当前可见的公共空间在类型和数量上的扩张，包括新型商业空间、社区花园、绿道以及自然保护区，表明了我们生活方式的改变如何持续塑造着场所的设计与管理。然而，某些创造公共空间的动机不能充分反映使用者的需求，结果导致了设计和管理上的失败及诸多批评。在第一章中，我们讨论了这些问题，并概括了在公共空间创造中需要考虑的基本价值。

第二章回顾了公共与私人生活之间的动态历史平衡，表明重要的公共生活仍然发生在公共空间中。本章讨论了形塑公共生活的关键力量，以及它们对公共空间的影响。公共生活和公共空间通过改变来对这些力量进行回应，通过各种各样的变体，公共生活继续成为我们社区意识和文化的核心。

在第三章中，我们追溯了特定类型公共空间的演进，比如街道、广场、游乐场、购物中心、社区开放空间等。本章的重点放在公共空间的近期发展，因为它们正变得开放和分散，针对不同群体有其特定的类型。第三章最后总结了当今主要公共空间的类型。

第一章　公共空间的价值

公共空间是展现公共生活戏剧的舞台。城市的街道、广场和公园为人类交往的盛衰赋形。这些动态的空间相对于更为固定的工作和家庭生活的场所来说是必不可少、相辅相成的，它提供了运动的渠道、交流的节点以及游玩和放松的公共场地。公共空间可以帮助人们满足他们对空间的迫切需求，可以用来界定和保护重要的人的权利，可以更好地传达特定的文化意义。本书将探索和延伸这些主题，从而揭示公共空间的价值，并为提升设计和管理奠定基础。

在所有的公共生活中，公共活动与私人活动之间存在着一种动态的平衡。在这种平衡中，不同文化场所在公共空间中所强调的重点不同。将南欧的拉丁文化与北非的穆斯林文化进行比较，南欧文化是将展示财富、市民权利及宗教力量的宫殿、市政厅和教堂面向主街和广场；北非的穆斯林文化却是另外一番景象，它们为数不多的公共空间远离市场和商业街道，而是在可兰经学校、清真寺及家庭等更私有的领域中有着丰富的设计和表达。尽管公与私的平衡对每种文化都是唯一的，但它会受到文化交流、技术、政治和经济制度变化以及时代精神的影响而转变。

在美国相对短暂的历史中，一些这样的转变已经发生。在 17 和 18 世纪，城镇和城市的功能需求是修建道路以及后来的铺砌街道，这些道路和街道为方便起见通常采用格网模式。这些简单的空间是公共生活的主要场所，集中于日常商业方面。在新英格兰地区，街道被公共绿地、城镇广场和公共市场所补充，其灵感源自伦敦这一原型或者西南部的西班牙。像欧洲一样，这些公共场所和广场的前面是市政厅和教堂，与市场共同成为市民自然而然的会面场所。19 世纪，再次受到欧洲发展的影响，美国引入了林荫大道和风景优美的公共公园，既为庆祝上级阶层增加的财富和闲暇时光，同时也为被禁锢在日益膨胀和拥挤的工业城市中的工人阶层带来了更美丽和健康的环境。随后美国迎来了改革运动，改革运动强调的重点是为贫穷劳工的孩子们提供游戏场所；再之后

新英格兰带有公共标志的公共用地：教堂、市政厅、室外音乐台和革命战争纪念碑。（斯蒂芬·卡尔）

是随着中产阶层闲暇时间的增加，小型运动公园和游乐场的普及以满足他们日益增长的娱乐需求。

随着中产阶层和工人阶层的人群移居郊区，在那里他们有了私人的户外空间，他们的生活方式以及对公共空间的使用也发生了变化。在功能方面，独自驾车出行和交通流的困扰使得街道生活减少并退化。没有人情味的购物中心和商业街取代了作为公共生活场所的市中心。对于这些郊区居民来说，后院、高中学校的操场或网球场，以及未开发的郊野部分，替代公共公园成为家庭休闲的场所，而电视和录像机则试图将人们关在家中消磨时光。

这种郊区化，对留在城市中的人们而言日益增加的困难，导致一些社会学家哀叹公共生活的衰落，认为社会的平衡正强烈转向私人生活的安全和乐趣（Fischer，1981；Lofland，1973；Sennett，1977）。即使是在过去以活跃的公共生活而著称的城市贫民区中，家——如果有家的话——也成为避开日益危险的街道威胁的避风港。近来，绝对衰落的观点被如下看法所缓和，即认为公共生活转变成交往和交流的新形式，这些新形式不再依赖传统公共场所的基本关系（Brill，1989a；Lofland，1983）。个人独处时间[①]或当地教堂或寺院中的社交活动，以及通过当地报纸或有线电视进行交流，可能会被视为替代了公共广场中的对话。甚至中产阶层的青少年们闲逛都会选择在购物中心而不是邻里街头，因为街头可能会遇到熟悉的大人们。

社会现实主义者将购物商场视为新的公共生活的中心。（斯蒂芬·卡尔）

公共生活与公共空间的复兴?

如果不考虑这些特定的社会趋势，审视城市环境自身，就会呈现出迥然不同的景象。第二次世界大战以来，公共空间的类型越来越多，以满足日益细分和专门化的公共生活的需求。为了社会不同亚群体的需要，不仅公共空间增多了，而且多数新空间似乎都得到了很好的利用（Glazer & Lilla，1987；Lennard & Lennard，1984）。过去30年里，全国各地兴建了数以百计的新公园、步行商业街、广场、中庭和社区花园，花费了巨大的公共和私人投资（Brambilla & Longo，1977；Heckscher & Robinson，1977；Whyte，1988）。20世纪后期

① 译者注：原文使用的是缩写形式“PTA”，根据上下文含义推测，应为“personal time alone”，译为“个人独处时间”。

衰败的老旧公园、游乐场和公共广场，如今在许多城市得到了更新和复兴。农贸市场越来越受欢迎，在一些先锋城市，公共市场建筑得到翻新或修建以容纳农贸市场。流动商贩和街头表演又回来了，而且不只是在“节日市场”的人工环境中。户外咖啡极受欢迎。

第二次世界大战以来，成功的新兴空间通常具有商业用途。开发于 19 世纪 60 年代的旧金山吉拉德里广场。（斯蒂芬 · 卡尔）

一个晴朗的秋日，人们来到佛蒙特州伯灵顿市中心的教堂街市场。（斯蒂芬 · 卡尔）

从20世纪50年代后期的步行商业街运动开始，多数美国城市都在致力于通过新建步行街、公园和广场，尽可能地增加树木来改善市中心的商业商务区。尽管有些商业街不景气，但来自旧金山、纽约、波士顿、西雅图、波特兰、芝加哥和许多其他城市的证据表明，使用市中心公园和广场的人们正越来越多（Cooper Marcus & Francis，1990；Frieden & Sagalyn，1989；Whyte，1988）。这项复兴工作的最新发展阶段被称作节日市场，是一种强调精品店、餐饮和娱乐的市内购物中心，支持休闲购物的公共生活新形式。

许多城市正在努力收回老旧滨水工业区，以供公众进入和使用。包括波士顿、巴尔的摩、西雅图和费城在内的一些城市已经完成了重大转型。这些努力往往始于一年一度的滨水区集市和节日庆典，这些滨水区吸引成千上万的人去体验灯光和水的魅力，人们在那里尽情享受。许多地方还试图占据剩下的“城市荒野”、未开发的湿地和其他区域，这些区域可以成为自然保护区，向步行者和野生动物开放。一些城镇目前正在努力将这些区域与慢跑及自行车爱好者的城镇步道连接起来（Goodey，1979）。在较老的邻里街区，社区花园运动正在蓬勃开展。植物园、花园集市、邻里集市和节日庆典中破纪录的到场人数进一步证实了人们渴望在愉悦的场所相聚（Francis，1987c）。

公共生活原有形式的衰落与公共空间的复兴，这两种看似矛盾的趋势，反而可能是相辅相成的。至少对于中产阶层来说，邻近的公共空间不再是从拥挤的居住和工作环境中获得放松的必要场所，也不再是有助于将过去的“都

底特律的哈特广场被设计为水畔的节庆空间。（斯蒂芬·卡尔）

市村庄”与社会支持系统结合在一起的社会交往的主要场所（Gans，1962）。取而代之的是，支持特定类型公共生活的公共空间成为家庭和团体享有、个人发展和探索发现可自由选择的场所。在为其公共生活选择空间的过程中，人们也可以选择在有利于放松交流的场所中感受其他群体。成功的多元文化空间增加了城市作为认知环境的丰富性，并为文化融合的美国梦，或至少是文化理解提供了希望。

公共空间的复兴。不同的人们在此摩肩接踵。华盛顿特区的画廊广场。（斯蒂芬·卡尔）

公共空间发展的原因和结果

应该根据美国城市公共生活不断变化的全景来观察创造或重塑公共空间的主要动机。公共空间的生产者和管理者最常引用的目标包括公共福利、视觉改善、环境提升和经济发展。虽没有总被提及但也很关键的是，政府或企业的生产者和管理者的公共形象的提升。这些目标对生产者而言的相对重要性，随着城市中各种公众需求的变化和政治经济的变化而改变。从使用者视角看，他们所得到的空间有可能会产生一系列不同的益处，其中一些可能不是有意为之。

公共福利一直是创造或改善公共空间的主要动机。希腊人和罗马人首先为出行和安全铺砌并取直街道，又建造广场为公共生活提供便捷和庄严的中心（Mumford,1970）。时至今日,这些仍然是最常见的街道和广场改造的目的。公园从一开始就被视为“城市之肺”，取代了乡村。在公园里，人们可以沐浴在新鲜的空气和阳光中，可以自由漫步和放松，可以缓解城市生活中压抑的身心状况（Cranz，1982；Heckscher & Robinson，1977）。其后，在19世纪末和20世纪初的改革运动中，这种动机变得更加明确，我们建造公园和游乐场以提供“娱乐的机会”。如今，倡议组织往往试图将公共福利的维度定义得更精细。

视觉改善也是一种古老而可敬的动机，它在我们的社会文脉中产生了新的问题。古罗马的皇帝们提供更多更庄严的广场、巴西利卡和浴场，支持高级

为雄伟入口而设的完美城市背景也适用于闲逛。罗马的西班牙台阶。（斯蒂芬·卡尔）

的公共生活，以求超越他们的前任。文艺复兴时期，当被赋予机会时，意大利的建筑师和雕塑家们创造了笔直的街道和广场，这些空间仿佛室外房间一样，成为时代生活的雄伟壮丽的背景，这种做法大约在16世纪末的罗马达到顶峰。美国人也尝试了这样的城市改造工作，通过公共空间的统一设计来美化中心城区和主要街道，有时还要对相邻的私人开发进行管控。其中一个问题是如何在民主和文化多元的社会中实现广泛的审美吸引力，本书将在后续章节中探讨这个问题。

环境提升的目标是紧密相关的，因为大多数人认为树木和绿色植物兼具审美与心理上的重要性（Kaplan & Kaplan，1989）。这一目标通常用于更大规模的干预，比如为自然保护区征用土地、建造城镇步道或者广泛植树。公众对环境退化、对人类定居地如何与更大的生态系统相关联的公共意识的觉醒，伴随着对自然景观的保护和强化、新的开放空间的创造和对现有环境"绿化"的强调，很可能会为更感性的城市发展提供政治和经济上的支持（Hough，1984；Sale，1990；Spirn，1984）。全球变暖的威胁已促成城市森林的提案，在未来几十年里全球将种植数以百万计的树木（Schroeder，1989）。

经济发展是建造开放空间的又一共同动机。为享受和放松而设计的空间以及非正式表演和其他有趣活动的支持，能够吸引那些可能成为零售商好客户的人群。小型广场和中庭可以让人们午餐时放松身心，帮助人们从孤立的办公室工作中解脱出来。这些空间还能用于促进新商业的开发。服务公众的动机与提升企业或政府形象的愿望之间经常存在紧张关系，不过有一些有用的指南可以协调这些关系（Whyte，1980，1988）。

事实上，形象的提升通常是大多数公共空间生产者心照不宣的目标。政府赞助方必然会希望造价不菲的公共空间能够为他们自己带来很好的反响。大多数在城市中建新楼或做开发的企业都希望成为并被视为良好的社会公民。毗邻的成功公共空间也将提升和保障建筑投资的价值。地方政府能够从这些有助于改善城市形象和创造自豪感的项目中获益，尤其是当私人开发或其他一些政府分支机构能为这些项目买单的时候。在这些原因中，该动机可能是决定空间设计的最重要因素之一。

过去20年里，有大量研究从使用者角度评价公共空间的实际效能。本书第二部分指出了公共空间对社会、人们心理和身体上的诸多益处，这些益处在公共空间生产者的广泛目标中没有特别提及。这些研究很大程度上扩大了公共福利的动机，揭示了其真实的复杂性。我们将看到空间如何用于服务人的需求，从被动放松到主动与他人交往，再到对未知世界的探索。政治维度也将得到揭示，展示公共空间如何赋予个人和群体权力，同时帮助管理他们之间的潜在冲突。除了视觉上的吸引力外，公共空间还被认为传达了意义，包括强化个体和群体生活的意义、挑战公认的文化世界观和打开新的视野。增加对人类在自然生态系统中的地位的理解将是最重要的。在构思和管理空间时采用这些人性维度，政府、开发商和社区团体可以接触并满足使用者。反过来，这项成就将使经济发展和形象提升等目标更有可能通过公共空间得以实现。

曼哈顿洛克菲勒中心通往下沉式溜冰场的林荫路是借助公共空间提升企业形象的典型。（斯蒂芬·卡尔）

上述这些研究中经常强调的是公共空间中人性维度的缺失，为不时出现在新闻报道中的轶闻和评论文章增加了实证分量。鉴于用于支持市中心区零售业发展或作为办公楼配套的公共空间一直备受公众关注，所以那些空间是最常受到批判的。比如说，许多市中心的步行商业街没有达到预期，有时是因为它们的设计过于做作，但更多时候是因为城市中大量的社会和经济力量果断地离开了市中心，以至于没有什么设计能够改变新的购物模式（Knack，1982；Kowinski，1985）。尽管指出设计的失败很容易，但真正的失败很可能是对经济和社会的分析不足。如果赞助方和设计者理解市中心的零售业需要适应新的市中心办公人员和附近居民的市场，那么就应该咨询这些潜在的使用者，从而有助于创造合适的空间。

批判也集中于企业广场，经常被认为其设计和管理不适合公众使用。对这些空间的仔细观察表明，许多空间确实没有得到充分利用，或者在以非预期的方式被使用（Chidister，1986；Whyte，1988）。缺少遮阳挡风的遮蔽之所以及座位的短缺，都暗示着密集的公共使用并非想要的结果。赞助方通常担心他们的空间会被"不受欢迎的"或"不正常的"使用者占据，比如毒品交易者或青少年，或是那些不够体面、无法巩固企业形象的人群。结果就是，这些空间通常被作为前院，成为地位的象征而不是为了使用（比如第五章的格雷斯广场案例）。当赞助方真正想为他们的员工及其他令他们感觉舒适的人提供可用的空间时，他们有时要承担不必要的管理问题，以排除其他可能的

美国最早的市中心购物商场之一，位于加利福尼亚州弗雷斯诺，尽管设计了丰富的设施，但仍无法逆转商业的衰退。（斯蒂芬·卡尔）

使用者。

部分由于这些矛盾的结果，在新的办公楼开发中，封闭的中庭或商业街廊正在取代底层的开放空间。这些空间由商店和餐馆环绕，出入口有警卫人员管控，并有摄像机监控使用情况（参见第五章的花旗集团案例）。因此，尽

企业的“前院”常常是荒芜的地方。旧金山市场街上无家可归的人。（马克 · 弗朗西斯）

当前的趋势是将企业的“公共”空间置于玻璃之后，通过大门、标识和警卫人员限制出入。曼哈顿中城的 IBM 公司中庭。（马克 · 弗朗西斯）

管可能鼓励积极使用这些空间，但公共空间还是成为私有的、商业化的空间，严格限制人员进入。包括纽约和旧金山在内的一些城市，都给予开发商一定的奖励，通常是建设更大规模建筑的权利，将其作为建设地面空间设施的回报。评论家和倡议组织认为，尽管开发商想要获得许可把底层空间封闭起来，但这类公共赠予需要将这些空间向所有公众开放（Whyte，1988）。

一些节日市场也受到了类似的批判，比如巴尔的摩港区或纽约南街海港。这些零售业的开发通常将户外公共空间与半公共空间结合起来，其使用受到设计或管理政策的约束。他们雇佣穿制服的服务人员作为"社会过滤器"，其工作的一部分就是不引人注目地防止不受欢迎的人进入。所以昂贵的购物场所几乎不提供必需品，他们并不想吸引较低收入的使用者。他们可能提供一些免费的娱乐和服务项目，但贫民很少能接触到这些（Stephens，1978b）。

更大规模的项目，诸如费城的东街市场、密尔沃基大道综合体等开发项目，用受管控的室内环境取代了购物街道。它们通常跨越几个街区，以封闭的购物中心合并原有的百货公司。有时，零售中心会被嵌入更大的包括办公、酒店、车库在内的"巨型建筑"中。尽管这些巨型开发项目有时不像节日市场那样具有排他性，但与它们所替代的旧城区街道相比，其进出和使用受到的限制要大得多，而且它们所提供的空间也不完全是公共的。

公共开发和管理的空间也不乏批评者（Heckscher & Robinson，1977；Hitt，Fleming，Plater-Zyberk，Sennet，Wines，& Zimmerman，1990）。许多已建成的新公园和广场通常设计精巧而昂贵，但缺少足够的公共资金来维护和管理它们。由各种城市更新计划提供的资金较之运营资金要容易获得，而且公共部门并不总是能够获得创造性地管理公共空间的专业技能（参见第七章华盛顿市中心人民街道案例）。这既导致了试图建设支持所有可能用途的设施的过度设计，也产生了一切用螺栓固定以防恶意破坏的不灵活设计。在有良好管理的地方，比如一些市中心的购物中心（参见第六章的教堂街市场案例），简单可拆卸的系统可用于支持不断变化的活动，布置可移动桌椅也是可行的。最糟糕的情况下，在缺乏管理的地方，维护不善很快就会产生未被充分利用和被忽视的空间。

公共空间的设计往往过于局限，不能满足人们的基本需求，如舒适、放松和发现的需求。它们可能只允许人们被动地与他人接触，或只为预设的活动而构建，这使它们变得僵硬而不具挑战性，留给使用者的想象空间极少。场所潜在的自然特性可能会被抑制，或者创造丰富的地方生态的机会会被忽视（Hough，1984）。结果就是，该空间可能冷淡而无趣，与环境脱节，对预期的使用者并不友好。

许多当代公共空间在视觉上的可识别性也受到批判（Laurie，1978；Whyte，1988）。常见的说法是设计者过于依赖那些与美国生活缺乏相关性的不合适的原型。马克·柴迪斯特（Mark Chidister）认为，美国设计师直接借鉴了欧洲广场的设计，尤其是意大利的设计，而该国的公共生活是截然不同的（Chidister,1989）。迈克尔·布里尔（Michael Brill）称之为“欧洲城市主义”（Brill，1989a）。我们不是咖啡馆社会，也缺乏傍晚散步的传统。这是否正在改变是一个有趣的问题，但确定的是，有些明显基于欧洲原型的空间并没有得到很好的利用（参见第四章的波士顿市政厅广场案例）。

那些不懈提出抽象概念或特定形式风格的设计有时会创造出没有明显社会意图的不友善的环境。华盛顿特区的自由广场就是一个书生气的观念作为人性空间出了问题的例子（该案例参见第六章）。如今被移出曼哈顿中心区联邦广场的、雕塑家理查德·塞拉（Richard Serra）的颇具争议的作品《倾斜之弧》，就是一个为公众穿越重要空间的出行制造了明显问题的艺术品的案例，它没有引起那些进出不便者的共鸣（Storr,1985）。当设计没有建立在社会理解的基础上时，它们可能会依赖于几何的相对确定性，而不是使用和意义上明显的不确定性。设计师和委托人都很容易混淆他们对良好设计与强烈视觉表达的愿望。公共空间设计对理解和提供公共物品负有特定责任，美学问题仅仅是一部分。

应对挑战

本书的其余部分旨在帮助公共空间的赞助方、设计师和管理者理解这种公共物品以及如何最好地为其服务。尽管我们首先提出了公共空间建设的动机和评价，我们依旧希望将讨论范围扩展到不常被提及的问题。我们相信，这些问题对最终结果更为重要。

三大基本价值观引导着我们观点的展开：我们认为公共空间应当是**易共鸣的、民主的**和**有意义的**。

易共鸣的空间是指为了满足使用者需求而设计和管理的空间。人们在公共空间中寻求满足的基本需求是舒适、放松、主动和被动参与，以及探索发现的需要。放松可以缓解日常生活中的压力，主动和被动地与他人接触可以增进个体健康和社区感。公共空间也可以成为使人身心受益的活动场所，比如从事运动、园艺或者交谈的场所。它还可以成为发现自我或他人的场所，成为进入更大世界的阶梯。与自然和植物的视觉与身体接触也能给人们带来重要的健康（Ulrich，1979，1984）和康复性收益（Kaplan & Kaplan，1990）。

民主的空间保护使用者群体的权利。它们对所有群体开放，提供行动的

尽管华盛顿特区的自由广场试图反映其文脉，但或许正因为如此，它向使用者提供的服务很少。（伊丽莎白·马奇）

社区参与是创造易共鸣的、民主的和有意义的公共空间的关键。加利福尼亚州奥克兰的社区花园项目。（公共土地信托机构）

自由以及暂时的领域宣示和所有权。公共空间可以是比受到限制的家庭或工作场所有更多活动自由的地方。在大多数情况下，一个人可以暂时声称拥有一块地盘，即使他并不拥有这块土地。最终，公共空间可能会被公共行为改变，因为它属于所有人。公共空间可以提供一种仅受他人权利制约的权力感和管控感。人们在公共空间中学会相处。

有意义的空间允许人们在该场所、私人生活与更大世界之间建立紧密联系。有意义的空间与其物质环境和社会环境相关。这些联系可能关联到个人的过去或未来、有价值的群体、某种文化或相关的历史、生物和心理的现实，甚至别处的世界。在快速变化的世界里，一处持续使用的公共空间有着许多记忆，能帮助人们保持个体的连续感（Francis & Hester，1990）。通过个体和共享经历的记忆叠加，场所对于社会来说变得神圣。

这些价值能够包含之前讨论过的公共空间动机。比如说，它们界定了“公共福利”。视觉和环境动机在满足人们被动参与、发现和意义的需求方面发挥着作用。满足人们需求、保护其权利、富有意义的空间将是有吸引力的，因此很可能带来经济上的成功。企业和政府的象征意义可以成为既定空间意义的适当方面。我们的核心观点是，公共空间的价值必须根植于人们为什么去往公共空间、他们实际如何使用空间，以及随着时间的推移公共空间对使用者意味着什么的理解。

我们从这三大基本价值发展出一套“人性维度”，如第二部分所述，我们认为这会有助于分析、构思、设计和管理空间。这些特定的维度在任何给定的情形下都将是重要的，它们通过分析、编制计划、设计和管理的过程被发现。在第三部分，我们描述了一种与我们价值观一致的使用这些维度的方法。它建立在使用者积极参与到生产者、设计师和管理者创建的良好、持久的空间的基础上。使用者的参与有助于赞助方、设计师和管理者充分理解空间的社会背景，在关于空间用途与意义的各种主张之间取得适当的平衡，管理冲突，以及适应随时间推移而不断变化的公共生活。

在第一部分的后续章节，我们将继续为我们所倡导的方法奠定基础。我们认为，重要的是从对公共空间及其所支持的公共生活的历史理解、对公共生活和当前社会存在的公共空间类型进行更全面的讨论开始。我们敏锐地意识到在开放的社会中社会变革的步伐迅速，因而我们料想公共生活的新形式和公共空间的新类型如我们所述正在出现。这就是为什么我们坚持必须有一套清晰而有力的价值观，同时主张一种能够在不断变化的环境中诠释这些价值观并适应这些变化的工作方法。伟大的公共空间将会不断演进并延续下去，深受人们的喜爱，为他们的生活增添乐趣和意义。

第二章　公共生活的本质

通过研究加纳莱托（Canaletto，1697—1768）18 世纪的画作《圣马可广场》，可以看到成群的人在交谈，另一些人正穿过广场，还有一些人在观察这些活动，孩子们在奔跑玩耍，小狗在阳光下伸展，在广场边缘似乎还有一些摊贩。广场上充满了生机和活力，在这样的公共空间中打发时光实在是一种享受。这幅全景图展现了威尼斯的这个空间中公共生活的图景，画上的每个人似乎都有足够的空间参与各种活动，而这些恰被艺术家所捕捉。正是公共生活丰富了场景，也丰富了其赖以发生的美丽空间。

某种形式的公共生活的存在是公共空间发展的先决条件。尽管每个社会都存在某种公与私的混合，但它们所强调的重点和表达的价值观有助于解释跨背景、跨文化和跨时代的差异。社会所创造的公共空间作为反映公共与私人价值观的一面镜子，能够在希腊广场、罗马广场、新英格兰公共用地、当代广场以及加纳莱托的威尼斯场景中看到。

纵观历史，个人过着很大程度上私人化、不参与社会生活的例子并非常规，而是例外。大多数的人类定居地（即便不是所有）都确立了公共和私人领域，这些领域有着不同的公共与私密程度。这些公共和私人领域是社会主导价值观的产物，反映了对其成员的需求、权利和意义追求的不同程度的认知。

历史上，无论是市场、宗教的庆典场所还是举行地方仪式的场所，社会都发展出了满足其需求的公共空间。公共空间通常象征着它所在的社区以及更大的社会或文化。特定的场所通过其功能获得意义，从而进一步巩固它们在人们生活中的作用。过去用来洗衣服的河流可以是信息交换的场所。市场也长久地扮演着传播当地新闻的场地角色，为政治行为提供背景。公共场所有助于广泛的社会交往，社会交往的范围涵盖了私人与公共问题。它们也为个人和政治权利的声张提供了依据。尽管在不同的社会中公共生活的形式存在很大差异，但公共生活已经是社会群体形成和延续的重要组成部分。

威尼斯圣马可广场上公共生活的基本形式，看上去与加纳莱托时代几乎相同。（马克·弗朗西斯）

公共与私人生活的平衡

对大多数人来说，一天时间的不同部分被分配给公共和私人领域。当我们审视历史与文化时，引人瞩目的就是在不同时代和不同社会里公共与私人生活形式的多样性。每种文化都有自己的公-私关系，这源自一系列复杂的因素，包括物质、社会、政治和经济现实之间的相互作用。这一概念在最近菲立普·埃里耶斯（Phillipe Ariès）和乔治·杜比（Georges Duby）共同主编的多卷著述《私人生活的历史》中得到很好的诠释。该不朽系列的不同作者追溯了二千年来始于罗马异教徒的隐私的本质，详细阐释了公共与私人生活的特点，以及它们由各种社会价值和习俗所支持的方式，包括空间的设计与使用。保罗·梵纳（Paul Veyne）在关于罗马帝国的章节中指出，所有遗嘱都必须在巴西利卡或广场等公共场所中公开，而且必须在有见证人在场的白天进行（Veyne，1987）[30]。另一方面，婚姻是无须公共授权的完全私人的行为。由此，我们发现了一种由社会的本质所精心构筑的平衡，它定义了公共与私人领域，并形成了对人们生活的安排。

多年来，家族生活本质的变化，尤其是家庭性质的变化，对公私平衡起到了重要作用。17世纪家庭生活的成长，是"家庭与工作场所逐步分离"（Mumford，1961）[383]的结果，是三个主要的家庭功能——生产、销售、消费被分解并置于城市中三个地区的三座不同建筑物中的三个独立机构的核心因素。用芒福德（Mumford）的话说，"私人住宅"的概念来自"商业贸易中的私有化，并在空间上与任何可见的支持方式相分离。生活中的各个部分越来越趋向于分享这种私有化（Mumford，1961）[383]。芒福德认为，这种家庭生活的发展是“削减中产阶层市民公共利益”（Mumford，1961）[383] 的一个因素。隐私先前可能只存在于上级阶层中，是“富裕阶层的奢侈品”（Mumford，1961）[384]，直到 17 世纪，在社会和经济变革的影响下才开始慢慢渗透下级阶层，尽管富裕阶层在掌控自己的生活方面始终保持优势。最终，隐私成为西方社会现代生活的一种神圣特性，受到宪法和公共政策的严格保护。

公共空间在定义被福里斯特（Forrest）和帕克森（Paxson）称为生活的公共性和私密性的过程中发挥着显著的作用（Forrest & Paxson，1979）。伴随着时光流逝，城市规模的不断扩大，生活的私有化，以及过去用于市场、游戏场和社会交往的公共空间被填满，许多公共生活的场所都已消失。在这些变革中，我们将会失去很多，因为公共生活能维系城市的基本交往系统，将人们联结在一起，有助于人们定位自己并与社区和城郊自然建立联系。公共生活能够为人们传递重要的公共信息，其中一些是国家政权或自身权力的象征性信息，另一些则是当地的新闻。通过健全的公共生活，人们能够表达他们共同的和个人的需求，以及进行改变的诉求。但公共生活也可能威胁到政府，他们可能会害怕并压制市民的信息交流和需求。当公共生活和公共空间从社区中消失时，居民将变得彼此孤立，就不大可能会相互帮助和支持。

关于私人与公共生活之间的平衡有许多当代的评论。理查德·森内特

越南战争期间的政治涂鸦，波士顿。[托尼·洛布（Tony Lob）]

（Richard Sennett）在《公共人的衰落》一书中论述了导致"公共文化终结"的社会、政治和经济因素，即人们生活的私有化（Sennett，1977）。在森内特看来，这种向亲密社会的发展很大程度上始于19世纪，持续并产生了"亲密的暴政"以及"对非个人生活的现实和价值的否定"（Sennett，1977）[340]。当代的社会和政治制度，尤其是当它们影响到城市时，倾向于鼓励私有化，因为人们会被他们的工作、个人生活和政治活动所吸引，如果这些都存在的话。

在琳·罗弗兰《陌生人的世界：城市公共场合的秩序和行动》中能发现类似的主题。该书描述了城市居民学习如何组织复杂城市空间的多种方式，以及他们对城市的社会和物质环境的掌控（Lofland，1973）。不过，作者认识到，有些人喜欢公共场所的冒险和邂逅，喜欢参与各种游戏和行动的乐趣，这些可以成为城市生活的一部分。在其后的研究中，罗弗兰对"城市居民是疏离的"这种观点提出了质疑，转而提出不一定依赖最初关系的新的联系形式已发展起来（Lofland，1983）。这呼应了其他一些学者所表达的观点（Brill，1989a；Hitt et al.，1990；Webber，1963），这些观点指向新类型的联系，尤其是在当代城市地区密集和异质的条件下。无论这些联系是建立在相聚于健身俱乐部的人们之间，还是志愿者、共享路径的慢跑者、在邻里街头"闲逛"的青少年之间，或是政治和社会组织中，它们都能为相关人员提供令人满意的关系和公共生活形式。

塑造公共生活的力量

就人们生活的公共–私人领域、公共空间的起源及其随时间的变化而论，物质、社会和政治因素都发挥着作用。气候和地形对户外公共生活的存在以及环境特征的形成方面发挥着重要的制约作用。虽然这些可能是一些影响因素，但它们并不是一个地区的空间类型或其所服务职能存在的充分理由。公共生活通常在温暖的地区被更多地提及，尽管在某些环境中空调的应用改变了这种模式。然而，加拿大城市中的一些公共空间在冬季利用得比夏季加利福尼亚的一些公共空间还要多。因此，气候是一部分原因，但提供不了全部的解释。成功的公共空间的存在还取决于支持积极公共生活的社会和政治环境。

至少有三种文化力量形塑着公共生活。第一种主要是社会性的公共生活，由可容纳各种活动的多用途空间提供服务，但主要集中在社区的社会生活中。那里可能有散步场所，有举办定期音乐会的演奏台，有售卖食物的摊贩，还有一种普遍的节日氛围。许多地方能找到这样的例子，尤其是在美洲大陆的西班牙裔文化中（Low，1988）。

在墨西哥圣米格尔·德阿连德，公共生活受到高度重视。（斯蒂芬·卡尔）

第二种是功能性的公共生活，服务于社会的基本需求——人们在小径和街道上奔波，为家人获取食物，为自己和其他群体成员辟出抵御恶劣环境的庇护所，并聚集在一起以保护群体成员。这种群体生活能够在谷物种植和房屋建设活动中找到，这些活动被视为社区的公共职责，形成售卖农作物和产

功能性的公共生活也能够服务于社会需求。罗马鲜花广场的市集。（斯蒂芬·卡尔）

品的市场，并划定区域，就像早期的美国公地一样，军队可以在那里接受检阅或从事各种训练。

第三种是象征性的公共生活，来自发生在公共场所的仪式和物质环境对人们的共同意义。它们是社会中的心灵体验和神秘体验，是将人们联系在一起的难忘人物和过往事件的庆典活动。国家节日、宗教节日和历史事件都为超越个人家庭生活的公共生活形式创造了机会，提供了一种超越语言的交往类型。通过观察他人及其活动并参与到共同的任务中，社区的存在得以确认，人们能够以一种积极的方式感到自己是更大群体的一部分。尽管这可能是暂时的，但当它发生时，对在场的人来说便有一种直接的分享感，即使是短暂的参与，也能立即参与到一种最能与他人一起体验的活动中。

巴厘岛象征性的公共生活。村民们在新年庆典的前一天，将众神运送到海边进行净化仪式。（斯蒂芬·卡尔）

技术也至少以两种方式成为界定公–私平衡和公共空间使用的因素。首先，它决定了在一个特定社会中什么是能够和不能够实现的。现有技术制约了建设和交通特征，通过影响居民使用可利用资源包括公共空间的能力，塑造了社区的形式。如果一天中相当多的时间都必须用于对基本生存的追求，那么在创造必需的功能性的公共生活时，公共空间的社会功能可能不会成为日常生活的重要部分。事实上，市场、水井、河岸都既有功能作用，也承担社会职能。如果到社区远端的交通不方便，或仅限富裕阶层可达，那么大众的生活世界可能就限于家附近。

技术进入公共生活的另一种方式是将自身融入社会。从这种意义上来说，可供在家工作的微型计算机的应用提供了有益的例证。通过研究那些使用计算机居家工作的人们，杰米·霍维茨（Jamie Horwitz）设想了通过微型计算机交流的新类型以及一些当地社区生活的新维度（Horwitz，1986）。人们逗留在家的同时也有机会接触到他人，这始于电讯系统的发展，并随着电话的引入而进一步拓展，一些有趣的非空间的公共场所和私人化的公共生活的可能性增加了。使用家用电脑进行工作令人想起了作为家庭一部分的中世纪作坊。然而，这种当代职业形式中缺少的是广泛的家庭成员、学徒、雇工和顾客，他们无疑创造了一种公共生活形式。如果这种趋势持续下去，有可能需要在家附近发展一种社会象征性生活以及支持这种生活的环境。创建与中世纪城镇中会馆、市政厅和其他如教堂等集聚场所相当的现代场所可能是很有必要的。这些现代场所可能是娱乐性的，用于运动、购物和散步，同时也许也会出现一些用于冥想和放松的精神场所。据预测，传真机和计算机将使得居家工作的人越来越多。远离多数人工作所需的支持性的职业联系，可能会需要居住区公共生活的存在，以缓解居家工作的隔离感和疏远感。尽管围绕微型计算机可能会发展出不同形式的交往和互助，但当居家工作的人寻求联系以替代办公室友情时，当地社区也可能发挥新的作用（Rivlin，1987）。最起码，随着家用微型计算机工作用户的增加，以及计算机用于处理个人账户、电子邮件和消遣，考虑这些活动带来的隔离效应以及对公共与私人生活的影响是很重要的。

场所的物质结构会强烈影响其公–私平衡与公共生活的本质。这在城市中尤为明显。比如，街道是城市交往系统的组成部分，是将各种物体、人和信息从一处地方移动到另一处的途径（Anderson，1986；Vernez–Moudon，1987）。无论是规划的还是自发形成的街道，作为城市的动脉，它们能够将人们聚集在一起。街道也是犯罪和恐惧发生的环境，其积极和消极作用都被写进了城市历史。简·雅各布斯（Jane Jacobs）是街道生活的早期倡导者，她认为多样的使用和活动使街道上充满了人，使之成为令人兴奋和安全的地方（Jacobs，1961）。另一方面，汽车的巨大影响被认为是街道生活减少的原因之一（Appleyard，1981；Rudofsky，1969）。亚普尔亚德（Appleyyard）对不同交通程度的街道的研究揭示了车辆密度与居民对公共生活感觉之间的反比关系。但过去的街道品质不应被浪漫化。19 世纪的街道是肮脏、嘈杂和混乱的。在最初于 1882 年出版的书中，记者小詹姆斯·麦凯布（James D. McCabe, Jr.）以一名旅行作家和历史学家的敏锐视角审视了纽约市并提供了参观该市的导览，包括其阴暗面。他对百老汇大街的描绘展现了高峰期“车辆的拥挤”，导致出行延迟了“十分钟或更长时间”（McCabe，

1984）[143]。这需要警察做出大量努力，将“密集和混乱的糟糕状态理顺并重新组织有序”（McCabe，1984）[143]。这些交通由有轨电车、四轮马车、卡车、公共汽车和小商贩的推车构成，“使得整个场所变得非常嘈杂”（McCabe，1984）[269]。

美国城市中为汽车和行人提供的不公平的空间是创造公共生活的障碍。纽约市第三大道。（马克·弗朗西斯）

20 世纪之交，作家们抱怨那些由电车、汽车、自行车、救护车所发出的各种铃声和呼啸声等噪声，“只要一有轻微的挑衅”，它们就会响起（Van Dyke，1909）[181]。汽车被指出是制造拥堵、灰尘和来自“粗心及超速”驾驶员的危险的主要罪魁祸首。通过观察下午四时的第五大道，范·戴克（Van Dyke）发现，灰尘以欧洲城市所禁止的方式污染了街道，迫使这条街上富有的居民搬到较远的市郊。这对留守的贫困人口会有什么影响，只能凭想象了。

将这些状况与当代的交通堵塞和污染进行比较是不可能的，但这些描述提供了对历史悠久的交通的批判。最明显的是，未能将交通的出行和分隔作为重要的设计考虑因素，因而不利于健康和愉悦的公共生活。尽管 19 世纪的街道也是肮脏、嘈杂、混乱的，但汽车更导致了许多街道的私有化。最近的一些举措正力图改变这种模式，许多城市试图恢复步行者的街道，尤其是在人口密集的居住区和中心区。

波士顿北区的街道生活。（马克 · 弗朗西斯）

社会的本质、规模和异质性也影响着公与私的平衡。在高度多元的社会中，除非人们能发现具有相似兴趣或背景的人，否则很难在公共领域建立联系。异质性会导致人们退缩到私人领域中。居民彼此陌生的大型社区更容易出现个人行为并使个人退避到私人空间。与前工业化时代的城市不同，那时人们可以通过他们所穿的衣服辨认彼此，现代城市居民的数量基本上是未知的。他们无法像早期那样通过某些迹象轻易地被辨识，那时着装定义了人们所从事的职业，也表明了他们的社会地位（Lofland，1973）。尽管现在服装仍能提供关于着装者的某些线索，但款式较早期更微妙，而且每年都在变化。

海滩是季节性公共生活的重要场所。纽约市康尼岛。（马克·弗朗西斯）

斯坦利·米尔格拉姆（Stanley Milgram）描述过这种“超负荷”状态，这个术语来自系统分析，即人们受到太多的刺激需要处理，必须对备选方案进行优先级排序和选择，以便发挥作用（Milgram，1970）。这种适应过程在他看来是城市生活的一部分，它会导致人们转向内在对自己的关注，而忽略他们无法应对的大部分刺激。伴随这个过程有很多损失，其中最重要的是在公共领域中与他人建立联系的机会。由于害怕他人或无视他人的问题，人们不理会乞丐、无家可归者和需要帮助的人，而是目不斜视地迅速穿过空间，他们的视域狭窄，从而错失了周边的丰富性、多样性和人情味。当需要帮助时，他们也会失去别人的援助，这导致了匿名的和没有面孔的城市①。不过，这种关于城市生活观点的确定性受到了社会学家的挑战，尤其是克劳德·费舍尔（Claude Fischer）。他指出城市亚文化的发展构成了人们生活的基础。这些亚文化围绕着种族、职业和经济状况的各种组合发展，"为城市居民提供了有意义的环境"（Fischer，1976）[36]。费舍尔的"亚文化理论"承认城市化的直接影响，但不认为它会造成"道德沦丧、社会失范或是人际关系疏远"（Fischer，1976）[38]。这些担忧引发了对人们识别共同利益领域能力的质疑，以及他们在多大程度上能够在当代城镇和郊区中找到适合自己的定位。如果当今的公共生活要依赖于现有的亚群体，那么这可能是难以维系的脆弱关系。尽管甘斯（Gans）所描述的那种都市村庄仍然存在，但并不是所有人都与维系他们的种族或宗教特性相连（Gans，1962）。公共生活基础的形成与发展需要承认和培育新观念，这些观念可能会围绕着人们的兴趣、需求和生命周期的各个阶段。

尽管必须承认当代城市尤其是大城市的城市生活中存在的危险——如毒品文化的影响、对人身和财产的威胁以及针对女性的犯罪行为——但平衡的观点至关重要。这意味着必须努力使街道更安全，同时我们要认识到生活的积极一面，认识到人们提供帮助的方式以及提供帮助所冒的风险。公共空间中的犯罪受到关注，而礼貌和关怀的案例则被忽视了。然而，人们仍将继续前往公共空间，享受公共生活。他们会出现在公园和海滩，会加入人群观看马拉松比赛（并参与比赛），会在公共建筑的台阶上沐浴阳光，或是歇息在某处街道家具上观察步行人流——一切都是公共生活的迹象。尽管人们在公共场所、在家和工作地点附近、在娱乐场所会更谨慎，但即使发生了变化，公共生活并没有消失。

公–私平衡也受到社会、政治和经济制度的影响。在极权政府统治下首先失去的权利之一是在公共场所集会的权利，这意味着言论自由受控。然而，在一些东欧国家，抗议者的涌入，以及公共场所充满了要求改变的人，这些都体现了公共生活的有效性。伦敦海德公园演讲者之角的存在允许人们表达个人的观点和思想，其中有些可能会威胁到现有的制度。公共空间是社会成员交往的渠道，它们可能会被各种各样的政治制度所支持、容忍或憎恶。尽管许多重大的政治事件发生在政府幕后，但还有一些发生在公共空间里。其中一些事件造成了悲惨的后果。另一些事件是庆祝纪念活动，如纪念战争的结束、从林德伯格到太空人和宇航员壮举的实现。人们的集会使得共享和联合成为可能，能够表达共同的情感和行使权利，有时也会导致政治行为。

---

① 译者注：匿名的和没有面孔的城市，指的是人们在城市中彼此是陌生的，既没有背景，也没有历史和身份。这与上文琳·罗弗兰在《陌生人的世界》中陈述的观点类似。

回顾历史的发展进程，社区的社会价值要么支持要么反作用于公共生活的发展。时代和地方的风气为健康和平衡的公-私生活创造了机会。玛丽·莱恩（Mary Ryan）对1790年到1865年纽约奥奈达县生活的研究中，描述了中产阶层的私有化进程。过去各阶层广泛参与的活动，包括游行和公共庆典活动，越来越成为工人阶层的活动。受到她所称的“对家庭生活的崇拜”的影响，其他人则退避到“私人的世界”（Ryan，1981）。[146]“家庭隐私的意识形态”（Ryan，1981）[146]重视回归家庭的和平与神圣，首先是在女性之中，到19世纪中叶也扩展到男性和儿童。家庭不再是商品生产的场所，而成为家庭成员的避风港和避难所。显然，这些不是支持积极公共生活的价值观，但仍然是美国人对待公共生活态度的一部分，因为人们对毒品、犯罪、绑架儿童以及所谓“不受欢迎的人”的存在越来越担忧。

相比之下，公共生活复兴的迹象可以看作是周期性的。1960年代，全美各地的校园和公园成为公众示威的场所，街道成为公众抗议的地点，人们反对越南战争、反对学校当局、反对社会不公。加利福尼亚州伯克利人民公园的“言论自由”运动是一个有力的例证。我们认为，这在当时发挥了关键作用，赋予街道、广场和公园以价值，使之成为辩论和公众抗议的公共场所。这一时期有助于创造一种新的公共生活视角，这种视角一直延续至今，尽管形式不同。街头表演和商品贩卖是19世纪公共生活形式的复兴，在城镇里已是司空见惯。1980年代和1990年代初的经济萧条时期，这些兜售才艺和货物的替代性就业形式帮助很多人渡过了失业和找工作的困难时期。街区、邻里社团及社区花园是这些新的公共活动的案例（Francis，Cashdan，& Paxson，1984）。这些努力往往涉及当地居民参与社区改善，这表明在20世纪渐近尾声之时，公众力量和公共生活对市民来说是有价值的。

经济意义上的公-私平衡对公共生活有直接影响。经济因素决定了公共空间的可用性和可达性，以及其开发和维护是否存在优先级。除非致力于创造公共空间并保护现有空间，否则公共生活将受到威胁。1980年代，美国许多城市的公共空间被私人开发所取代。这一时期建设的很多空间都是各种形式的市场，为一部分人创造了公共生活的特定商业类型。但市中心的公共空间还是有相当大的发展，尤其是在1960年代到1980年代之间。滨水地区的复兴为公众提供了进入这些有价值的资源的途径。城市对更多娱乐空间的需求没有得到满足，致使闲置的码头和其他滨水空间被用于各种活动，以及街头游玩空间被持续使用，这在一些邻里中较其他地方更明显。如果没有可利用与可进入的空间，生活就会向内转向，或者人们被迫占据自己的空间。

纽约市曼哈顿的沿街售卖。（斯蒂芬·卡尔）

关于纽约的公园，约翰·C. 范·戴克（John C. Van Dyke）1909 年怀着对未来的关怀和准确预见写道："但总有一天，商业将占领整个曼哈顿岛，住宅被改建为店铺和办公场所，街道将只供汽车使用，商务人士行走在二层平台上，女性和儿童被安置在 30 英里以外的地方。在不远的那一天，公园和它们的发展形式会变成什么样子？它们会被夷平为柏油地、被不定的风吹拂，还是被建成钢和石材的结构体？在纽约，一切都在不断变化，不断前进和不断消逝。公园如何躲过这迅速的变迁和普遍的转变？”（Van Dyke，1909）[355-356] 这些问题反映了我们对开放空间优先权、公园和其他公共场所品质的担忧。人们持续担忧的同时，也开始捍卫这些空间。在许多城镇，对公园和娱乐区的威胁促使人们联合起来进行防御，在很多案例中，他们保存了不可替代的宝藏。

在世界上的大部分地区，尤其是在美国，经济因素驱动城镇和城市设计并影响公共生活。尽管在某些时期，人们的精力和公共财政极大地推动了公共场所的发展，但为了维持现状和争取更好的发展，人们仍在持续努力。尽管商业并没有像范·戴克设想的那样“占领整个曼哈顿岛”（Van Dyke，1909）[356]，但一些社区的社区花园正被开发商夺走，另一些社区正在努力应对地区可利用资源和当地居民构成的变化，包括保障性住房的提供供应。在曼哈顿中城，高层建筑遮挡了人行道、街头和公园里的阳光，人们已看不到天空。针对毗邻中央公园西南角和时代广场的高层建筑对人的影响（Hiss，1987，1990）的争论，是努力保护纽约剩余的向天空开放的空间的例证。低价住房的普遍缺乏也威胁到许多地区，因为可用的存量住房升级到超出了贫困和中产阶层的财力，对那些长期居民而言，社区变得很陌生。这种绅士化过程通过升级当地商店和住房来改造社区，给许多受影响的居民带来了危机。长期以来，曼哈顿下东区一直是移民和贫困人口的避难所，也是街道生活和公共空间使用的缩影，经历了一段衰退和被遗弃的时期后，如今取而代之的是越来越绅士化。

同时，经济因素也能够鼓励积极的公共生活。越来越多的街头市场和农贸市场回到了小城镇和大城市中。不列颠哥伦比亚省的温哥华市，最近建成了三个大型公共食品市场，市场上并没有在世界各地的当代娱乐购物场所都能看到的泰迪熊、彩虹和气球。这表明在北美人们对新鲜、高质量食品的渴望能支持公共市场的运转。尽管这些市场并不能确保公共生活或好的公共空间必然产生，但它们的确使人们前往公共场所。虽然市场是欧洲城镇和城市的一个成熟组成部分，但在当代美国它并不常见，而是近期建立起来的，或更准确地说，是重建起来的公共空间类型。一些新兴的美国市场，比如劳斯节日市场，代表着昂贵的购物方式；而另一些市场则拉近了农场与城市的距离，使人们能够买到高品质但不便宜的产品。西雅图派克市场就是最好的例证。在另外一些地方，街头摊贩、跳蚤市场、利用车库和门廊大甩卖提供了以低价

异国风味的“快餐”在新型美国节日市场中有很大的吸引力。纽约市南街海港。（马克·弗朗西斯）

纽约下东区海斯特街的早期照片。（纽约历史学会提供）

格销售或回收物品的公共方式。这些大多数都是小规模的尝试，与购物商场、超市及其他大型商业销售形式的大规模运转不同。然而，它们对公共生活和城市意象非常重要。

市场结合了社会与经济用途。市场可以是商贸与社会交往的中心，在基本功能之上叠加了社会功能的吸引点，吸引人们购买更多商品（Sommer，1989）。跨越了文化、地理和时代，市场在社区的公共生活中扮演着核心角色。我们相信，这个角色未来还会扩展，并促成越来越多的公共生活。

赫克舍（Heckscher）抓住了市场的特征："自从市场和集市形成以来，人们就认识到，购物不只是一件家务事，还有些娱乐甚至庆祝的成分。在欧洲城市里，市场成为与市政厅和大教堂同等的开放空间；与它们一样，市场是一处富有生机的场景、会面的地点、戏剧性事件的舞台和市民生活的娱乐场所。"（Heckscher & Robinson，1977）[337-338] 在赫克舍和罗宾逊（Robinson）看来，市场街已被"车辆交通"糟蹋了，为重新获得郊区购物中心和新的市中心开发项目的一些潜在品质所做的努力，表现出"对周边社区的蔑视"，并没有认识到"购物中心在某种程度上必须是街道的延续"（Heckscher & Robinson，1977）[339]。

华盛顿州西雅图的派克市场是真正的公共市场，历经多年创建并复兴。（马克·弗朗西斯）

其他力量也影响着公共生活的存在。新兴中产阶层的都市年轻人对积极运动和健身的强烈兴趣，与环境保护运动相结合，对提供更多靠近人们居住和工作地点的自然空间和开放空间提出了新需求。地方政府被迫复兴较老的公园、游乐场和其他中心空间，以使它们再次发挥作用。对快跑、慢跑、骑自行车及其他积极运动的热情吸引了许多人到公共空间中进行锻炼。那些热爱运动的人在公共场合出现，可能是出于对公共生活的真正兴趣，也可能是出于对个人虚荣心方面的自我为中心和享乐主义的关注，或是出于对剧烈运动带来的健康收益的考虑，这些人都出现在公共领域中，并直面公众。并非所有接触都是积极的；近期历史提供了许多在公共场所受到威胁的可怕案例如抢劫、强奸等，它们阻碍了公共行为。不过，如果参与这些活动的愿望很强烈，那么也许会促进人们对安全的公共区域的需求。

这些变化表明，正在出现一种结合了城市与郊区元素的公共生活形式。温哥华再次提供了例证，那里有位于高密度居住区里的步行街，有令人愉悦的、距市中心几分钟步行路程的公共滨水散步道和海滩，以及毗邻中心区的带有野生森林的大型公园，还有三处市场。所有这些都展现出强大而繁荣的公共生活。

人们会被自然特征所吸引，这也支持了公共生活。植物、行道树和花园是城市中极富价值的部分（Francis，1987b；Spirn，1984；Ulrich，1979）。当代广场和街道的设计之所以包括各种各样花草树木的组合，是因为这些元素柔化了空间特征并能吸引路人。在许多社群中，公园通过自然品质的设计吸

马萨诸塞州剑桥市查尔斯河畔的杂志海滩公园里，骑自行车的人与慢跑者争夺狭窄的人行空间。（斯蒂芬·卡尔）

引人们到公共空间中去。在许多方面，公园是理想化的自然，驯服、文雅、可预测，源于18世纪英国公园和庄园的浪漫形象。公园不是日常生活必需品的一部分，尽管其康复特性可能很重要（Kaplan & Kaplan，1989）。公园可以使人回想起城市的自然背景，但它们是特定社会在特定时间点的物质建构。尽管如此，公园对公共生活非常重要，因为它们为不同群体提供了以积极的方式互相碰面的机会。

江河溪流和滨水区通常位于社区的边缘地带，社区周围环绕着壮丽的水域。长久以来，水域是所有物种都有强烈需求和向往的地方。当水在生活中发挥核心作用，成为洗澡、洗衣服、垂钓的场所，并能够装满家中容器时，它也创造了逗留在鼓励社会交往的公共空间中的机会，人们可以在那里分享当地新闻和生存智慧。城市和城镇以截然不同的方式利用其水畔。最好的例子是，与城市接壤或穿过城市的河流或湖泊为人们提供欣赏远景和前方景色的机会，吸引人们来到水边。还有些例子是对水边的有意识的开发，为城市居民提供了全景画卷、娱乐设施和舒适的休息场所。芝加哥、布达佩斯、巴黎和西雅图是水道创造性利用的典范。塞纳河不仅毗邻雄伟壮观的建筑和绿地，还将城市与一系列承载着各种交通（包括行人）的桥梁整合在一起，每一座桥梁都见证了过去，又为当代提供必不可少的功能。天气晴朗时，塞纳河的码头还会成为巴黎人的一种城市沙滩，为这座城市的公共生活增添另一种维度。与之形成对比的是，一些城市和城镇未能以商业方式以外的任何方式开发其水道，而另一些城市则完全无视这些水道，以至于它们沦为污水系统和污染物存放地而非福利设施。多年来，有着两条宽阔河流和大西洋入海口的纽约市

圣安东尼奥美丽的帕塞欧·迪尔·里约滨水步道，将一条被遗忘的溪流转变为城市最大的魅力所在。（斯蒂芬·卡尔）

滨水区，一直是一处充满活力的商业及客运中心，其中一小部分被用于公众出入和娱乐。与许多城市的情况一样，进入滨水区的不便可以通过开发面向市中心的公共公园以创建主要位于内陆的公园系统来弥补（Heckscher & Robinson，1977）。（纽约有些明显的例外，包括河滨公园和炮台公园。）随着商业用途的下降，许多沿河的码头陷入衰败并被废弃，但却成为有创意的使用者用来垂钓、晒日光浴和欣赏水景的休闲空间。在纽约和其他许多城市，精心设计的高速公路系统进一步隔绝了水岸，使其无法被公众看到和使用（Heckscher & Robinson，1977）。直到最近几年，人们才意识到有必要恢复衰落的滨水区。由于以高层建筑形态开发的商业区和居住区已经开始覆盖曼哈顿下城的填海区，从视线上进一步隔绝了水域，因此必须从公众可达的角度对正在建设的公共滨水区进行审慎评估。

如果滨水区对人们来说是有价值的，并且受到人们的重视，那么巴黎和温哥华等城市提供的成功案例就值得认真反思。尽管每处地方的地形地貌、形态和文化都是个体化的，但仍有很多值得学习的地方。识别出支持令人愉悦的滨水体验的元素是有可能的，其中最重要的是便于公众进入该区域，这是公共生活的基本要求。

公共生活：关键的社会纽带

这些篇章中所固有的一个假设反映了我们的观点，即公共空间里的公共生活是人们所向往的，也是对社会有益的。我们不想把公共生活浪漫化，但承认其价值是重要的。同时，隐私需要也必须得到承认。我们的观点是，健康的生活包含了私人与公共体验的平衡，人们需要参与每个领域的机会。

公共场所提供日常生活中的偶遇，它能将人们联系在一起，给他们的生活带来意义和力量。它们也可能是分歧和冲突的来源。然而，公开的分歧可能比私下的分歧更健康、更容易解决。公共空间不仅可以满足日常需求，还可以作为特殊场合的集聚场所。莱恩在对奥奈达县的研究中，回顾了某段时期游行队伍吸引了许多当地市民，这种情况多年来发生了变化（Ryan，1981）。无论是 7 月 4 日独立日的庆典活动还是庆祝当地英雄凯旋的活动，这些从日常琐事中解放出来的时刻都能令人放松，分散人们的注意力，并将人们聚集在一起。它们能丰富人们的生活。

公共生活也能减轻工作压力，提供放松、娱乐和社交的机会。人们能够发现新事物并向他人学习（Carr & Lynch，1968；Ward，1978）。一些早期开发的城市公园被视为下级阶层观看和模仿富裕阶层行为举止的地方。即使没有这种带偏见的精英主义的观点，认识到公共场所提供的教育机会也很重要，在那里音乐和其他娱乐能被安排到其功能中。公共生活有潜力将不同的群体聚集在一起，以便于他们互相学习，这可能蕴涵着最丰富的多元阶层、多元文化和异质社会的特性。

如果认识不到公共活动的政治性质，就不可能理解公共生活及其发生的空间。如前所述，市民在公共场所的出现对某些人来说是一种威胁，对另一些人来说则是一种自由。政府可以通过限制公共场所的进入和控制准入人数来主导大众的声音。在美国历史上，关于政治及宗教的讨论一般避免在公园里进行。它们被认为过于激烈，以至于不会发生在那些专员们想要“为了证明公共支出合理”（Cranz，1982）[23] 而呈现给无宗派人士的地方。另一方面，能在公共场所听到政府的政治发声，因为大型公园里的军火库和军事检阅场所很常见。1890 年代，旧金山的金门公园曾被用于军事演习，纽约中央公园里也曾有一座军火库建筑。第二次世界大战期间，许多公园被用于各种各样的军事活动（Cranz，1982）。

政府和私人业主也可以限制公共场所的建造，并控制其准入。这或许可以解释为什么很多游行示威活动发生在较不可控的街道上。因为正是在公共区域，人们才能联合起来抵制不公、争取权利、捍卫自由。从这个意义上说，

在哈德逊河畔，码头危险的现状并不妨碍其娱乐用途。［贝特西 · 哈格蒂（Betsy Haggerty）］

1887 年纽约市联合广场的劳动节游行。（纽约市博物馆，经许可）

公共生活是我们最民主的权利之一，促进了自由社会的文明和公共信念（Carr & Lynch，1981）。正是在公共空间里，政治斗争和民主行动变得显而易见，韩国、东欧、中美洲和美国最近都有许多案例。

历史给我们提供了很多例子，说明人们利用人数的优势来传达信息，行使他们的权利。我们可以从发起美国革命的抗议活动到巴士底狱风暴中看到这些努力。在当代，争取公民权的游行示威，为包括女性和同性恋者的少数群体争取权益的集会，都给我们留下了难忘的印象。青年人对大学活动和越南战争的抗议，从伯克利的电报大道延伸到纽约的上百老汇区，从肯特州立大学蔓延到哥伦比亚大学校园。在欧洲，1960 年代后期巴黎学生的抗议活动为许多人提供了榜样，他们通过政治海报和在街上举行大规模活动表达不满情绪。最近，东欧街头的示威游行为公共抗议的力量和公共生活的政治提供了非同寻常的画面。

在群体历史和文化的尺度上，公共空间里的公共生活也成为社会的纽带。我们稍后将探讨的一个层面是公共性历史场所和纪念物：马萨诸塞州的莱克星顿和邦克山、波士顿公地、华盛顿特区的林肯纪念堂和越战纪念碑。这些场所唤起与过往事件的联系，激发民族自豪感、归属感以及对个人主要亲友关系之外的外部整体的关注。这些场所定义了人们在群体中的成员身份——国家层面的如公民身份，地方层面的如城镇或社区邻里的居民身份。人们也会通过文化、社会和兴趣团体参与公共生活，参加会议和其他公共活动。西班牙裔、波兰裔、加勒比及其他民族群体的游行，男女同性恋者的示威，马拉松比赛和其他跑步活动，都表明了他们的政治和社会主张，同时使各团队中能够加入其他人，展示他们的人数，感受他们的团结和力量。由这些关联的现象所产生的精神和友谊可以凝聚团体、吸引成员，并界定团体的任务和意义。它们是多元社会的精髓，通过街道、公园及其他公共空间中的公共生活体现出来。

迈克尔·布里尔认为，美国和欧洲的公共生活“经历了转变，但并未衰落”（Brill，1989a）[8]。他表示，这种转变已经持续了 300 年，并将持续到未来。但布里尔回应了本书中所担忧的，包括街道生活贫瘠的问题，以及通过改变和管理政策将人们从公共空间中驱逐出去而带来的公共空间私有化问题。在布里

在查尔斯河滨水散步道上，波士顿人聚在一起举行公众音乐会。（卡尔、林奇、哈克和桑德尔设计公司）

尔看来，邻里或社区的社会生活不同于公共生活。“公共生活，”他说，“是与陌生人相处，”包括“观察和注视，而邻里生活则更多的是语言交流”（Brill，1989a）[20]。关于这种差别，可以提出一些问题。许多当代邻里生活的发生有陌生人在场，但这可能会使人们更容易进行社会交往，有时（但并非总是）比在其他地区相遇更安全。对很多人来说，这种限定条件承认了他们居住的社区是危险而糟糕的，在那里居民害怕与他人接触，他们会退到相对安全的自己家中。

最后，公共生活的品质及其服务目的才是最重要的。为了压迫人民利益而进行的公共生活，在纳粹德国在公共场合的展示中可以看到，它揭示了军国主义的力量和对特定公民的蔑视，这是应该受到谴责和不可容忍的。受到限制的公共生活对儿童、女性、老人、身体残疾人士或特定少数群体来说是困难和危险的，这在当今许多地方司空见惯，令人严重关切。

对积极的公共生活体验的价值意识的增强，以及许多为确保这样的机会得到延续和增加所做的努力，使我们从中受到鼓舞。最近的许多活动都培养了这种意识——消费者运动，公共空间活跃分子的工作，以及公园、本地花园和其他社区空间倡导者的努力。公共生活能够增加不同文化群体之间的有益接触，并增进宽容和理解，这是非常需要的。丰富、多样、开放的公共生活是我们应当努力争取的。如何促进私人生活与安全的公共生活的恰当平衡，是当代面临的复杂而艰巨的使命，也是本书将要解决的设计和管理挑战。

第三章　公共空间的演进

在公共生活的历史背景下，公共空间产生于许多不同的力量。其中一些是执意用尽空间和填满空间的社会逐渐蚕食场地的结果，尤其是在城市地区。有些是有着许多不同需求、兴趣和审美的多元社会的产物。另一些则是出于审慎规划的愿望，无论指导其形式和功能的优先级如何。还有一些发生在正式规划程序之外。

在本书中，我们将公共空间定义为开放的、人们可进行群体或个人活动的公众可达之地。公共空间可以有多种形式并可取各种名称，如广场、购物中心和游乐场，它们都具有共同的要素。公共空间通常包含公共设施，如人行道、长椅和水体；物质和视觉要素，如支持活动的铺地、草坪和植被。无论是规划的还是偶然形成的，公共空间通常都是开放的且公众可达的。有些空间归公共所有和管理，而另一些是私有的但也对公众开放。

公共空间至少由两种不同的过程所形成。有些是自然地发展起来，也就是说，在没有刻意规划的情况下，通过以特定方式反复使用或因吸引力而使人们集聚。这些都指向为人们提供特定用途的地点，并随着时间的推移，成为人们会面、放松、抗议或购物的场所。这可能发生在街角、建筑物前的台阶上，或者附近未开发的地块上。摩洛哥马拉喀什熙熙攘攘的德吉玛广场就是这样一个例子，它接近三角形形状，有提供各种各样服务的人：食品摊贩、动物表演提供者、写信的人、卜卦者和说书人。所有这些汇成了热闹非凡的活动场面。

规划的公共空间有着不同的起源，尽管它们所服务的功能可能与未经规划或不断演进的场所类似。规划的空间常常来自城市规划师、建筑师和景观设计师之手，由公共或私人客户委托。它们可能是城市区域布局的结果——建设住宅、办公楼或公共建筑中审慎的或是“偶然的”成果。一个城镇或社区可以围绕一处广场来组织，或者将环绕纪念建筑的空间规划为公共场所，其他建筑在周边排布，或者一处空间可能成为区划法中退红线的产物。还有其他

马拉喀什的德吉玛广场：一个城墙外的传统中世纪市场。

的场所，比如公园，可能需要征用未使用的土地，甚至清除以前的用途，来创造一处空间。本书涵盖了所有这些规划空间的类型，从城市里正式的国家公共场所如华盛顿特区，到作为高层办公建筑奖励规划结果的广场。

我们已经区分了规划的和自然演进的场所，但实际上在场地的形成过程中，场地发展的自然程度和规划程度之间存在着一种连续体。许多场所是两者的结合体。纽约公共图书馆的台阶就是这样的场所，我们将在后面的案例研究中进行描述。这些台阶最初计划作为建筑的重要部分，被设计成雄伟的入口通道。多年来，这里已发展成为一处受欢迎的公共场所，吸引了许多不同类型的使用者，发展出诸多不同的用途。

开放空间作为城市肌理的一部分

希腊阿果拉广场和罗马广场

虽然某些形式的公共市场可以追溯到公元前 2 000 年的美索不达米亚城市（Mumford，1961），但现代公共空间的主要前身出现在古希腊和罗马城市中。雅典卫城是包含神庙区在内的防御区域，是早期希腊城镇的核心。但随着文明的发展，阿果拉——世俗的市场和集聚场所——变得越来越重要。芒福德强调，阿果拉最重要的功能是日常交往以及正式和非正式的集会（Mumford，1961）。

在希腊文明的鼎盛期，七分之一的人口有幸成为市民，以阿果拉广场为中心的公共生活非常丰富。随着希腊城市的发展，到公元前6世纪，新的公共场所也出现了。过去在集市环境里以较小团体形式出现的戏剧表演和体育活动，如今在城市郊区的露天体育馆和剧院里举行（Mumford，1961）[138–139]。

希腊本土城市相对丰富的公共生活并没有被包含在特别正式的或规划过的空间秩序里。这些城市，包括雅典在内，以自发的、有机的方式发展，缺乏连贯的街道系统，只有“尚处于萌芽阶段的带拱廊的公共长廊”（Mumford，1961）[163]。不过，在小亚细亚，从公元前6世纪开始到公元前3世纪达到顶峰，基于系统规划的新希腊城市出现了。这些城市的基本形态是格网——有着标准化的街区，长且宽的大道，以及由带柱廊的街道环绕的长方形广场。讽刺的是，希腊晚期城市中更大型的正式结构和宏伟建筑与更多的专制统治和更刻板的公共生活相对应——这是罗马人延续的模式（Mumford，1961）。

希腊晚期城市以弗所中最早的宽阔大道之一，位于现在的土耳其西部。（斯蒂芬·卡尔）

罗马帝国的城市以广场为中心，罗马广场结合了希腊卫城和阿果拉广场的功能。在大城市，广场构成“一处完整的区域”，融封闭的、半封闭的和开放的空间于一体，用于商业、宗教集会、政治集会、体育运动和非正式集会。

罗马等城市的广场及其周围的中心反映了超越希腊的宏伟壮丽和严格的空间秩序。据估计，在奥古斯都皇帝的统治下，罗马建成了13英里（约20.92千米）长的带柱廊的街道（Mumford，1961）。在罗马的中心被设计用于加强皇权的同时，“城市的主要人口……居住在拥挤、嘈杂、空气不流通的地区……经历着日复一日的屈辱和恐惧，使他们变得粗俗和残暴”（Mumford，1961）[221]。

中世纪集市广场

随着罗马帝国的衰落，人们逃离欧洲城市，前往乡村可防御的地方。大约在公元5世纪到10世纪之间，城市不再作为生产和贸易中心发挥任何重要作用（Mumford，1961）。然后在大约10世纪时，抵御入侵者的两处安全岛屿——城堡和修道院——逐渐扩大它们的围墙范围来包围日益扩大的居民点。有城

在法国的萨尔拉，每周集市仍在市政厅前进行。（斯蒂芬·卡尔）

墙的城镇为市场的复兴提供了必要的安全保障——起初，每周的活动是在城墙外的。市场的重新出现反过来又促进了城镇的发展。

大教堂是中世纪城市发展中的中心场所，为了利用教堂频繁的活动，市场通常会出现在教堂附近的空间里。最初，一处唯一的市场容纳了大多数的城市商业活动，但随着中世纪城市的扩大，集市活动变得越来越分散。那些街市摊位的日益繁荣，加上随着中世纪城市的发展，原有市场变得拥挤，促使商人们去扩张私人的店铺，也导致在多数城市中出现了有顶的市场和多元化集市（既有露天的也有室内的）（Girouard，1985）。

除集市广场外，一些中世纪欧洲城市也包含了毗邻市政厅的市民广场。按照吉鲁阿尔（Girouard）所说，到 15 世纪中期，"广场表达了市民尊严，因此不适合从事商业活动的思想已经非常明确"（Girouard，1985）[55]。威尼斯的圣马可广场就是这样一处地方，从一个小型的"摆满市场摊位的"中世纪广场开始，逐渐转变为壮丽的文艺复兴的市民广场（Mumford，1961）[322]。

尽管圣马可广场宏伟壮观，但与大多数中世纪广场一样，它也容纳了种类繁多的活动和特定事件，"从斗牛表演和骑士比武到列队游行……以及伟大的宗教节庆……在所有关键时刻，大量的人们聚集在这个广场……在广场上用篝火庆祝胜利"（Girouard，1985）[108]。

文艺复兴时期的广场

文艺复兴时期的伟大广场是经过精心规划和正式设计的，有别于中世纪更有机、自然演进的公共空间。在 16 世纪晚期，从意大利的利马诺开始，主要广场开始基于完全对称的设计被建造为一个整体（Girouard，1985）[128]。一些大型的中心空间，如罗马的圣彼得广场，成为市民和宗教自豪感的象征；但其他的空间，如巴黎的协和广场，可以说是太大了，与周边城市缺乏联系。

在 17 世纪早期，在巴黎建成了两个统一设计的小广场——太子广场和王宫广场（现在的孚日广场）。后者非常重要，它是第一个有完整设计的专门的居住区广场（Girouard，1985）。

这种围绕广场设计居住区（主要是为富人设计）的传统开始在伦敦市中心盛行，1630—1827 年间，20 多个这样的空间得到开发，宁静的布鲁姆伯利广场是其缩影（Mumford，1961）。这些居住区广场在伦敦的数量比欧洲大陆的数量更多，部分原因是它们大多具有半公共性质。在英国，"广场必然是公众集会场所"的观念没有欧洲其他地方那么强烈，广场上喧闹的声音和活动的影响也较小（Girouard，1985）[224]。显然，这些伦敦广场限制公众进入和使用的能力使它们在新住宅区开发商中更受欢迎。

巴黎玛莱斯区的孚日广场仍然是世界上最大的居住区广场之一。（斯蒂芬·卡尔）

这幅 1768 年的风景画表现了一个英国的军事营地与牧牛、各种各样的闲逛者共享波士顿公地。[纽约公共图书馆，斯托克斯（Stokes）收藏，经许可]

美洲大陆的广场

美洲大陆上，许多最著名的早期聚居地是由西班牙人建立的。效仿西班牙的聚居地，美洲大陆上的城镇以一个主广场为中心，这个广场被用于市场和其他各种用途，包括庆典、骑士比武甚至斗牛（Girouard，1985）。通常，广场周围是一条带拱廊的街道，街道上包括该镇的主要建筑——主教堂、市政厅和商店。在美国西南部和加州地区的城镇中仍保留着这种突出的中心广场，圣达菲广场也许是最著名的。

英国东北部的城镇也普遍围绕着中心绿地或公地建设，且中心绿地或公地的规模通常相当大，就像波士顿一样（Mumford，1961；Reps，1965）。公地适合于从放牧牛群到军事演练的多种用途。教堂、礼拜堂和市政建筑要么位于公地上，要么直接与其毗邻。在波士顿，公地仍然是这个城市中最重要的公共空间，对波士顿人来说几乎是神圣的。

具有重大影响的佩恩（Penn）和霍姆（Holme）的1682年费城规划，以一个中心广场和四个等距的公共性的居住区广场（里顿豪斯、华盛顿、富兰克林和洛根）为特征，明显是受到伦敦广场的影响（Reps，1965）。这种在规划的街道格网中包含一个或多个广场的费城模式被许多城市所采用。尽管一些城市，如萨凡纳，围绕着一系列广场组织，但雷普斯（Reps）指出："市中心唯一的开放广场在向西移植时成为费城规划的典型表现"（Reps，1965）[174]。

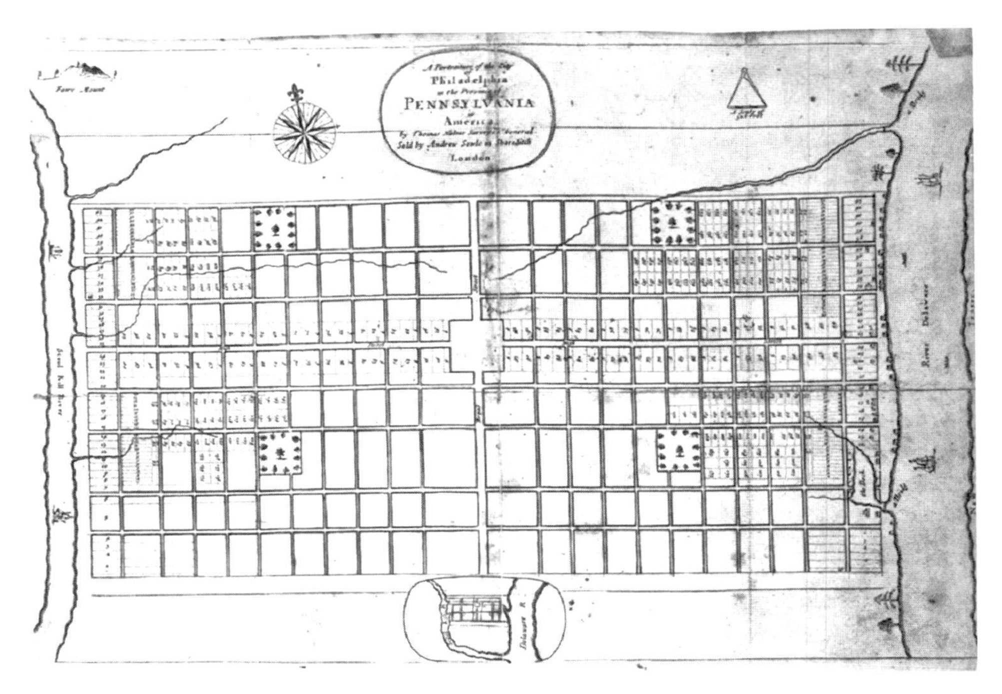

托马斯·霍姆（Thomas Holme）在威廉·佩恩（William Penn）的指导下制定的1682年费城规划，具有广泛的影响力。（纽约公共图书馆，斯托克斯收藏，经许可）

在众多的美国广场中，新奥尔良的杰克逊广场、洛杉矶的佩讯广场和巴尔的摩的芒特弗农广场仍然是重要的市中心开放空间。这些位于市镇中心的广场通常与当地的历史和特征紧密相关。一般来说，它们容纳了各种各样的相对被动的活动，诸如小坐、晒日光浴、与人交往和观看特定活动。

作为公共空间的街道

典型的中世纪城市街道是狭窄的，且被大量使用。居民与想要占用街道的店主间出现了很多矛盾，而地方政府则希望防止这种情况发生（Girouard，1985）。

芒福德也认为，“在中世纪的城镇里，上级阶层和下级阶层在街道上、市场里挤在一起，就像他们在教堂所做的那样：富人们也许骑在马背上，但他们必须等待……失明的乞丐用手杖摸索着把路让开。”（Mumford，1961）[370]

佛罗伦萨是文艺复兴时期最早修建笔直街道的城市之一，最初是为了方便货物运输。（马克·弗朗西斯）

在16世纪，从意大利开始，可追溯到罗马的笔直宽阔的街道和规则的空间秩序改变了许多城市的形态。这可以归因于几个因素，包括建筑师接受了新的空间视角、使机动车辆更容易穿过日益密集的城市的实际需要，以及便于军事力量穿越城市的政治诉求（Girouard，1985；Mumford，1961）。

这些遍布欧洲的新的林荫道——在奥斯曼（Haussmann）19世纪的巴黎重建中达到顶峰——往往成为各阶层人士主要的聚集场所（Girouard，1985）。与此同时，在许多地方出现了贫富分离，即富人坐着马车往返在林荫道上，而贫民被排挤到路边，最后去到人行道上（Mumford，1961）[370]。

将欧洲林荫道移植到美国的最重要的尝试是1790年代为华盛顿特区制定的朗方（L'Enfant）规划。朗方的想法是，无论是林荫大道，还是许多放射状的林荫道连同其绿树成荫的步行道，都将挤满散步者以及乘坐马车闲逛的人。然而，华盛顿的商业和人口增长低于预期，这些空间从未完全实现计划中的作为公共聚集场所的功能。

一系列宽阔的林荫道是1792年朗方华盛顿规划的核心部分。（纽约公共图书馆，斯托克斯收藏，经许可）

林荫道也是19世纪末城市美化运动的重要组成部分。这场运动用大型的市政建筑——市政厅、图书馆、博物馆和法院——将美国的新工业财富展示出来，这些建筑常常位于精心美化的林荫大道上，如费城的本杰明·富兰克

波士顿的联邦大道是美国早期落成的林荫道。（斯蒂芬·卡尔）

林公园大道。城市美化运动很大程度上是工业时代的产物，它的目标是将古典美带入因混乱和脏乱而被摒弃的城市场景。但这场运动中的林荫道和宏大的空间，如费城的公园大道和旧金山市政中心，缺乏与高密度的邻近区域的联系，正是这种联系使得巴黎的一些林荫道充满公共生活的活力。

公园和游乐场的出现

19 世纪的公园运动及其雏形

工业革命之前，欧美城市的主要公共空间都是位于中心的广场。在 19 世纪中叶的公园运动出现之前，大型绿色空间和娱乐区域的公共供给是有限的。

然而，当代公园有几个主要的雏形。首先，从中世纪以来，多数欧洲城市都有“一块非正式的、为运动和游戏留出的区域”（Jackson，1981）[34]。这些空间普遍位于城镇边缘。虽然它们只是没有植被或构筑物的开放场地，但这些空间通常“受到市民的高度重视，试图缩减或侵占这些空间的行为都会遭到强烈谴责”（Girouard，1985）[82]。

在美洲大陆，这种主动娱乐的模式在各种非固定的空间中持续着。据 J.B. 杰克逊（J.B. Jackson）记载：“尽管清教徒神职人员反对，新英格兰人仍然打猎、钓鱼、在沙滩上玩橄榄球、开展与邻村的竞技性剧烈运动，甚至在公地上嬉闹。至于南方人对非建制竞技运动的热情，无论是在小旅馆的后院，还是在郊外的路边，都有充分的历史证据证明它的存在。”（Jackson，1981）[34]

更正式的户外娱乐区域是游乐场，尤其迎合了富裕阶层。从 17 世纪末开始出现在全欧洲及后来美国的游乐场，是一种结合了各种元素的商业企业，这些元素包括精雕细琢的风景花园、小型水体、室外音乐会场地、餐馆和精心设计的建筑风貌（Girouard，1985）。保留这种形式的主要例子是哥本哈根的蒂沃利花园，虽然是 20 世纪的游乐园，但从康尼岛到未来世界，仍保留了某些游乐场的面貌。

公共公园最直接的雏形可能可以追溯到 16 世纪法国和英国的皇家园林和场地。单词"parc"或"park"最初指的是包含狩猎动物的封闭区域（Whitaker & Browne，1971）。这些皇家园林为王室成员而设，尽管它们"偶尔对有限范围的公众开放"（Jackson，1981）[34]。早期的这些皇家园林在设计上是非常规则的几何式,但在18世纪的英国出现了较不规则的、风景如画的"风景造园学派"（Newton，1971）。一些皇家公园至今仍然是伦敦市中心的重要部分，诸如圣詹姆斯公园、海德公园和格林公园，都是该学派的缩影。这些公园的特征是蜿蜒的道路与水体、宽阔的草坪和起伏的地形，它们是以浪漫的乡村风景为蓝本而设计的景观。

在 17 世纪末和 18 世纪早期的英国，人们越来越热衷于结合新的、宽敞的风景公园开发美好的城市社区。然而这些公园，包括伦敦的摄政公园在内，都被认为是附属于周边住宅的福利设施，而非属于整个城市或城镇，并且进入这些公园通常是受到限制的（Girouard，1985）。

最初专门供公众使用的公园是位于德国马格德堡的弗里德里希・威廉姆斯公园，始建于 1824 年（Olmsted, Jr. & Kimball，1973）。其他公共公园从 1840 年开始在柏林、法兰克福和慕尼黑等德国城市开放。英国第一个专为公共用途开发的公园是伯肯海德公园，开放于 1845 年。这个公园对 1850 年来访的弗雷德里克・劳・奥姆斯特德（Frederick Law Olmsted）产生了重要影响（Olmsted, Jr. & Kimball，1973），他很快成为美国新兴的公共公园运动的关键人物。

在 19 世纪下半叶，大多数美国城市建成了大型的、风景化的中央公园。其中许多是由奥姆斯特德设计的，而且几乎全都受到了他的影响。这些公园主要为被动消遣而设计，旨在使被认为日益密集和混乱的城市社会文雅起来。奥姆斯特德在谈到中央公园时写道："（公园存在的）主要目标和理由只不过是在人们心中产生一定的影响，并通过这种影响使得城市生活更健康、更快乐。这种影响的特征是诗意的，它将通过场景产生。通过观察这些场景，人们的思想也许或多或少会摆脱那些在城市日常生活条件下可能陷入的情绪和习性。"（Barlow，1987）[25]

景观学诞生于19世纪中叶，随后成为专门的职业和部门（如奥姆斯特德事务所）而蓬勃发展。由于贫民、工人阶层和富人通常比邻而居，因此这些新的公园得到从下级阶层到上级阶层的普遍欢迎和使用。许多公园，包括纽约的中央公园，关于使用规则的争议立即产生了（Olmsted, Jr. & Kimball, 1973）。街头生活的粗暴和混乱蔓延到这些新的公共空间里，导致人们试图限制草坪的使用、限制人群的拥挤、为植物设置栅栏等等。正如克兰兹（Cranz）和其他人所指出的那样，公共空间成为一处使贫困移民接受绅士价值观的场所（Cranz，1982）。

纽约中央公园的保护水域（模型船池塘）。（纽约市立博物馆，经许可）

改革时代的游乐场和公园

19世纪末和20世纪初的改革运动导致了美国在公共空间供给方面的重大转变。在此期间，特大城市中移民的大量涌入和随后贫民窟地区的增长，促使社区福利服务之家出现，也引发了改善这些地区条件的积极努力。社区福利服务之家所倡导的理念之一，是在人口最密集的地区主要为儿童提供小型、积极的游戏空间（Cranz，1982）。1897年，由雅各布·里斯（Jacob Riis）担任秘书的纽约市市长委员会指出，这类娱乐空间的缺乏"已经成为我们当中犯罪和贫困人口增长的最主要原因"（City of New York，1897）[2]。然而，委员会认为，"自从城市保全了较大的公园之后，首先为儿童提供用于游戏和娱乐运动的公共场地的必要性就被奇怪地忽视了"。（City of New York）[2]

在改革者的帮助下，儿童首次“成为公园规划中的独特而重要的焦点”（Cranz，1982）[63]。在19世纪的最后几十年里，芝加哥、波士顿、纽约和旧金山等城市都有儿童游乐场。然而，直到20世纪初期，游乐场运动才完全被地方政府所接受。大多数早期的公共游乐场都位于密集的移民社区，或是作为现有小公园的补充，或是成为全新的开放空间。1903年，纽约市在9处地方开放了首批游乐场，其中5个位于下东区。这个时期典型的纽约游乐场包括为较大儿童设置的户外体育场和为较小儿童设置的游乐场，体育器材和游戏设施的供应都很充分。为男孩和女孩分设的游乐场地很常见。

纽约市早期的游乐场。汤普金斯广场，1904年。（拜伦收藏，纽约市立博物馆，经许可）

有组织的娱乐，包括训练有素的游戏负责人和“通过游戏教授和习得的社会内容”，是游乐场运动的关键焦点（Cranz，1982）[66]。纽约市公园部门1906年的一份报告显示，每个游乐场都分配了一到两名游戏负责人。随着时间推移，专业的游戏负责人推出了一系列广泛的活动，包括美国化和同化课程、手工艺制作和再现历史场景的娱乐活动——所有这些都旨在同化中产阶层的主流价值观。

这些改革时代的活动，虽然显然是为了满足工人阶层的需要，但它们本身也是一种社会管控。通过引导人们的精力、提供由其他阶层定义的服务，以及忽略不同种族的娱乐习惯所蕴含的价值和活力，形成一系列经过净化的资源，但并没有反映使用者的需求。然而，这正是改革者的意图。急于在贫困群体和移民群体中形成一套“美国的”价值观，他们生活的各个方面都被视为合适的教育渠道。家庭生活受到新兴的家政专业的关注。幼儿园、学校、游乐场和社区福利服务之家成为教育儿童及其父母的系统，教育他们接受被认为是健康的和爱国的态度和做法，这对国家的新公民来说是必不可少的。

改革时代公园的另一个方面是广泛引入大型运动场和球场。如前所述，数世纪以来，人们一直在利用开放空间——通常位于社区和城镇边缘的区域——作为运动和积极游戏的场所。克兰兹指出，19 世纪末的大型风景公园被广泛用于各种游戏和运动。但这些活动通常是无组织的，一般发生在几乎没有物质设施支持的开放区域。在改革时代，管理人员大量增加了公园里官方指定的球场和游戏场地的数量，无论是大公园还是小公园、新公园还是老公园（Cranz，1982）。例如，从 1907 年到 1913 年间，管理人员在布朗克斯的范科特兰公园修建了 28 个棒球场（City of NewYork，1914）[195]。改革时代，高度组织化的活动、社会同化进程的推进、锦标赛及其他体育比赛所带来的精神，都是这一时期市政公园部门的主要关注点。

为日益增长的中产阶层提供娱乐设施

第一次世界大战的后果是使 20 世纪早期的社会改革努力大幅下降。美国的社会氛围是保守的，改革者容易受到“官方和非官方的红色捕杀”（Goldman，1955）[220]。

盖伦·克兰兹（Galen Cranz）将 1930 年至 1965 年这段时期描述为娱乐设施的时代（Cranz，1982）。在此期间，供人们主动娱乐的公共设施——无论是室内还是户外——发展到远超改革时代的水平。然而，这些资源的供应并没有受到主导 19 世纪中后叶公园运动或者改革时代游乐场运动的那种支配性社会哲学的影响。相反，负责公园和娱乐事务的官员将球场、游乐场、游泳池、海滩等设施视为公共服务，这正是面临大量闲暇时间的日益增长的中产阶层所要求和期待的。

这一时期的代表人物是罗伯特·摩西（Robert Moses）。除了同时领导许多其他公共工程机构外，摩西从 1934 年到 1960 年一直担任纽约市公园专员。在罗斯福新政救济工人政策的巨大帮助下，摩西立刻开始改造纽约的公园系统。从 1934 年到 1940 年，纽约的游乐场数量从 119 个增长到 441 个（City of New York，1960），城市游泳池、网球场和棒球场的总量也急剧增加。改革时代的实践得以极大拓展，许多娱乐区域被嫁接到 19 世纪中期到末期包括中央公园在内的大型风景公园中。

这个时期的设计以“标准化的……元素构成基本的市政配套设施，不考

许多类似这样的游乐场由罗伯特·摩西在担任纽约市专员时建成。（马克·弗朗西斯）

虑当地场地条件的情况而反复使用”为标志（Cranz,1982）[122]。游乐场尤其如此，它的标准化设计——由沥青地面上的若干秋千、滑梯、跷跷板、长椅和攀爬游戏架构成——成为全美各个城市和城镇的标配。

这一时期强调积极的娱乐活动，自然被限定在很有限的范围内。出于一种想要提供多功能的积极娱乐用途和简化维护的愿望，硬质地面大量增加。

到1950年代末，随着小汽车的广泛购买，越来越多的中产阶层能够实现他们拥有一小块“乡间地产”的梦想，即一块提供私人户外绿色空间的土地。结果之一是，中产阶层对诸如其周边的内城公园和现有场地的兴趣和支持度下降，这些地方越来越成为工人阶层和贫民的领地。到20世纪中叶，在退伍军人管理局住房贷款和大量联邦公路基金的帮助下，许多工人阶层也能够在新的较高密度的郊区购买一处“美国梦”。人们开始普遍担心“逃离到”郊区和将市中心“遗弃”给贫穷的少数群体的问题。毫无疑问，许多城市严重的财政问题以及由此产生的对公共空间关注的缺乏，部分原因是人口外流。如果没有中产阶层的政治支持，开放空间系统的发展就会停止，当其他对稀缺公共资金的社会需求涌现出来时，开放空间便进入缩减状态。现有空间的使用规则被放宽，公共空间有时会在不太成功的白人工人阶层和有色人种之间日益加剧的社会和种族冲突中成为战场，比如1950年代声名狼藉的底特律贝尔岛事件。

公共空间类型的激增

自20世纪50年代末以来，美国见证了新的公共空间形式的出现，如市中心的步行商业街、企业广场、节日市场、冒险乐园、城镇步道、袖珍公园；以及较老形式公共空间的复兴，如农贸市场、社区花园和滨水散步道。尽管这种空间的多样性表明了美国公共生活的持续性，但它也展示了一个高度分层的社会。不同的空间服务于不同的社会群体，公共空间在大多数人的生活中发挥着愈加专业的角色。

在过去35年中，人口因素决定了美国公共空间的特征。也许关键的影响是始于1950年代郊区的巨大发展。这种人口的迁移为公共生活带来了一处重要的新场所——购物商场，也极大地改变了中心城市的形态。城市越来越成为最不富裕和被剥夺公民权最多的人们的领地，遇到的公共空间需求是更能满足当地居民的需要。此外，郊区购物中心的成功鼓励了各种复兴市中心购物区以及在市中心引入新型公共空间的尝试。大约从1970年代中期开始，年轻的专业人员返回较老城市社区的适度回归现象，某种程度上为许多城市中公共空间的出现和复兴做出了贡献。

社会行动、社区参与和开放空间

20世纪60年代期间，社会和政治动荡经常发生在公共空间里，从华盛顿国家广场到伯克利斯普劳尔广场，再到芝加哥街头都是如此。公共空间被各种抗议语言所充斥——横幅、壁画和涂鸦。抗议者经常占据公共空间，有时甚至占据私人空间，来宣泄他们的不满。

20世纪60年代的动荡催生了这一认识，即认识到人们可能会占领公共场所，这对未来20年公共空间的供给和使用产生了影响。一方面，从1960年代末开始，新的大学校园和其他场所有时不再设计大型中央空间，因为在那里可能会发生大规模的游行示威和集会。另一方面，市民们能够并且应该掌控开放空间的观念成为20世纪70年代社区自助运动的重要焦点。社区花园代表了这一趋势的广泛实现。

社区花园在欧洲有着相当长的持续历史，在那里，份地花园——用于种植蔬菜和花卉的大片独立地块——在铁路沿线和城市边缘经常可以被发现。美国社区花园的历史则更断断续续。正如巴西特（Bassett）所指出的，这个国家空地上的园艺劳动主要与危机联系在一起（Bassett，1981）。在1890至1930年代的经济萧条时期，相当多的空地被提供给贫民种植蔬菜。在两次世界大战期间，这些空地上建成了自由花园和胜利花园，使得没有院子的城市居民可以通过自己生产一部分食物来履行他们的爱国义务。巴西特强调，在这些危机时期之外，城市居民也保持着对园艺劳动的兴趣，但（拥有更有利可图选择的）产权人没有提供土地作园艺用途。

社区花园在1970年代早期重新获得重视，当时开展的环境和基层社区行动，再加上内城区建筑物的废弃和拆除，使得在空地上建设了蔬菜和花卉园以及非正式的当地聚会场所（Francis，Cashdan，& Paxson，1984；Warner，1987）。

该运动在美国东北部和中西部最为突出，纽约、费城和芝加哥等城市都有数以百计的社区花园。美国各个地区的城市都参与其中，南部和西部较新的、密度较低的城市往往可容纳数英亩的花园，由数百个家庭地块构成。至20世纪80年代，社区园艺的概念变得更加普遍，甚至有些"主流"，在医院、工作场所、学校、公共公园和其他地方开发了更多的场地（Francis，1989b）。未来这些空间面临的一大挑战是，许多地方政府倾向于仅仅将它们视为临时用地。

社区花园长期以来已经成为欧洲城市生活的一部分，如德国慕尼黑的克莱恩公园。（马克·弗朗西斯）

另一种公共空间形式是冒险乐园，同样体现了使用者参与和管控的理想，但在美国不太普遍。（第五章将详细论述它的特征。）这种类型的乐园出现在欧洲，在英格兰和斯堪的纳维亚半岛很常见，它使儿童能够参与到随时间推移而改变的游戏设施的规划和建设中。现场有各种各样的资源、设备、建造构件以及成年的游戏负责人，而通常来自社区邻里的儿童则参与到现场构件的建设和移除中。这些场地本身可能是一块空地、一个四方形的街区，或者就位于过去的传统游乐场的位置。冒险乐园基本的物质组成部分是被西蒙·尼科尔森（Simon Nicholson）称为“松散部件”的沙子、泥土、植物和种子等自然元素，以及诸如木材、钉子、工具和油漆等建造构件（Nicholson，1971）。“松散规则”与共同责任在该游戏形式中是同等重要的元素。冒险乐园在欧洲比在美国更常被采用，尤其是在大城市里。尽管美国儿童通常对这些乐园反响热烈，但大人们却总是抵制它们，认为它们杂乱无章，毫无美感。城市官僚机构则困扰于它们不符合传统的建筑规范和安全标准（Spivack，1969）。由于这些担忧，如今美国几乎没有真正的冒险乐园，而且由于对担责的顾虑，大部分创新都被排除在游乐场设计之外。

社会行动也促成了“游乐街”的概念。受欧洲诸如荷兰“乌纳夫”（见第五章）的影响，规划者限制了一些住宅区街道的交通，以减少交通量及其速度，以此来鼓励社会交往和娱乐。鉴于居民的倡议和担忧，伯克利等城市设置了路障以限制穿越交通（Appleyard，1981）。不幸的是，由于人们对汽车的强烈依恋和热爱，这些努力并没有被广泛接受。

“乌纳夫”游乐街。荷兰代尔夫特。（马克·弗朗西斯）

郊区购物商场

郊区的扩大和郊区购物商场的激增极大地影响了20世纪后半叶北美公共空间的形式。从中世纪的市场到维多利亚时代的拱廊，许多明确界定购物区域的案例早在20世纪之前就存在了。类似19世纪拱廊的形式——在美国以 1890 年的克利夫兰拱廊商场最为典型——直接适用于现有的城市格网。而郊区购物中心通常设在一个大型停车场的中间，与其周边环境不具备这样的联系。

最常被引证为郊区购物中心前身的是有规划的商业区，比如 1916 年在芝加哥郊区森林湖建成的集市广场，以及 1922 年堪萨斯城的乡村俱乐部广场。这些购物区域是“作为一个单元来开发和管理的，通常有一处专门的停车区，也总是有一条专供行人使用的街道”（Kowinski，1985）[104]。1931 年，在达拉斯的高地公园购物村，购物中心第一次围绕着一处中央庭院建设而非沿街开发（Kowinski，1985）。

但购物中心的广泛发展直到 1950 年代才开始，伴随着高速公路的建设和郊区居民的激增。1950 年代早期的购物中心主要沿着高速公路带状发展，“创造内部世界的概念被（迅速）重新发现”（Kowinski，1985）[105]，由两排平行商铺在室外步行区面对面构成的购物中心变得很常见。

随着第一个全封闭购物中心的出现——维克多・格伦（Victor Gruen）设计的明尼苏达州伊代纳市南谷购物中心，建于 1956 年——购物中心开始真正主宰了郊区居民的公共生活。一旦被封闭起来，购物中心就成了“吸引力的主要来源，而不仅仅是门店之间的距离”（Maitland，1985）[12]，并且可以全年举办各式各样的非正式的餐饮、展览和特定活动。到 1970 年代早期，北美许多新的郊区购物中心被开发出来，与基本呈现为平行布局的有顶街道式的早期购物中心相去甚远。圣何塞市的东脊中心和洛杉矶的福克斯山商场等购物中心包含了各种不同规模的分区、“广场”或是“庭院”，往往有着不同的设计主题和独特的植物及艺术作品（Maitland，1985）。不可避免的是，郊区购物商场与“主题公园”的界线变得有些模糊。1986 年开业的加拿大西埃德蒙顿购物中心拥有 836 家商铺，同时也包括了“凡尔赛宫喷泉的复制品，新奥尔良波旁街重现，模仿圆石滩的微型高尔夫球场……室内游乐场，加拿大梦幻乐园……以及一个 5 英亩的、用于冲浪锦标赛的冲浪池”（Martin，1987）[19]。

城市购物中心与中心城市的复兴

步行商业街

1950 年代末期，许多北美城市和城镇中心商业区的大量生意被郊区购物商场抢占。受到欧洲成功案例的启发，美国规划者通过排除或限制主街上的交通以及建设精美的步行商业街来着手复兴这些衰败的市中心。以 1959 年密歇根州的卡拉马祖为范本，1960 到 1970 年代期间，大约有 150 个这样的商业街被开发出来。尽管许多步行商业街取得了成功，但几乎没有哪个像规划者和政府官员所期望的那样，成为挽救市中心区衰落的灵丹妙药，还有一些步行街已经被拆除。

作为对许多早期步行商业街缺乏活力的回应，1960 年代末期出现了融合公共交通功能的商业街。这是由联邦城市公共交通管理局为公交步行街所提供的基金推动的（Knack，1982）。一些城市，如萨克拉门托，已用公交步行街取代严格意义上的步行商业街，容纳了公交和“轻轨”等其他形式的交通。其他城市如费城、芝加哥、丹佛以及佛蒙特州的伯灵顿，也在其市中心的商业街中纳入了公共交通。

1970 年代中期出现的一个变化是小汽车管制区，即市中心的所有路段都主要限于公交车和步行交通（Vernez-Moudon，1987）。这个概念已被成功地运用在罗马等欧洲城市的历史中心。虽然已经进行了诸多讨论和规划，但它尚未在美国进行尝试，尽管在俄勒冈州的波特兰和马萨诸塞州的波士顿都存在部分相当成功的变体。

一处成功的市中心“小汽车管制区”。波士顿市中心。（马克·弗朗西斯）

最好的城市购物中心通常是那些真正属于市中心总体规划的购物中心。根据奥格斯·赫克舍（August Heckscher）和菲利斯·罗宾逊（Phyllis Robinson）的观点（Heckscher & Robinson，1977），最好的案例是明尼阿波利斯市的尼克莱特购物中心。这个购物中心产生于市中心的总体规划过程，从 1950 年代中期开始，直到 1967 年才完全开放（Heckscher & Robinson，1977）。尼克莱特贯穿整个市中心，容纳了步行者和公交车，成为明尼阿波利斯市的核心。正如赫克舍和罗宾逊所描述的，这个购物中心是“一条风景优美的街道，在很大程度上呈平缓的曲线……独立街区中的街道家具和植物被设计得各具特色，几乎呈现出一系列广场的外观……购物中心的各个位置都有二层的人行天桥，且与 IDS 中心（一栋受欢迎的购物综合体）的封闭空间相连”（Heckscher & Robinson，1977）[130-131]。赫克舍和罗宾逊强调，该购物中心的成功取决于其持续发展并与新的市中心发展相联系的能力（Heckscher & Robinson，1977）。明尼阿波利斯案例的问题之一是，越来越多的活动发生在二层天桥上，而非街道层。在面临极端温度的城市（如蒙特利尔和达拉斯），地上和地下的封闭步行通道系统受到欢迎。在达拉斯，它们导致了不幸的种族隔离，即白人中产阶层居民使用凉爽的地下人行通道，而较不富裕的少数族裔使用炎热的人行道。

城市购物中心转移至室内

市中心步行商业街的变化贯穿了整个 1970 到 1980 年代，规划师和开发商越来越多地寻求将可控制环境的室内购物中心带进中心城市。诸如费城东街市场和密尔沃基大道综合体这样的大型开发项目，就是在老城区中心地带将原有的百货公司并入新的、跨街区的封闭式购物中心。虽然这些购物中心都位于街道层，人们可以方便地从人行道进入，但主要的活动很显然在内部。密尔沃基大道购物中心的一些店铺原本设计了橱窗和面对城市街道的次入口，但现有的几个门被封起来了，橱窗里也塞满了空盒子和包装材料。

与街道更加分离的是威廉·H. 怀特（William H. Whyte）所称的“巨型建筑”——一座“庞大的多功能的集办公、商场、酒店和车库于一体的综合体，封闭在巨大的混凝土和玻璃外壳之内”（Whyte，1988）[206]。一些大型的综合体，如底特律的文艺复兴中心、亚特兰大的全球国际、多伦多的伊顿广场和休斯敦中心，只为街道提供了一堵空白的墙面，为郊区居民和外地人口提供了在不了解城市街道及其居民的情况下参观市中心的机会。

企业广场和中庭

在美国最大的城市，尤其是在纽约和芝加哥，鉴于高昂的地价和现有的密集开发，市中心地区的改造一般以渐进式、逐个街区的方式进行。从 1960 年代开始，这两个城市中新的办公大楼的开发开始改变市中心的面貌。

在纽约，从 1961 年起，“奖励区划”法规允许办公楼的开发商增加建筑的高度或者体积，用来换取地面层的广场。这些企业广场通常与历史上的同名广场几乎没有相似之处。不同于与周边环境连为一体的中世纪广场，太多企业广场的首要职能是为相邻建筑提供引人注目的前院。其中许多广场的建筑和视觉质量主要表现在它们经常被用作大型公共艺术品的背景。以芝加哥为例，三个近在咫尺的广场上陈列了夏加尔（Chagall）、考尔德（Calder）和毕加索（Picasso）的巨作，效果相当令人印象深刻。

为应对与 1961 年奖励区划条例有关的多数纽约市广场贫瘠、暴露在风中的特点，怀特被聘请来全面检查该市广场的需求。1975 年通过的指南规定了关于公共座位、植被、与街道的连接以及各种设施的具体要求。尽管这产生了一些较繁华的广场，但纽约办公楼的开发商越来越多地选择了室内中庭和大厅，而不是室外空间。

其中一些中庭，如纽约花旗集团的“市场”，成为活跃的、用途广泛的公众聚集场所，但大多数则相当沉闷，对公众没什么吸引力。怀特认为，这些室内空间成功的关键在于它们与街道的关系。他举例说，东四十二街菲利普莫里斯大厦的雕塑花园和麦迪逊大街 IBM 大楼里的室内花园都是玻璃围合的中庭，迷人且可见的室内空间吸引着行人，同时街道生活也为从室内看出去提供了消遣（Whyte，1988）。

中庭——广场转移至室内。IDS 中心，明尼阿波利斯。（斯蒂芬 · 卡尔）

城市里的市场

1960 年代中期，一种新型的购物商场出现了——这次来自城市而非郊区。该形式通常被称为“节日市场”，其特点是：没有固定的百货公司驻扎，重点放在高端的、往往不同寻常的专卖店；数量最多的是餐饮和娱乐场所；重新利用历史建筑或者强调与历史的联系和主题；一般选址于滨水或者仓储区。它们在观光者和商务旅客众多的城市中最为成功，并且这些城市靠近大量的上班族。市场选址如缺少其中一种或两种支撑，就会蒙受经济损失。

节日市场的前身是旧金山于 1964 年建成的吉拉德里广场，很快它的邻居罐头工厂就开始仿效。这两者代表了节日市场的一种物质原型，即所有活动被包含在一个大型城市街区内，并发生在建筑内部或者通常效仿乡村广场的建筑庭院当中（Maitland，1985）。另一种原型包含一条或多条步行“主街”作为焦点。这种原型的代表是波士顿的法尼尔厅市场。

法尼尔厅综合体开放于 1970 年代中期，已成为美国最成功的零售中心（Whyte，1988），每年吸引 1 600 万旅游者——是“夏威夷的三倍”（Frieden & Sagalyn，1989）[176]。源自一项旨在保护历史性市场建筑的十年规划进程，法尼尔市场为波士顿滨水区带来了生机和活力。它的开发商詹姆斯·劳斯（James Rouse）和设计者本杰明·汤普森（Benjamin Thompson）继续合作了几个其他的大型节日市场，最知名的是巴尔的摩港区和纽约南街海港。劳斯 / 汤普森的市场虽然受到大多数规划师及许多城市生活评论家的赞扬，但也不乏诋毁者。

私人市场成为公共空间。法尼尔厅市场，波士顿。（马克 · 弗朗西斯）

对法尼尔和南街的批判之一是，它们取代了那些仍有着悠久历史并与城市历史切实相连的商业区。不过，这两个城市中的许多决策者认为，这种高端的、有点人为的节日市场方式是挽救历史建筑的唯一经济可行的方法。

尽管节日市场受到欢迎并持续流行开来，但一些美国城市仍保留或复兴了与市场的历史传统有着密切和真正联系的场所。也许最知名的是西雅图的派克市场——开业于 1907 年、俯瞰普吉特湾的大型半封闭市场。第二次世界大战后，当市场衰落并年久失修时，市民们团结起来，共同阻止了破坏性的城市更新计划，并开始为期多年的翻新工程（Frieden & Sagalyn，1989）。这一改造最大限度地减少了对老市场形式的改变，保留了郊区购物中心和节日市场中隐藏的日常运营（如送货、拆包和冲洗鱼摊），并在很大程度上把这种运营公开出来。此外，还制订了相关政策大力支持当地的农产品和其他食品、独立商家、虽鲜为人知但与众不同且价格适中的商铺。以西雅图派克市场为基础，不列颠哥伦比亚省的温哥华目前有 3 处新的公共市场，服务于城市的不同区域。

不太出名但同样与昂贵且精心设计的节日市场不同的，是费城两处历史悠久的地方——瑞汀车站市场（位于市中心火车站下方）和南费城的意大利市场。这两处市场都提供新鲜的农产品和其他当地特产给顾客，其顾客涵盖了来自整个大都市区各种收入的人们。西雅图和费城市场的更朴素的变体——通常被称为“农贸市场”——从 1970 年代开始在许多城市中再度兴起。其中一个示范项目是“绿色市场”，由纽约市环境委员会赞助，这个项目每周将该地区的农民和其他独立食品生产者带到各个城市社区的场地上。美国的许多城镇和城市目前都有每周农贸市场。

大都市地区的城市自然

自 1960 年代环境运动以来，公众对保护开放空间的兴趣和呼吁有所增加。这种兴趣集中在现有的自然区域以及将自然系统和栖息地引入城市（Spirn，1984）。许多社区都将重点放在获得和保护自然区域上，包括湿地、野生动物栖息地以及城市中最后未开发的土地。开放空间债券发行在许多社区取得了成功，大量土地被购买或捐赠给未开发的自然开放空间。

最近，人们对为娱乐或自然保护建立相互联系的开放空间系统感兴趣。1980 年代末，“绿道”成为一个广泛使用的术语，用于指代城市或乡村的开放空间系统（Little，1990）。实例包括纽约市的布鲁克林-皇后区绿道、北卡罗来纳州罗利市的首府区绿道和加利福尼亚州戴维斯绿道。绿道试图将现有的开放空间连接在一起，形成一个由步道、小路和绿带连接起来的公共网络。

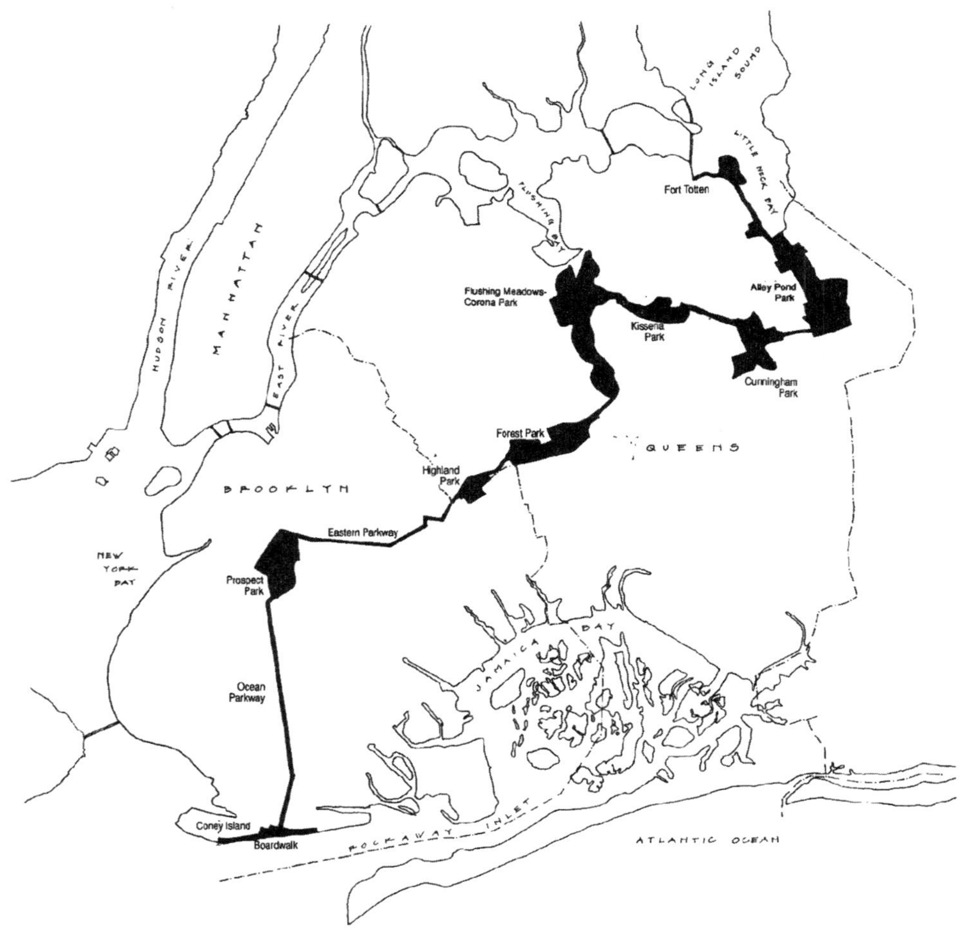

相互连接的城市绿道系统——40 英里（约 64.37 千米）长的布鲁克林 - 皇后区绿道联系了滨水区、公园和文化机构。（纽约社区开放空间联盟）

总结

公共空间的历史演进给出了当前存在的各种各样的、部分重叠的空间类型。这种公共空间类型的多样性如表 3.1 所示。它们反映了美国生活中公共空间的重要性及其多重功能。现在，我们来讨论这些物质空间的人性维度以及使其成功的特质。

表 3.1　当代城市公共空间的类型

类型	特征	书中呈现的研究案例（章）
公共公园		
公共 / 中央公园	公共开发和管理的开放空间，作为城市开放空间系统区划的一部分；具有城市重要性的开放空间；通常位于市中心附近；通常比社区公园大	中央公园，纽约（七）

续表

类型	特征	书中呈现的研究案例（章）
市中心公园	有草地和树木的绿色公园，位于市中心区域；可能是传统的历史性公园或新开发的开放空间	布莱恩特公园，纽约（五）；佩讯公园，华盛顿（四）
公地	较老的新英格兰城镇中开发的大片绿色区域；曾经是公用的牧场；现在用于休闲活动	波士顿公地和公共花园（五）
社区公园	住宅环境中开发的开放空间；公共开发和管理的开放空间，作为城市开放空间系统区划的一部分，或者作为新建私人住宅开发的一部分；可能包含游乐场、运动设施等	油库公园，西雅图（四）；北区公园，炮台公园城，纽约（八）
迷你 / 袖珍公园	由建筑物界定的小型城市公园；可能包含喷泉或水景	格林埃克公园，纽约（四）
广场		
中心广场	广场；通常是市中心历史发展的一部分；可能会作为街头会面场所存在或被正式规划；往往公共开发和管理	波士顿市政厅广场（四）；入口广场——洛厄尔州立遗产公园，马萨诸塞州（六）；自由广场，华盛顿（六）；爱悦和前院喷泉，波特兰，俄勒冈州（四）；乔治蓬皮杜中心广场，巴黎，法国（四）；时代广场，纽约（六）
企业广场	作为新办公楼或商业建筑一部分开发的广场，通常在市中心区域但也逐渐成为郊区办公园区开发的一部分；由建筑物所有者或管理者建造和管理；有一些公共开发的案例，但主要是私人开发和投资	格雷斯广场，纽约（五）
纪念场所		
纪念碑	纪念对地方和国家具有重要性的人物或事件的公共场所	越战纪念碑，华盛顿（六）
市场		
农贸市场	用于农贸市场或跳蚤市场的开放空间或街道；通常是临时的或者只在特定时间内出现在现有的空间里，如公园、市中心街道或停车场	农贸市场，戴维斯，加利福尼亚州；干草市场，波士顿（六）
街道		
人行步道	城市中供人们步行的部分；最常见的是沿着人行道和小路规划或建造，将目的地联系在一起	案例包括人行步道拓宽项目
步行商业街	对机动交通封闭的街道；提供步行便利设施，如长椅、绿化；通常位于市中心的主街上	教堂街市场，伯灵顿，佛蒙特州（六）

续表

类型	特征	书中呈现的研究案例（章）
公交步行街	改善城市中心区交通可达性的开发；以公交车和“轻轨”步行街取代传统的步行商业街	尼克莱特步行街，明尼阿波利斯，明尼苏达州；俄勒冈州波特兰公交步行街；K街公交步行街，萨克拉门托，加利福尼亚州
交通受限的街道	作为公共开放空间使用的街道；交通和车辆限制可能包括步行改善、人行道拓宽和街道树木种植	华盛顿市中心的“人民街道”（七）；盖基特步行街，勒罗斯，挪威（五）；乌纳夫，代尔夫特，荷兰（五）
城镇步道	通过整体的城市步道联系城市各部分；利用街道和开放空间作为环境学习的地点；有些是经过设计和标记的步道	自由之路，波士顿；城镇步道，英国
游乐场		
游乐场	位于社区中的娱乐区域；往往包括传统的娱乐设施，如滑梯和秋千；有时包括供成人使用的设施，如长椅；也可能包括创新的设计，如冒险乐园	特拉尼海腾冒险乐园，丹麦（五）；乡村之家游乐场，戴维斯，加利福尼亚州（八）
运动场	运动场作为娱乐区；其中一些成为环境学习的场所或社区使用的空间	华盛顿环境之院，伯克利，加利福尼亚州（八）
社区开放空间		
社区花园 / 公园	由当地居民在空地上设计、开发或管理的社区空间；可能包含观赏性花园、游戏区和社区花园；通常在私有土地上开发；未被正式视为城市开放空间系统的一部分；通常容易被其他用途取代，如住宅和商业开发	巴雷托街公园，纽约（五）；人民公园，伯克利，加利福尼亚州（六）
绿道和公园道		
相互联系的娱乐和自然区域	通过步行道和自行车道连接的自然区域与娱乐空间	戴维斯绿道，加利福尼亚州；罗利绿道，北卡罗来纳州；邻里绿带；自然区域
中庭 / 室内市场		
中庭	作为室内中庭空间开发的室内私有空间；室内的、可封闭的广场或步行街；被许多城市视为开放空间系统的一部分；作为新的办公或商业开发的一部分，由私人开发和管理	花旗集团中心市场，纽约（五）
市场 / 市中心购物中心	室内的、私人的购物区，通常为独立式或者旧建筑（群）改造；可能包含室内和室外空间；有时被称为“节日市场”；作为新的办公或商业开发的一部分，由私人开发和管理	法尼尔厅市场，波士顿（六）

续表

类型	特征	书中呈现的研究案例（章）
偶然形成的空间 / 社区空间		
偶然形成的空间 / 日常的开放空间	公众可达的开放空间，如街角；人们占有和使用的空间，如建筑物台阶等；也可能是社区里空的或者未开发的空间，包括空地和未来的建筑用地；通常供儿童、青少年和当地居民使用	纽约公共图书馆的台阶（四）；曼蒂奥社区和滨水区规划，北卡罗来纳州（七）
滨水区		
水滨、港口、沙滩、江边、码头、湖边	沿城市水道的开放空间；增加公众进入滨水区的机会；滨水公园的开发	波士顿滨水公园（六）；格兰德街滨水公园，纽约（七）

第二部分 公共空间的人性维度

我们的价值观产生了三个关键维度，构成了我们看待公共空间观点的基础：需求、权利和意义。虽然这些并不是唯一重要的特质，但我们认为，在公共空间的开发中常常没有关注这些特质。

这种观点抵消了通常强调场地的物质属性而忽视其他属性的倾向，单一维度的观念无法涵盖对成功的公共空间至关重要的所有因素。仅仅强调物质属性，对公共空间运转的理解是简化了的、确定性的概念，这已被证明在许多方面是有局限的。

我们的观点聚焦于对人与场所相互作用的理解，以及它影响环境发挥作用的方式。它考虑一系列因素，包括环境的自然特质、使用者和潜在的使用者、他们的文化和人口统计学背景及其经济状况等。它包括区域内的环境文脉、人员资源和结构，以及其他公共环境。最重要的是，它将公共环境及其分析置于这样一个框架之中，即考察场地历史、使用者传统以及这两者与文脉关系的框架。

我们不是以一种确定的或是简化了的方式来看待人与环境之间的关系。这些关系是相互作用且复杂的，试图简化它们并不能产生成功的设计或者管理策略。公共空间的菜单式处方无法反映人们个体特点的复杂组合、他们的生活史以及场所对他们的重要性。那些有限的、单一焦点的观点只强调了特定的特征，即环境或管理策略的物质或美学品质，对于理解公共空间及行为几乎没有价值。

我们将要描述的维度概括了公共空间中的一些基本人性特质，这些特质区分了支持和激发使用者需求与活动的场所。在接下来的三章里，通过对每个维度的分析，我们将会理解这是如何发生的。

第四章　公共空间中的需求

为了有效地设计和管理公共空间，必须了解这些空间在人们生活中扮演的角色，以及为什么空间被使用或忽视。在我们看来，在公共空间的设计和管理中，人的视角被忽视了。场所的提案、建造和评估都是基于应该在其中做什么的假设。很多情况下，这是基于空间设计者、他们的客户和空间管理者的目标，而不是致力于大众的需求，或是公共空间能够满足这些需求的方式。各种用途都影响着公共空间的特质。例如，广场通常是出于商业原因而设计的，用作企业的象征，并以额外楼层和空间的形式给予建筑商和开发商奖励。公园的形式源于过去，成为城市的象征，通常是为城市而不是为市民代言。理解公共空间的用途以及人们如何使用它们，对于思考空间特质是必不可少的。

使用一处开放空间或许是审慎计划的结果，也或许是意外和偶然的，比如在一处刚好顺路的广场停下，或者在通往目的地的广场上稍做停留。偶然的发现能够揭示值得停留的地方，短暂的停留可能为未来的使用提供新的借鉴。但相反的影响也是有可能的。一处了无生机或者有威胁的环境可能会使潜在的使用者厌恶，留下对场所不友好的记忆，该场所成为将来要回避的地方。

这些偶然的使用者可能是我们在公共空间中发现的人群中的少数，然而他们不能被忽略。多数人为了特定的原因去往公共开放空间。有些围绕着即时需求——去喝杯水，在阳光充足的地方进食午餐，或是休息。另一些则有着可能较不明显的长期目标，如想改变什么或想运动。

波士顿市政厅广场

马萨诸塞州波士顿市

位于波士顿市中心剑桥街与法院街的交叉口毗邻行政中心，由建筑师卡尔曼（Kallman）、麦金尼（Mckinnel）和诺尔斯（Knowles）设计，波士顿市管理，竣工于 1968 年。

市政厅广场是波士顿最有纪念性也是使用率最低的公共开放空间之一。巨大的前广场被设计用作新市政厅，这个广场的广袤无垠和简单笼统令人对其作为一处公共空间的意图和功能产生了许多疑问。尽管该广场加强了卡尔曼和麦金尼的独特建筑的戏剧效果，也以一套连贯的设计成功地将周围的建筑物联系在一起，但它在迎合人们的基本需求或支持真正的象征意义方面并不那么成功。

从历史角度看，市民广场与市民的权力及自豪感相关联。意大利的广场，如市政厅广场所模仿的优雅的贝壳状锡耶纳坎波广场，曾经是且依然是真正的市民空间。它们不仅作为市政厅纪念性的前广场，同时也是市场，还是节日、体育比赛和市民庆典的空间。至今，通常环绕着咖啡店和商铺的意大利广场始终是城市的核心。

与这些充满了活动的广场不同，波士顿市政厅广场几乎是空荡荡的。虽然其设计大量借鉴了坎波广场，但市政厅广场缺乏给坎波广场带来活力的活动及象征意义。

据说该设计旨在表达政府开放和易于接近的理想，但巨大的、空旷的广

波士顿市政厅广场鸟瞰。（斯蒂芬·卡尔）

波士顿市政厅广场主要是一处交通空间。（伊丽莎白·马奇）

场反而像在诉说着政府的不可接近和个体市民的无足轻重。

作为规划中行政中心城市复兴工程的一部分，市政厅广场基本上完全被政府大楼环绕，体现了1960年代活动分区和功能分区的规划指导思想。紧邻广场没有零售商店，只有两家餐馆，没有政府业务的人基本没有出现在这里的理由，特别是在晚上或者周末。由于市政厅仅给政府职员提供了一个有限的小卖部，餐馆的匮乏尤其成问题。午餐时，职员们可能偶尔使用一次广场，大部分人会去其他地方。

显然，市政厅广场的设计是在满足建筑的需要，而不是人的需要，许多最基本的舒适性被忽略了。虽然广场西侧的边缘部分有绿树成荫、长椅成行的林荫步道，那里是为数不多的几个有树荫可以就座的地方，但是完全不吸引人。这些厚重的、混凝土的长椅，曾被评论家描述为“设计用于承受核袭击”，既不能移动，也不舒适，而且面向内部，远离可能发生在广场上的任何活动。

在西南角有一处下沉的、带喷泉的休息区，像许多凹入的休息区一样，很少被使用。正如威廉·怀特的著作所述，与街道的联系和为人提供观看的机会频繁诉说着城市广场的成功（Whyte，1980，1988）。怀特可能已经预测到，市政厅广场受欢迎的休息区之一是沿着街道边缘的地方，尽管那里并没有正式的座位提供。地铁站的后墙是最受欢迎的场所之一，原因很简单，那里是人看人的最佳地点之一。两条主街的交界处界定了广场的区域，那里总是活动的中心。沿街排列的混凝土护柱虽然不舒服，却也是一处受欢迎的地方，因为它们提供了同时看向街道和广场的视域。尽管人们想要自得其乐的时候常常能忍受很大的不适，但忍受也是有限度的。设计中没有任何防护可以防止横扫广场的大风，在多风的日子里，此空间几乎无法通行。

人们聚集在街道边缘，混凝土护柱是唯一可用的座位。（伊丽莎白·马奇）

尽管广场广阔的中央区域需要充满人群和活动，但这座城市的管理者并没有努力把户外的夏季音乐会安排在广场上，给广场注入因事件赋予的生命力。有种担忧是，某些潜在的活动如跳蚤市场，可能会毁坏此空间预期的仪式感和纪念性面貌。最终，市政厅广场成为一个波士顿人去往别处时穿过的不舒适的空间。

相关案例：格雷斯广场、乔治蓬皮杜中心广场、自由广场。

吸引人们去公共区域的特定原因反映了生活尤其是城市生活的许多方面。在公共场所的一次停留能使人得到休息，远离周围环境的混乱、噪声、人群和“超负荷”（Milgram，1970）——这是复杂的城市环境中的共同需要。在这种情况下，公共场所与外界形成对比，成为“天堂”和“刺激屏蔽区”（Wachs，1979）。它满足了人们必须稍做休整才能继续前进的周期性需要。在对布莱恩特公园的研究中，内格尔和温特沃斯（Nager & Wentworth，1976）以“作为退避之地的公园”为题，将使用者给出的去往公园的一系列理由进行了分类。人们用的是这样的词语，如“放松和舒适”“安静平和的城市绿洲与庇护所”——我们在曼哈顿另一块绿色区域格林埃克公园采访使用者时也提到这些词语。无论停留时间多么短暂，这些同类场所也实现了与日常生活的对比或是从工作世界到休闲世界的转变。

还有其他一些停留的原因，反映的是前往而非离开的需求。公共区域也使人们能够与他人联系，以某种方式加入其他人群当中。这可能以一种很被动的方式实现，如在一些情况下，人们停留下来观看过往的场景，以眼睛跟随着路过的陌生人流。在另一些情况下，人们想要更积极地参与其中，公共空间被用于跟朋友会面。

一些使用者会寻找一些希望或确定适合场地的特定活动。可能是在公园里的小道上骑自行车，去海边晒太阳或游泳，或者老年人找寻一把长椅。活动的强度和性质可能不尽相同，但有种预期是在此进行特定的体验是可能的而且特殊的资源是能够获得的。

基于我们对过往研究的回顾和现场案例的研究，人们在公共空间中的需求主要有五种：舒适、放松、被动地融入环境、主动地融入环境，以及探索发现。与一处地方的任何一次相遇可能满足不止一个需求。检视需求很重要，不仅是因为它们解释了空间的使用，也是因为使用对成功而言是重要的。不能满足人们需求或者对人们没有重要作用的场所将得不到充分利用，也是不成功的。

在布莱顿海滩的木栈道上，老人与朋友们聚在一起聊天和观景。（马克·弗朗西斯）

舒适

舒适是基本的需要。对食物、饮料、避风港或者劳累时休息地方的需求都要求满足某种程度的舒适性。没有舒适性，人们难以感知其他需要如何被满足，尽管人们想要自得其乐的时候有时能忍受很大的不适。

在我们对过去研究的回顾中发现，避免阳光或获得阳光是特定场所使用中的主要因素。在凉爽的城市进行的研究显示，诸如西雅图（Project for Public Spaces，1978）和旧金山（Bosselmann，1983a，1983b；Linday，1978），阴天很多，户外空间设计中允许最大限度的日照是空间获得成功的最关键因素之一。被誉为其他城市样板的“旧金山市中心规划”（San Francisco Department of City Planning，1985），就是以公共空间的日照可达性为基础来控制市中心新的开发项目强度。由杰米·霍维茨和史蒂芬·克莱恩（Stephan Klein）于1977年制作的一部含有延时镜头的电影，追踪了人们坐在纽约公共图书馆台阶上的画面。一月份太阳移动的路径决定了人们就座的场所，电影中捕捉到了这一非凡的编排艺术。

对这个国家其他地方的研究往往强调一些遮蔽阳光的需求。一项对芝加哥第一国家银行的研究显示，缺乏遮阳是使用者不满的主要来源（Rutledge，1976）；这种不满据说“被广场上坚硬的花岗岩所反射的眩光加剧了”（Rutledge，1976）[59]。针对纽约一段景观岸线里斯公园的研究发现，即使在海边娱乐的地方，一部分人可能并不推崇最大限度地暴露在阳光下（Madden & Bussard，1977）。对这些人而言，树荫、阳伞或者某些形式的遮蔽之处就是必需的。随着人们越来越认识到阳光的不利影响，阴凉处的供给将变得必不可少。遮蔽之处，无论是遮阳、挡雨还是应对恶劣天气，都是开放空间设计时重要但常被忽略的要素。贝克尔（Becker）在对萨克拉门托原市中心步行商业街的评价中指出，长时间使用商业街的人尤其受到缺乏“保护其免受天气影响”的困扰。纽约格林埃克公园提供了一种卓越但价格昂贵的多功能户外遮蔽之所，部分场地上的有顶平台既能够提供阴凉处，还有顶部加热设备供天冷的时候

最好的空间是在阳光下和阴凉处都能提供有吸引力的选择。炮台公园城的滨水散步道，纽约。（斯蒂芬·卡尔）

使用（Becker，1973）[453]。

舒适且充足的座位也几乎是任何成功的开放空间的重要方面。令身体舒适的座位所具备的尤为重要的特征包括：座位的朝向，与可达区域的接近程度，可移动的座位，可供个人也可供群体使用的座位，可供阅读、进食、聊天、休息和不受公众干扰的座位，有靠背的座位，以及对于有孩子的成年人来说座位位于游戏区的视线范围内。

舒适度也是关于人们在一个地方所停留时长的函数。纽约公共图书馆（见本章案例）或纽约大都会博物馆前的台阶对于等朋友前来或者观看下面街头表演的人来说足够了，但可能无法满足人们舒服地坐一下午。克莱尔·库珀·马库斯在对明尼阿波利斯的联邦储备广场的观察中，发现了一个关于座位不适合使用者的戏剧性案例（Cooper Marcus，1978b）。观察期间，她发现广场上的 9 人中有 7 人选择坐在混凝土地面上，而不是坐在广场上随处可见的雕塑般的圆形"香肠凳"上。其他潜在的使用者似乎很可能根本不会选择去这个广场。

除了满足身体上的舒适，座位设计还应当满足社交和心理上的舒适。若干年来，威廉·怀特一直在研究公共场所中的人，他细心记录了鼓励或阻碍人们需求的场所特点。他工作中一项主要的发现呈现在《小城市空间的社会生活》（Whyte，1980）和《城市：重新发现市中心》（Whyte，1988）里，即呼吁对舒适的、朝向适当的"可坐空间"需求的关注，对能够接近阳光、树木、

最好的座位朝向并不总是显而易见的。（伊丽莎白·马奇）

水、食物及其他便利设施的空间需求的关注。为了强调这一点，他说这尤其与选择有关："坐在前面、后面还是旁边，在阳光下还是阴凉处，在群体中还是独自一人。"（Whyte，1980）[28]

佩讯公园

华盛顿特区

位于东十四街和十五街之间的宾夕法尼亚大街；由M.保罗·弗里德伯格（M. Paul Friedberg）及其合伙人杰罗姆·林赛（Jerome Lindsey）事务所设计，并共同投资，其后植物种植的调整由欧姆·范·瑞典（Ohme van Sweden）事

华盛顿的佩讯公园是一处有着可移动座位和食品亭的绿洲。（伊丽莎白·马奇）

务所完成；由国家公园管理局管理；作为宾夕法尼亚大街更新计划的一部分于 1981 年竣工。

佩讯公园的名字是为了纪念约翰·J. 佩讯（John J. Pershing）将军，及第一次世界大战中奋战于西部战线的人们。这个多层次的公园围绕着中央水池和瀑布设计，诠释了开放空间设计的许多最佳属性，与其荒凉的西广场（参见第六章中的自由广场案例）形成鲜明对比。该公园以土堤将三面大部分的车辆交通掩蔽，在城市中提供了一片绿洲，与街道相隔离，但容易进入街道——完全行人导向的那侧街道。水池周围的瀑布和自然种植设计是营造放松和退避氛围的最重要元素。这两项特征都有助于减少宾夕法尼亚大街和第十四、十五街上传来的噪声，同时提供了视觉上的对比，在炎热的天气里给公园降温。

各种各样的座位选择和布置——可移动的桌椅、野餐桌、长凳和台阶——可以在阳光下和阴凉处，给人带来身体和心理上的舒适感。公园开发的多种层次——每个层次都有截然不同的特点——允许公园容纳各种各样的活动，以及各种从安静的沉思到热闹的咖啡馆场景的体验。营业至傍晚的咖啡厅、售货亭为公园提供了额外的舒适和安全元素。尽管该公园主要用于夏季的被动休闲，但水池的设计也允许在冬季溜冰，从而实现了主动融入环境的附加目标。

鉴于公园在满足各种人类需要方面的成功，它成为如此受欢迎的地方就不足为奇了。

相关案例：格林埃克公园、爱悦和前院喷泉、布莱恩特公园、波士顿滨水公园。

这些观点将在本章的空间使用方式一节中进一步讨论。公共空间计划（Madden & Bussard，1977）的研究中曾有一个有用的发现，那就是研究中的人们更喜欢面朝步行人流就座，并避免完全或部分背对人流而坐。

社交和心理上的舒适是一种普遍而深层次的需要，涉及人们在公共场所的体验。这是一种安全感，一种人身及财产不易受到侵犯的感觉。犯罪行为在许多公共场所广受关注且真实存在，在分析空间品质时不容忽视。在众多文化和时代中，女性都曾在公共空间中受到威胁，使得她们在使用空间时不太舒服。在一项关于偶然形成空间或非正式空间的研究中，当地街坊所在地尤其被女性提及是她们感到安全的地方，因为有她们能够信任的社区里的熟悉面孔（Rivlin & Windsor，1986）。但对许多女性来说，自己家所在社区的街道都是危险的，当地的公园也没法使用。她们的行动范围受到对其产生安全挑战的区域的限制，多年来情况几乎没什么变化。

关注减少威胁安全的特征可能会增加环境的舒适度（Franck & Paxson，

1989）。在某些情况下，这涉及空间管理政策，应配备管理员以确保使用者的安全。在另一些情况下，设计的特征能够增强开放度，为场地提供视觉可达性。对安全的关注是人们避开有视线遮挡物的公园或广场的原因之一。在对纽约布莱恩特公园的研究中，内格尔和温特沃斯发现，那些有助于使公园成为远离市中心噪声和拥挤的、令人愉悦的庇护所的特征，如装饰墙、栅栏、灌木丛，隔断了视线通道，产生安全问题，阻碍了一些人进入公园（Nager & Wentworth，1976）。

在这个国家，还有一类在公共空间的创建中同样被忽略的舒适因素——厕所。即使在一些情况下，公共厕所是初始设计的一部分，它们往往也被有计划地移走或者锁起来了。纽约的布莱恩特公园和全国各地的游乐场就是例子。包括布莱恩特公园在内的一些地方，正在将新的厕所设计融入其变革计划中。多年来，城市管理部门列举了为什么需要移走厕所的冗长的理由清单。然而，许多城市已经想出新办法来维护公共卫生间的清洁，比如每天在涂鸦墙上绘画。早在1909年，卡尔·贝迪克（Karl Baedeker）的美国指南中就报道过公共设施不足的这件不光彩的事（Rudofsky，1969）。这种对公共舒适度的可耻忽视一直存在，而且越来越多。满足公众对舒适的需求并没有成为公共设计的重中之重。一贯的维护、精心的设计和管理员的在场应当被视为公共空间必不可少的组成部分，而不是消耗品和多余的装饰。

放松

放松与舒适所表达的释放层次不同，它是身体和心灵安逸层面更进一步的状态。心理上的舒适感可能是放松的先决条件——解除身体压力，令人感到安宁。放松经常被设计师作为规划空间的意图提及。将场地描述为“令人放松的”，界定的是场所中可能的体验而非物质环境，尽管这两者明显是相互关联的。

在美国，城市开放空间，尤其是公园，传统上被视为是供忙碌的城市居民放松和休息的地方。但一些作者认为这种观点被过于强调了。杰克逊声称，美国的设计师和政策制定者过分关注旨在放松和沉思的风景公园，而忽视了公众对主动娱乐区域的需求（Jackson，1981）。怀特已经强有力地证实，许多小型城市公园和广场的使用者，寻求的是城市生活的活力和某种形式的融入，而不是回避（Whyte，1980，1988）。对社区园艺日益增加的兴趣也表明了公共景观提供主动娱乐活动的必要性。尽管这些观点是正确的，但有证据表明，人们也寻求适合休息和放松的空间，远离城市生活例行程序和要求的

公共空间中放松的极限。波士顿公地。［凯瑟琳·马登（Kathryn Madden）］

短暂停息的空间。

对各种公共空间的研究表明，都市人确实经常寻求放松的环境。据贝克尔所述，萨克拉门托市中心步行商业街上的大部分使用者喜欢它“安静放松的氛围”（Becker，1973）[453]，尽管这并不是零售商所希望的。在另一处密集而活跃的环境中，内格尔和温特沃斯发现，布莱恩特公园的使用者称其最频繁的活动是放松和休息（Nager & Wentworth，1976）。曼哈顿的袖珍公园——格林埃克公园的使用者（引自 Burden，1977，以及我们自己的研究），将这个空间视为主要用于放松的场所。

格林埃克公园

纽约州纽约市

位于曼哈顿第二大街与第三大街之间的第五十一街北侧；由佐佐木事务所（Sasaki，景观设计师）设计，哈蒙·戈德斯通（Harmon Goldstone）担任顾问；由格林埃克基金会管理；竣工于 1971 年。

像帕雷公园一样，格林埃克公园是一个小型的、街区内的公园，被称为袖珍公园，吸引了曼哈顿密集的商业中心区中大量的使用者。格林埃克获得成功和声望最基本、也可能是最重要的原因在于它实现了若干重要意图。首先且最重要的是，它满足了许多使用者的需求，即人们在市中心的钢筋混凝土和嘈杂中需要一处放松和休息的场所。

一项针对格林埃克的研究，基于审慎观察记录了种类繁多的活动，结论是这些活动都是“人们只有在被隔离、放松且安静的环境中才愿意选择或者能够做的事情”（Burden，1977）[21]。本书作者之一在对格林埃克进行的研究中证实了这一点。大多数使用者反映，他们来这个公园是为了放松休息，“整理思绪”，或者晒太阳、呼吸新鲜空气。

导致这种放松感的主要因素是其戏剧性的瀑布，它在视觉上和听觉上主导着场地。几乎所有被访的使用者都强调了瀑布的吸引力，许多人看重它令人放松的效果，或是它在炎热天气里带来的凉爽。在任何时刻，都可以看到公园里有很大一部分人直接凝视着瀑布。

另一方面，使用者也经常提及一项似乎有损格林埃克放松本质的特性。当被问及“你希望在这个地方看到哪些改变”时，公园里22个被访者中的9人表示，他们想要公园更大一些，有更多的座位和桌子。在一天中的不同时间段接受采访的人都会抱怨这里的拥挤和座位的稀少，尤其是在午餐时段，人们由于难以找到座位，只能站着、坐在很不舒服的地方或者离开公园。很明显，像格林埃克这样的小型公园无法最佳地发挥作用，为所有在高峰期寻求休息的人提供放松的停留处，因为它是市中心区东部唯一能够充分满足该目的的开放空间。当格林埃克公园的使用者被问及“你有空时，这个地区有没有其他公共场所你会去”的时候，只有10%的人提到了市中心的另一处户外空间——帕雷公园，向北2个街区，再向西4个街区的最近的竞争者。在这

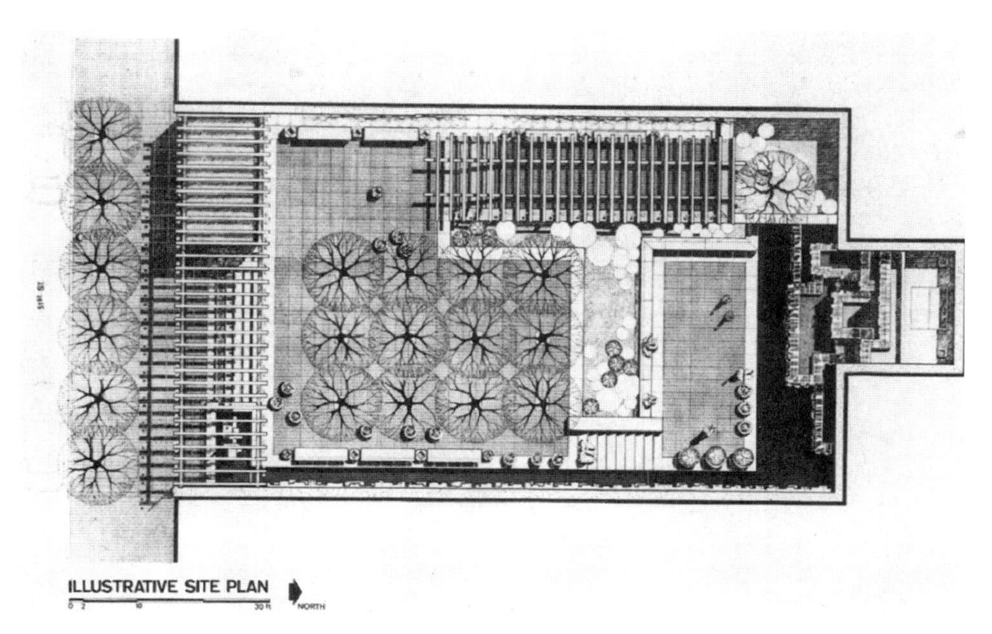

格林埃克公园的场地平面图，纽约市。［建筑师：戈尔斯通（Golstone），迪尔伯恩（Dearborn）和辛斯（Hinz）；景观设计师：佐佐木，道森（Dawson）和德迈（Demay）］

样的地区，那么多办公楼的开发商和设计师们都没能创造出可与之媲美的户外空间，应该是令人尴尬的事。

很明显的是，尽管格林埃克公园的使用者主要旨在寻求放松或者脱离周边的城市环境暂时休息一下，但事实上，公园能够容纳各种各样的活动，提供各种体验。格林埃克的设计将空间分为三个不同的层次。每一层所吸引的活动范围略微不同，除非在午餐时段的高峰期，就像许多人告诉我们的那样，使用者通常“无论在哪找个座位”就行，而不是在首选的位置。

公园的主要水平面与街道相邻，但通过一系列的台阶自人行道后退并逐级抬高。这层约占公园一半的面积，日照可达，不过一天中的大部分时间有

格林埃克公园午餐时段的活动，纽约市。（斯蒂芬·卡尔）

刺槐树遮阴。在这一层可以观察到广泛的行为活动，但总的来说，这里明显比其他两层更具社交性。这在很大程度上要归功于“老年人构成的稳定核心群体”，他们大多是来自附近公寓楼的居民，经常坐在公园的入口附近，面对着街道，期待朋友的到来（Burden，1977）[22]。这个主要的水平面还有着最大数量和密度的可移动桌椅，创造了一种更可能发生随意互动的境况。

公园较低的平面位于瀑布脚下，穿过主要的水平面，再下几级台阶即可到达。该区的特点是与公园其他部分在视觉上相对隔离，能享受阳光的直射并聆听瀑布落下的声音。这些环境因素往往吸引着寻求私密空间的人们：夫妇间亲密的交谈，个体的阅读、沉思或是晒太阳。这里的许多使用者是年轻人，或许瀑布强大的感官刺激和阳光对这个年龄段的人最有吸引力。

格林埃克的第三层是一处有顶的凸起的平台，位于主水平面的一侧，可俯瞰瀑布和公园的其余部分。这一层主要用于观察瀑布和公园内的活动。与主水平面相比，该区通常人的密度较低，纵横交通较少。这个凸起平面的许多使用者似乎在寻求与较低层的隔绝，同时保持了一些对水和阳光直接影响的疏离。

作为一处袖珍公园，格林埃克的成功与曼哈顿市中心的环境形成了鲜明的对比，这在很大程度上要归功于它的设计。不过，管理也发挥了作用。在一天中的大部分时间里，公园内都能看到警卫或维护人员。这个人通常保持低调，不时常与公园的使用者交往，但偶尔接近人们是为了提醒他们公园的规章制度，要求孩子们不要在长凳上站着或跑动，驱逐喝酒和吸食大麻的人，或者规劝喂鸽子的人。这些及其他规定的频繁执行使得格林埃克成为比大多数城市公共场所更加受限的环境。然而，我们采访的使用者很少受到这些规则的困扰，或者感觉到就个人而言他们想从事的活动受到限制。似乎有理由得出结论，大多数格林埃克的使用者按自己意愿使用公园的自由，主要是为了放松与被动活动，受到公园规则的保护而不是侵犯。事实上，伯顿指出，普通的使用者非常尊重这个公园及其运营方式，以至于经常可以看到他们自己在遵守规则（Burden，1977）。

在考察有助于放松的因素时，暂离城市环境或与相邻城市环境形成对比的因素似乎是显著的。如同步行商业街一样，车行交通的分离常常使人们更容易放松，尽管它也可能增加使用者对利用率低的时段的安全和治安的关注。

但正如我们已指出的，从相邻的街道和人行道上开始一处空间，可能会在带来益处的同时，也带来安全问题。事实上，圣安东尼奥的帕塞欧·迪尔·里约滨水步道一般被认为是不安全的，直到1960年代，商业活动——尤其是咖啡店和餐馆——开始沿着河边出现，这里成为旅游景点，使用者数量大大增加。

自然元素，尤其是水元素很重要，突出了与城市环境的对比，成为开放空间研究中的常见主题。对纽约埃克森迷你公园和格林埃克公园的研究揭示了模拟瀑布对寻求“远离城市‘喧嚣’”的人们的吸引力（Project for Public Spaces，1978）[15]。在对格林埃克公园的研究中，伯顿通过描述当瀑布被关掉时的场景来强调公园瀑布的重要性：“人们突然停止交谈并且准备离开。城市的声音突然充满了公园，并吞没了它，一处绿洲转变为街道的附属物。”（Burden，1977）[33]

自然特征，诸如树木和其他的绿色植物，被发现是布莱恩特公园提供休

公共空间中的水体得到高度评价。［拜伦·麦卡利（Byron McCulley）］

息和放松机会的主导因素（Nager & Wentworth，1976）。人们对许多开放空间的反应加强了这一观点。坐在草地上、在树荫下享受温暖，或是欣赏绿色植物和花卉，非常受人欢迎。

尽管研究证实了在城市公共空间中提供放松机会的重要性，但并不是所有的空间都要在设计和管理中考虑到这一点。某些场地应当容纳那些寻求活力和融入城市及其市民的人们。对爱悦和前院的案例研究描述了相当类似的场地而实质上差别很大——一处主要适合放松，而另一处主要适合各种各样的融入。

爱悦和前院喷泉

俄勒冈州波特兰市

爱悦喷泉位于第四街和哈里森街之间，前院喷泉位于市政礼堂前，市场街、克莱街、第三街与第四街之间；两者均由劳伦斯·哈普林（Lawrence Halprin，景观设计师）事务所设计。

鲁思·拉夫（Ruth Love）对波特兰市中心的两个小公园进行了系统的观察和采访，每个公园都以一座大型的、复杂的喷泉为中心（Love，1973）。这两处空间距离彼此不到5分钟步行路程，因此吸引着相同的人群。尽管在规模、环境和大概性质上有相似之处，但这两处喷泉容纳了不同类型的活动，且使用者认为它们截然不同。拉夫发现“爱悦营造出一种幽静、沉思和祥和的氛

俄勒冈州波特兰市的前院喷泉为人看人和在水中嬉戏提供了机会。（马克·弗朗西斯）

围，而前院则展现了活动和社交的氛围”（Love，1973）[197]。这些“氛围”的差异是每处喷泉的设计和选址以及每处设计所吸引的活动和用途不同造成的。拉夫描述了喷泉之间两项主要的物质上的差别，正是它们对氛围和相应的用途产生了重要影响：

1. 喧闹声和刺激水平。爱悦喷泉位于禁车区，不像前院喷泉的周围由车行交通环绕。爱悦的瀑布声音“相对轻柔”，水流经一系列台阶滚落而下。而更广阔的前院瀑布“从 18 英尺的高度自由落下，产生的轰鸣声将附近的交谈声淹没其中”（Love，1973）[200-201]。

2. 喷泉及其周边环境的设计。前院的设计允许更多的人参与到比爱悦更多种类的活动中，因为它有着大量的水池和瀑布，可容纳“更多的涉水者而不会有拥挤现象”（Love，1973）[199]。

由于这些设计和使用上的差异，爱悦和前院吸引了寻求不同类型体验的人们。“更喜欢爱悦的受访者中有65%的人，除其他原因外，是因为它人流较少、氛围更加宁静和放松。而更喜欢前院的受访者中，有 62% 则因为那里有更多的人和各种各样的人，所发生的事情比爱悦更多。”（Love，1973）[197]

拉夫恰当地总结道：“没有哪个喷泉自身的用途能够广泛到既满足那些寻求安宁和幽静的人们，又满足寻求喧闹和刺激的人们。”（Love，1973）[197]

被动融入

与环境被动融合可能带来放松的感觉，但不同之处在于，它需要与环境接触，尽管没有积极地参与其中。此类别包括经常被观察到的、人们从观看眼前的场景中获得的消遣和享受。这种接触是间接的或者被动的，因为它涉及的是观看而不是交谈或者做些什么。有许多服务于此功能的场所的案例，证明了这种需要的受欢迎程度。

“人看人”是小型城市空间中常被报道的活动。怀特和他的同事林迪（Linday）指出，它是市中心广场上最受欢迎的活动（Whyte，1980，1988；Linday，1978）。按照怀特的说法，“什么最吸引人呢？似乎就是其他人”（Whyte，1980）[13]。在对旧金山广场的研究中，林迪发现，人们最喜欢坐的位置是靠近步行人流的地方，特别是街角附近（Linday，1978）。同样，拉夫发现波特兰的两座喷泉处最常被提到的活动是“看别人”。她有点乐观地总结道，“‘人看人’的受欢迎程度，结合喷泉游客的异质性，指向这一结论，即通过对喷泉的参观，人们与所有促成社会的各类型人物相联系，从而参与了城市的城市性”（Love，1973）[193]。

观看场景是一种受欢迎的被动融入的形式。下城十字，波士顿。（卡尔、林奇、哈克和桑德尔设计公司）

另一些作者认为，物质上的分离会使视觉接触变得容易。库珀·马库斯指出，观察其他人是明尼阿波利斯水晶庭院最受欢迎的活动，提供俯视人群的上层挑台尤其重要（Cooper Marcus，1978b）。这个升高的有利位置允许观察者“在避免目光接触的同时观察别人”（Cooper Marcus，1978b）[39]。俯瞰洛克菲勒中心溜冰场的露台是另一处常被光顾的观景点，特别是在寒冷的天气里下面有人溜冰时。即使当凹层是餐厅时，人们也会俯视下面的空间。通往公共建筑的层层台阶，如纽约大都会艺术博物馆前的台阶，若是成为观看一系列城市景象的计划外的地方，则会很受欢迎。

欧洲城市的开放式咖啡馆里，尤其是在法国，人们同时看重观看过往行人的机会和享用茶点。在温暖天气的开放式咖啡馆和寒冷季节的封闭玻璃咖啡馆里，顾客点一杯饮料或一杯咖啡，就能逗留数个小时，借此观看街景。随着美国的餐馆获得延伸至街道的许可，这种形式的公共活动在美国越来越受到欢迎。

公共空间的另一个重要吸引力，在于观看表演者和正式活动的机会。特定活动的安排已成为许多城市广场和公园中普遍的管理方法。除了现今常见的音乐会和其他正式活动的安排，一些较大的市中心综合体，如波士顿法尼尔市场（见第六章）、纽约南街海港和旧金山的吉拉德里广场，以全天的街头艺人定期表演为特征。虽然这些活动可能会自然而然地打动一些游客，但艺人们通常会进行试演并获得管理方的许可（Project for Public Spaces，1984）。

观看表演者的机会对诸如纽约曼哈顿下城的南街海港等开发项目具有吸引力。
（马克·弗朗西斯）

按照“公共空间计划”的说法，户外公共空间中编排的活动被用于改善公众对市中心区域的印象和意识。例如，大克利夫兰协会曾发起夏季“公园派对”，每周五的晚上在市中心不同的地方举办；西雅图市中心发展协会曾在市中心的14个公共空间举办日常的午间和晚间活动。在对参与这些西雅图活动的其中4项活动的人群进行调查时，有87%的人表示，他们被吸引到特定活动之前从未去过的城市地区（Project for Public Spaces，1984）。通常发生在人行通道附近的不定期表演，也是大城市公共生活中的正常部分。纽约公共图书馆和大都会艺术博物馆前雄伟的台阶是排程表演和即兴表演钟爱的场所，总是吸引着大量人群。

纽约公共图书馆的台阶

纽约州纽约市

位于曼哈顿第四十街与第四十二街之间的第五大道；由卡雷尔（Carrere）和哈斯汀（Hastings）设计［托马斯·哈斯汀（Thomas Hastings），建筑师］，由景观设计师汉娜（Hanna）/欧林（Olin）重新设计；由纽约市和私人慈善事业合作管理；于1911年竣工，1980年代初重新设计；整栋建筑耗资约900万美元。

纽约公共图书馆是位于曼哈顿中部的纪念性新古典主义白色大理石建筑，前院两侧摆放着由爱德华·C. 波特（Edward C. Potter）雕刻的两只横卧的“守护狮”。该图书馆因其非同寻常的研究收藏而闻名，成为这座城市主要的图书馆资源。这座建筑之所以是里程碑式的存在，要归功于19世纪的慈善家——约翰·雅各布·阿斯托尔（John Jacob Astor）、詹姆·伦诺克斯（James Lenox）和塞缪尔·提尔顿（Samuel Tilden），该图书馆目前由私人捐助者与纽约市合作运营，私人基金提供80%的支持。

多年来，通往位于第五大道主入口的大台阶一直是市中心位置非常受欢迎的集聚场所。大台阶由一系列台阶、平台区域（其中一处在台阶的两侧有石凳）以及延伸至建筑正面门廊的绿植区域构成，它的不同部分为这里的商业社区提供了各种各样的功能。图书馆的背后是布莱恩特公园，该公园近年来一直因成为毒品交易的主要场所而出名，其中一些曾经蔓延到台阶的南侧。这些上层门廊的两侧如今有了户外的咖啡座、食品亭、椅子和带伞的桌子，可供人们在工作日和每周六使用。

偶然形成的空间中的公共生活：纽约公共图书馆的台阶。（马克·弗朗西斯）

即使在图书馆令人印象深刻的入口商业化之前，人们就在那里大批地出现——台阶上、门廊边、广场上、石凳和栅栏边，随处可见靠着、坐着、站着或是斜倚着的人们。主要活动是“人看人”，这种怀特在其他城市公共空间里所发现的普遍的消遣方式（Whyte, 1980），意味着台阶和相邻地区的设计——它们与街道共同创造的阶梯式露天剧场——为这项活动提供了特别有利的位置。尽管对台阶进行观察时发现主要活动位于连续体被动的一端——观看往来的场景、看艺人表演、读书、睡觉、晒太阳——但还是有些主动的行为。它们提供了一种指征，表明当人们在容纳多样性的公共领域有机会自由展现他们的生活时，会发生些什么。有证据显示，人们会相互交谈、享用食物，或是进行这两项活动。一些人从随身携带的棕色包里取出吃的，而另一些人则吃从附近的摊贩买来的食品——法兰克福香肠、苏打水、椒盐饼干和冰激凌。他们在喂当地的鸽子、玩乐器、拍摄风景（有些明显是游客）；还有人坐在台阶上，看着他们的东西，或是整理衣服、脱衣服。许多来台阶的人们为他们的逗留准备好了食物、书籍、报纸、文具，还有手持的音频设备。很少有人在做或讲奇怪的或者“不恰当”的事情，这些使用者倾向于待在场地的侧面区域。

访谈表明，那些使用图书馆台阶的人通常之前来过这里多次。人们解释说，他们在场地中位置的选择，要么是为了能够看清正在发生的事情，要么试图找到一些隐私区域——以远离人们——而实际上，调查显示人们全神贯注于他们自己的想法。还有一些人，寻找着阳光或阴凉，或角落，或一处干净的地方，或是一个中心的位置。寻找位置的过程反映出一系列的个人需求，并表明这个空间可以满足需求。图书馆台阶提供的一系列选择，为使用者呈现了各种各样的地方，既可以支持主动地融入环境和其他人群，也可以安静地沉思和休息。这些选择受到使用者的赞赏。

因此，纽约公共图书馆的台阶有地方可以用来逗留；有各种可以站着、坐着或斜靠着的身体支撑；有各种娱乐活动，从“人看人”到观看专业表演者，应有尽有。它位于交叉路口，吸引着路人和在附近工作的人，其中许多人会定期出现在那里。它享有地标性建筑与办公社区常去之所的双重身份。同时担任着这两种角色，台阶在一年中吸引了大量的使用者，包括寒冷的冬季也是如此。

与其他偶然形成的空间一样，纽约公共图书馆的台阶通过为人们提供只需最低投入的选择来满足人们的需求，尽管他们可以并且确实会在那里逗留很长一段时间。偶然形成的空间以一种简单随意的方式融入人们的生活，提供给人们可以直接、自发享用的便利设施，这在传统场地中是罕见的。偶然形成的空间可能是偶然间被发现的，因为它位于便捷的地方，通常在交叉路口，成为工作场所、购物区、旅游区或居住区附近场所网络的一部分。像这里的台阶一样，许多空间只需要很少或者不需额外努力就能使用，因为它们完全是日常生活的一部分。但是当台阶也有着吸引人们去往那里的声誉时，正如在场的游客所证明的，他们停留并返回是因为这些台阶是令人满意、舒适且安全的打发时间的场所。

乔治蓬皮杜中心广场

法国巴黎

位于第四行政区；由建筑师皮亚诺（Piano）和罗杰斯（Rogers）、工程师奥夫·阿勒普（Ovre Arup）设计。

它位于历史悠久的巴黎市中心，附近是玛莱区和再开发的旧食品市场巴黎大堂，是一座大型的采用“高技派”设计的现代建筑。这座新的现代艺术的国家纪念碑就是蓬皮杜中心，俗称“波堡”。按建筑的宣传册所说，这栋建筑要成为“一座集信息、娱乐和文化于一体的生活中心”（Global Architecture，1977）[3]。

巴黎乔治蓬皮杜中心广场概观。（斯蒂芬·卡尔）

在规划这个建筑时，一半的场地被留作向下倾斜至入口的开放广场，即一处通往蓬皮杜中心的宏大入口和各种公共活动的舞台。此外，周边地区的街道禁止车辆通行，形成了大型的步行网络。小商铺和精品店迎合了附近的人们，它们的顾客可涌入热闹的步行人流中。

波堡广场提供了一大片公共广场，吸引了大批的街头表演者。结果就是为在这个广阔广场上的一系列活动的人们创造了一处露天剧场，人们可以从建筑物内的许多观景点观看街道上和广场上的活动。从早期开始，广场便吸引了各种各样的活动及大量游客，一些人从这里步入蓬皮杜中心，另一些人则留在这个大型开放空间里。

本书的两位作者曾在 1982 年和 1988 年的夏季，以及 1985 年和 1987 年的冬季观察过这个广场，并对该项目的现有文献做了综述。为了确定指导场地运转的政策和规划，该中心的工作人员曾与巴黎各个规划办公室的成员进行过若干次讨论。

广场吸引了各种各样的自发性活动。在某个 7 月的工作日下午，那里有两个哑剧演员、一群演奏古典音乐的人、一个爵士乐队、一名风笛手、一个中东的音乐群体、一个魔术师、一些画素描肖像和漫画的画家、一个环保组织和一名吞火者。除了这些表演者的观众之外，还有人在晒太阳、吃东西、交谈、阅读、睡觉和休息。人们经常会加入跳舞并跟着音乐唱歌，积极成为场景的一部分。

蓬皮杜中心已成为巴黎的一处景点，而且似乎人们同时被建筑前面的外部活动和建筑本身所吸引。广场可以满足人们各种形式的需求，最有效地将之整合，给人们提供了放松的机会、以被动的方式观看活动的机会、参与到活动中的机会和发现新娱乐的机会。虽然主要是一片混凝土铺地，但这个广场似乎是人们观看发生了什么的舒适场所，常常能看到人们伸展四肢躺在地面的斜坡上，睡觉、休息或是阅读。

蓬皮杜中心前的整套活动，在夏天的工作日里令人印象深刻、在周末又混合在一起，以有磁性的方式吸引着观众。艺人们表现出多样化和专业性，显然，质量不好的很快就会被察觉。有一天，随着人们走向更熟练的表演者，一个较差的哑剧演员就被无视了。

既然有趣活动的舞台有点难以从时间和空间距离中拆解开来，那这个空间是如何演进到目前状态的？人们从一开始就被这块场地所吸引，但表演者和小贩在巴黎随处可见——地铁站（是非法的）、拱廊里和街道上。这就是一种人们出售其商品或才能的街头文化，是许多城市地区常见的现象。

然而，这些表演的持久品质证实了它们的趣味，因为人们被这些活动提供的盛况和娱乐消遣所吸引。蓬皮杜中心的广场是一个宏大的舞台，它使各种活动能够融洽共存，吸引各自的观众，而不会相互冲突。在使用高峰期间，它很像是北非的大市场，人们被吸引到那里，因为他们知道在其中会找到使其快乐的事物和所需要的事物。也许表演舞台是比市场更准确的类比。波堡提供的是一场丰富多彩的盛会，以及满足戏剧、娱乐和新奇需要的一系列表演者，如果有人想要捐献，只需少许硬币。还有吸引人的是蓬皮杜中心“高技派”的外观与广场上较为中世纪的表演之间的反差。在成本上涨时期，它是低成本的娱乐，吸引着观众发现新事物、发现未知事物，并在一段时间内实现缓解生活压力的愿望。

蓬皮杜中心的广场已成为巴黎街头表演者的首选舞台。（丽安娜·里夫林）

评论家们可能会诟病波堡的建筑和展品，但广场上的活动却一直受到艺术作品评论者和普罗大众的一致赞扬（Schonberg，1982）。波堡的规模与波士顿市政厅广场相似，却非常成功，而波士顿的广场则由于商业行为受到阻碍而缺乏生活和活动。从波堡的成功中可以学习的是，场所的中心性、周边步行街道的物质支持和兴趣的结构性吸引力结合在一起，能够创造一种环境——但也仅仅是一种环境——供人们使用。它还必须得到适当的物质场地和开放包容的管理政策的进一步支持。在这个案例中，广场被明智地保留了相当简约的形式，而没有被过度设计。大量的人和各种有趣的活动，未必是预先安排好的，因而会给观众带来预期中和意料之外的刺激。在这方面，蓬皮杜广场似乎是成功了。

在市中心区以外的公园里，观看比赛和体育赛事提供了一种常被追捧的被动参与的方式。例如，邻里公园中的棒球和篮球比赛可能被观众群体所包围。主动休闲区的设计有时会忽略这点，没有考虑到那些喜欢观看正在进行的比赛的人们。纽约市里斯公园的研究者们（Madden & Bussard，1977）发现，手

球和其他赛事都缺少给观众的座位，并指出栅栏和灌木丛经常阻碍人们从邻近地区观看这些比赛。

人们也会被各种物质特征吸引到公共空间中去。喷泉常常成为特别关注的焦点。拉特里奇（Rutledge）观察到，许多人会走下一段楼梯，走到芝加哥第一国家银行的下沉广场，就为了看那里的大喷泉（Rutledge，1976）。同样，我们在纽约格林埃克公园的研究表明，观看壮观的瀑布是人们来这个公园的主要原因。俄勒冈州波特兰市的爱悦和前院喷泉也是如此。在一项关于人们喜爱的户外空间品质的研究中，巴克尔（Buker）和蒙达津诺（Montarzino）发现，水是最受欢迎的特征，98% 的受访者提到它（Buker & Montarzino，1983）。

另一种被动参与的类型涉及场地的物质和美学品质，包括观看公共艺术或迷人的景观。忽视这个功能将是可惜的，因为它是享受公共景色的重要层面之一。风光和全景是吸引人们前往国家公园的重要原因，但即使是袖珍公园的使用者也会谈到观看瀑布的乐趣。

无论在当代还是过去，构成公共艺术概念的范围都是广泛的（Beardsley，1981）。它涵盖了旨在激发爱国情怀和敬畏感的公共纪念物，如林肯纪念堂，以及点缀在城市与城镇中公共广场和公地上的纪念碑。它也包括令观众喜悦或惊奇的场所，如克莱斯·奥登伯格（Claes Oldenburg）在费城市政厅对面的《晾衣夹》雕塑，或是让·杜布菲（Jean Dubuffet）在纽约大通曼哈顿广场上的《四棵树》群像。艺术品本身可以包含实用的功能特征，比如巴黎的街道家具、作为公共公告栏的售货亭，或是不仅仅作为两地之间联系的伟大桥梁设计——壮丽的布鲁克林大桥以及横跨塞纳河的众多桥梁。几千年来，建筑物自身的形式和外部装饰一直是艺术品。

当代的很多公共艺术成为基于美学与“道德”争论的主题。无论是埃罗·沙里宁（Eero Saarinen）昭示着圣路易斯作为“通往西方的门户”的戏剧性拱门（Greenbie，1981）[171]（在宣传册中被描述为“我国最高的国家纪念碑”），还是备受争议的《倾斜之弧》（Storr，1985）[由雕塑家理查德·塞拉完成的 12 英尺（约 3.66 米）高、112 英尺（约 34.14 米）长的钢墙，现在已被从场地上移除]，或者是装饰建筑物外立面的壁画[尤其是在贫困社区里的，宣扬的是社会信息而非美学信息，如费勒（Filler，1981）所描述的城市艺术工作坊项目]，都受到一部分公众的批评。最有敌意的是关于涂鸦的美学价值、诸多公共场所和交通工具上显著的装饰物的争论。有人研究了涂鸦的社会意义和涂鸦者们的特性，之后我们开始理解这种有争议的公共艺术形式背后的一些含义，以及围绕涂画形成的青少年亚文化（Feiner & Klein，1982）。

有一种正式的墙壁装饰类型，费勒称之为“高级式样的墙行动”（Filler，

1981）。他举了两个这样的例子，一个是位于费城的带壁画的袖珍公园，由艺术家赫伯特·拜尔（Herbert Bayer）设计，另一个是位于波士顿建筑中心的理查德·哈斯（Richard Haas）的壁画墙。费城的壁画名为《地平线》，旨在与环境融为一体；而波士顿的画"描绘了一幅想象中的宏伟的新古典主义大厦的剖断面，成为波士顿天际线中独特的视觉地标"（Filler，1981）[87]。

每种艺术形式，无论是社区的或风格化的壁画、雕塑、纪念碑，甚至是涂鸦，都有证据表明公众对户外艺术的爱好。在一项研究中，德罗尔（Degnore）观察并采访了在壁画和雕塑附近的人，发现了人们对公共艺术普遍存在热情（Degnore，1987）。不过，人们的品位有所区别，且能够将公共艺术融入他们

有了最好的公共艺术，参与可以变得更加活跃。西班牙巴塞罗那奎尔公园入口处的喷泉，由安东尼奥·高迪（Antonio Gaudi）设计。（马克·弗朗西斯）

对场所的体验中。人们经常被抽象的雕塑所吸引，即便他们并不确定艺术家的意图。有些公共艺术融入背景中，行人和在附近逗留的人很少会注意到，另一些艺术则跳脱出来吸引了大批观众，其中一些人欣赏它，而另一些人则不喜欢。中立对某些作品似乎是不可能的。为什么会这样，以及如何利用这些信息增强公共景象，是非常需要进一步思考和记录的领域。公共艺术领域的实证研究，如德罗尔（Degnore，1977）和伊斯雷尔（Israel，1988）所做的研究，有助于预见可能会被注意到和被欣赏的公共艺术的品质。许多城市目前要求将新建设工程造价的1%用于摆放在建筑物外部的某种形式的艺术（Filler，1981）。尽管品味可能不同，而且在像美国这样多元化的国家人们会期待这种不同，但人们似乎一致认为，艺术给公共场所的体验带来趣味和兴奋点，给环境带来可识别性。

自然特征，尤其是植被，似乎吸引着人们去往城市场所。日本横滨市中心的一个线性公园，提供了三种不同类型的环境，其中的“森林广场”则“大受城市居民欢迎”（Iwasaki & Tyrwhitt，1978）[439]。在我们对格林埃克公园的研究中，绿色植物和水体是使用者频繁提及的场地中令人愉快的元素。人们很希望有机会接近植物、树木、花卉和水体，有证据表明这些元素具有令人放松和“恢复”的特性（Hartig，Mang，& Evans，1991；Kaplan，1983，1985；Kaplan & Kaplan，1990）。

某些城市空间吸引着使用者，因为它们提供了壮丽的风景。弗朗西斯及其同事们指出，许多人去布鲁克林的“自驾游”格兰德街滨水公园，主要是为了欣赏伊斯特河以及河对面曼哈顿的全景（Francis，Cashdan，& Paxson，1984）。

格兰德街滨水公园

纽约市布鲁克林区

位于伊斯特河格兰德街尽端，威廉斯堡社区；由景观设计师菲利普·温斯洛（Philip Winslow）设计；由公园委员会和社区居民管理；竣工于1979年；规模约75英亩（约30.35公顷）；造价35 000美元。

布鲁克林滨水的一块空地逐渐被当地居民转变为一个被动的社区公园（遗产保护和娱乐服务部，1979）。与景观设计师和公园委员会合作，居民从1976年到1979年分阶段、以35 000美元的公共加私人资金建成了这座公园。格兰德街公园被设计为“自驾游公园”，旨在让当地居民驾车前往公园观看曼哈顿天际线，获得放松（Francis，Cashdan，& Paxson，1984）。

该设计源于项目发起人、公园委员会成员的诺姆·科亨（Norm Cohen）

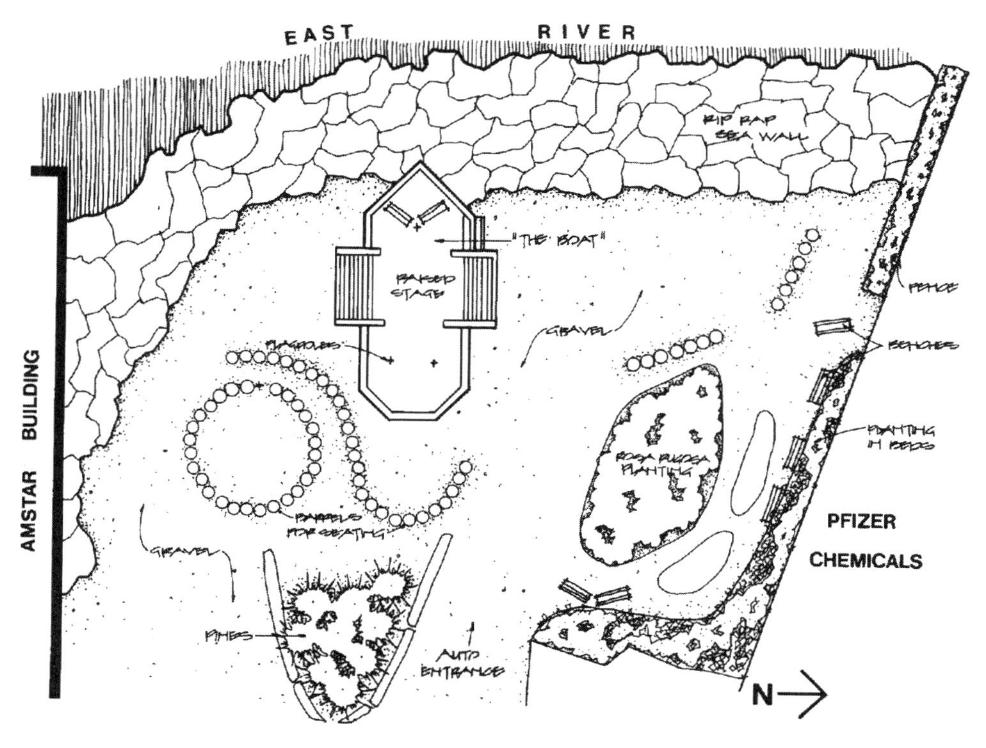

布鲁克林格兰德街公园的场地规划。［丽莎·约万诺维奇（Lisa Jovanowich）］

的观察，聘请了景观设计师菲利普·温斯洛做场地设计。设计初期，设计师意识到这块空地已被当地居民大量使用。人的需要是公园设计的重要指南。“下一步是观察。尽管大部分街道尽端堆满了废弃物，但还是有人来，我们花了几个小时观察他们做什么。结果非常有用。我们发现大部分访客是年龄在6岁到16岁之间的孩子，他们总是直奔水边去探索，往河里扔石头等。步行来的成年人通常走到海拔最高的地方，在欣赏风景的同时静静地站几分钟。我们了解到，许多访客，无论天气寒冷还是温暖，白天还是黑夜，会驾车到离水面尽可能近的地方，待在车里，看着河流。我们没有理由通过公园的建设破坏这些现有的用途，相反，我们要想办法保护和增强它们。它们是在场地获得提升后我们期待着会受欢迎的活动。”（Francis，Cashdan, & Paxson，1984）[103] 可能的活动包括“往水里扔东西、坐着、一群人交谈”，以及，正如一名公园使用者所说，“远离邻里的喧嚣”（Francis，Cashdan, & Paxson，1984）[104]。晚间，公园被设计为恋人之路，配有垃圾箱和长凳，以及伊斯特河的美景。

作为少数几个沿布鲁克林北部滨水的居民可以接触河流的地方之一，该公园自问世以来一直在被积极利用。社区居民和附近制造工厂的员工会定期前来，公园里会有特定的活动。不管怎样，维护一处完全开放的公共公园已被证明对社区志愿者和非营利的公园委员会是有挑战的。倾倒和乱丢杂物是常见的问题，植被也已过于繁茂。公园的位置距离住区街道有几个街区，这也是导致夜间吸毒和卖淫的原因之一。

该市的公园与娱乐管理局已同意将这块场地定为公园用地，并在公园委员会资助的修复工程之后，提供定期的维护和垃圾清理。被提议的修复工程不会改变公园的基本格局，但会设法解决基本的基础设施问题。

相关案例：巴雷托街社区公园、波士顿滨水公园。

同样，在对温哥华市中心的研究中，乔尔达（Joardar）和尼尔（Neill）发现，滨水地区因其所提供的景观而具有强大的吸引力（Joardar & Neill，1978）。不幸的是，直到最近，许多城市的滨水区作为公共开放空间资源依旧在很大程度上被忽视了。穆尼（Mooney）在一篇关于密西西比河的文章中总结了一些问题："所有与河流活动有简单视觉联系且联系很频繁的地方，都被码头、停车场、凋萎的工业和仓库所侵占。除了极少数例子外，密西西比河的城市边缘对行人都是不友好的。"（Mooney，1979）[49]

随着滨水公园，如位于曼哈顿下城沿炮台公园城延伸的滨水散步道的开发，政策有希望发生变化。纽约市正在计划创建一座从炮台城到第五十九街的滨水公园，其他城市也在建设滨水公园。尽管如此，人们可能依旧会抱怨当前所做的一切太少了而且太晚了。

主动融入

主动融入代表着对一个地方及其中的人的更直接的体验。这个功能含有许多组成部分。首先，尽管有些人能在"人看人"中找到满足感，但另一些人却希望与人们有更直接的接触——无论是场地中的陌生人还是他们自己群体的成员。基于主要在纽约进行的相当多的考证，威廉·怀特得出结论，市中心区的广场"并非结交熟人的理想之地，即使是最好交际的人，也不会存在太多的交往"（Whyte，1980）[19]。不过，怀特指出，广场上不寻常的特征或事件，如一位表演者或一座精美的雕塑，往往会导致他所谓的"三角关系"，即通过那些特别的特征"提供人与人之间的联系，促使陌生人互相交谈"（Whyte，1980）[94]。在大型城市中心区广场以外的地方，陌生人之间某种程度的互动可能更常见。克里斯托弗·亚历山大曾指出散步区的重要性，通常集中位于购物街上，在欧洲和拉丁美洲较老的社区和小城市里很常见，在这里"拥有共同生活方式的人们集聚在一起交往，巩固他们的社群"（Alexander et al.，1977）[169]。虽然亚历山大提出散步区主要由居住在十分钟步行距离内的人们使用，

巴塞罗那的兰布拉大街是世界上最伟大的漫步道之一。（马克·弗朗西斯）

但一些读者可能熟悉散步区的变体：有着相似兴趣的青少年和年轻人聚集在街道上，在慢速开车、坐在车里和闲逛时互动。

另一种对促进陌生人之间互动很重要的空间是小广场或市场，最常见于地中海城市中的老居住区。亚历山大认为，除了少部分例外如威尼斯的圣马可广场和伦敦的特拉法尔加广场外，直径在 70 英尺（约 21.34 米）以下的广场最为成功（Alexander et al.，1977）。在这种规模的广场上，对于周围的人，人们能够“辨认出他们的面孔，听到一部分的谈话”（Alexander et al.，1977）

[313]，这促进了社会联系感，增加了互动的机会。

作为与亲戚、邻居、熟人和朋友之间社交的环境，公共空间也发挥着至关重要的作用。尽管公共空间中的活动如野炊、周日郊游等是不论阶层的，但较不富裕的人群，尤其是城市里的不富裕人群，明显更依赖家附近的户外空间。在许多老年人、工人阶层和低收入社区中发挥最重要社会功能的公共空间是街道和人行道（Fried & Gleicher，1961；Jacobs，1961）。事实上，街道和人行道中大量存在着公共空间，支持一系列孩子和成年人的活动。但有些街道比其他街道有着更成功的环境。在一项关于非正式或"存在"公共空间的研究中，我们观察了受街头摊贩欢迎的地方。人流量对于吸引摊贩到一个地点至关重要，不过路面的宽度和当地店主的态度也是重要因素。

简·雅各布斯所描述的街道生活如此之好，成为包容、友好、相互关心和资源丰富的复杂混合体（Jacobs，1961）。但年轻人未必是商业街或住区街道中受欢迎的使用者。无论是对青少年们的随意"闲逛"，还是对小孩子们的打球，抱怨都是司空见惯的。把街道浪漫化为孩子们成长过程中的天然游乐场可能很容易，但现实往往不尽如人意。内城区的街道充满了危险——车辆交通、毒品交易、碎玻璃，还有污物。在富裕地区，街道很少用于玩耍。孩子们被送到专门的游乐场所——公园、体育馆或类似地方——要不就留在自己家里。在贫民区和高价住宅区这两种环境中，父母们对孩子安全的担忧使得街道作为玩耍和生长的环境成为一种理想而非现实。

然而，我们可以质疑这种状况是否可以改变。其背后复杂的文化和经济因素不容忽视，但设计和管理上的抉择能够缓解一些困难。亚普尔亚德的著作中指出，当居民能够控制其街道上交通的速度和容量时，他们对街道的使用和依恋增加了（Appleyard，1981）。同样，通过引入乌纳夫，即交通减速、引进游乐区和种植区的区域，荷兰的许多城镇和城市街道更安全、更舒适。其他国家也采用了这种方法，包括入选的美国的新开发项目（见第五章乌纳夫案例）。

在生命周期的不同阶段，空间作为与朋友和熟人互动的环境具有特别的重要性。照料小孩子的父母们依赖附近的公园和游乐场，不仅在于其中有吸引孩子的设施，更由于可享有与他人，特别是其他父母接触的场所。能够允许监管孩子的父母们长时间社交的游乐区，需要舒适的座位布置（以实现面对面的互动）、桌子、自来水，最好还有卫生间。

另一个社会生活往往以公共空间为中心的群体是老年人。布朗（Brown）、西普克斯（Sijpkes）和麦克莱恩（MacLean）报道称，许多领救济金的老年人经常光顾蒙特利尔市中心的室内购物中心德斯亚丁综合体，"拒绝走到超过合

父母的社会交往活动似乎与儿童游戏同样重要。杰斐逊市场公园，曼哈顿，纽约市。（斯蒂芬·卡尔）

理步行距离”（Brown，Sijpkes，& Maclean，1986）而远离市中心的地方。老年群体通常最集中于公园和其他公共区域边缘的休息区。在这个位置，有种路人带来的安全感，也最有可能发现朋友和熟人。

在纽约市袖珍型的格林埃克公园，大部分使用者把座位摆放在能观看空间后部瀑布的位置，年纪大的常客们则是例外。他们坐在入口附近，通常面向街道，以便观察步行人流，并与熟人打招呼。

对于成年人，特别是年轻人来说，相当多的社会交往发生在娱乐的环境中。对特拉华州校区附近一个小公园的研究（Ulrich & Addoms，1981）发现，虽然学生们来公园主要是为了参加体育活动，但那里也发生了大量的社会交往活动。该研究并没有揭示在学校体育馆等设施中社会交往与娱乐之间的紧密联系，可以假设这些设施中的体育活动更多是为了体育活动本身。

在对巴黎和洛杉矶的公园进行的比较研究中，莱尔（Lyle）发现，诸如野餐这样的大型群体性活动在洛杉矶更常见（Lyle，1970）。林迪对中央公园的研究表明，一些西班牙裔寻求剧烈的高能型活动（如跳舞），而其他人似乎寻求“田园静修之所”（Linday，1977）。

提供主动的娱乐需求是公共场所设计的主要内容。在娱乐中，我们还会发现区域、地理、文化和年龄上的差异，不管是在同一空间还是不同空间里。人们去公园是因为可以踢球、打网球、划船和徒步，虽然公众对这些活动的偏好各不相同，但它们通常颇受欢迎。奥唐纳（O'Donnell）发现，当年轻人有机会为新建的公园从不同设施中做出选择时，正如我们可以预料到的，他们强烈支持娱乐设施的发展，与成年人偏爱较被动的选择形成对比（O'Donnell，1981）。不过，成年人也会参与积极的娱乐；慢跑已成为一种受欢迎的运动，爱好者们会在可能和不太可能的地方找到合适的路径。骑自行车的人也有所增加，许多公园为这种主动娱乐提供了路径。

洛杉矶与巴黎公园的对比也呈现出其他文化上的差异（Lyle，1970）。积极的体育运动和比赛遍布洛杉矶的公园，而在巴黎，它们则被限制在空间中的特定部分。此外，洛杉矶的大型群体活动更为频繁。莱尔还发现，洛杉矶当地公园比巴黎的公园有着更多种类的用途。

在某些情况下，活动使得参与者们既能够锻炼身体、又能够训练竞争欲望。在另一些情况下，似乎还有其他需求——探险、挑战、征服，甚至冒险。例如，拓展训练课程中经常出现的荒野地区的受欢迎程度证明了这种特性。至少，它们提供了与日常生活的极端对比，尽管惊险未必是荒野所独有的。

与环境中的物质要素充满活力地相遇，代表着另一种维度的主动融入。这里我们描述的是直接的身体接触，而不仅仅是待在或行走在一个地方。人们在喷泉前的涉水和嬉戏就是典型的例证——比如波特兰的爱悦和前院喷

孩子们经常为自己制造接受挑战的机会。巴黎广场上的孩子们。（马克·弗朗西斯）

泉（Love，1973）。这种与水的接触构成了加利福尼亚州原萨克拉门托商业街最常见活动的一部分，商业街现在被更开放的公交步行街所取代（Becker，1973）。在其跨城市的比较中，莱尔发现洛杉矶的人们积极融入自然元素中，而巴黎人更倾向于成为现场的观众（Lyle，1970）。根据我们自己的观察，大型公共喷泉被儿童用来漂玩具船、喂鱼，虽说在巴黎很常见，在美国却很少见了。

人们可以认为，如凯文·林奇（Kevin Lynch）所说，我们的城市强化了被动的、不积极的生活方式，尽管我们认识到这可能给健康带来威胁。“虽然人们对日常锻炼的普遍兴趣正在增加，但传统的定居地设计一直致力于减少体力劳动：缩短距离、避免人工搬运、取消水平层变化、引入机械升降机和车辆交通工具、增加省力的设备。现代人对艰辛的人类劳动的记忆太稀缺了。最近对北美一个郊区的研究表明，那里成年人的平均运动量比长期卧床不起的人更少。促进而非避免身体活动的设计可能正在进行中：不仅仅是为运动提供空间（只有一小部分的人群沉迷于此），更是通过在日常生活中鼓励甚至强迫身体活动的安排实现这个目标。”（Lynch，1981）[127]

尽管尊重残疾人的需求很重要，但公共场所可以而且应该提倡积极地使用人的身体，这是目前多数设计中所缺乏的。跑步道、自行车道、园艺地块、骑马道、溜冰场和网球场是积极用途的一些形式，反映出人们对运动和健康的兴趣日益增长。但它们在大多数公园中是例外而非通则，并且仅限于一小部分公众。

身体参与的另一个方面涉及对诸如雕塑等要素的操作。有一些公共艺术鼓励该行为，例如芝加哥广场上的考尔德雕塑（Goldstein，1975）。在其他情况下，使用者可以操纵或改变固定的要素，作为对公共场所缺乏响应能力的一种异议。这在座位提供方面尤为明显，大部分座椅是死板而不可动的。在有可移动座椅的地方，这些座椅会被使用和欣赏。

挑战和征服是激发兴趣及使用的品质，也是人类的需要，解释了公共场所的大部分用途。然而，大多数情况下，这种需求得不到承认，因为场地的设计旨在尽可能减少危险并降低空间管理者的担责风险。人们需要能够在智力和体力上测试自己，否则他们就会失去兴趣。这些机会对儿童尤为重要，因为这是他们认知能力和竞争意识发展的基础（White，1959）。弗洛伦斯·拉德（Florence Ladd）曾指出另一项发展需求。在一篇名为《城市孩子所缺乏的……》的文章中，她认为应该给城市的青少年提供冒险活动（Ladd，1975）。这些问题是儿童游戏空间，尤其是冒险乐园设计中的主要考虑因素（Cooper，1970；Nicholson，1971）。然而，人的一生中都需要有进行合理挑战和征服场地的机会。心理学家曾表示，刺激是一直以来必不可少的，包括

迪士尼是适合所有年龄段进行安全挑战的绝佳场所。汤姆索亚岛，迪士尼乐园。（马克 · 弗朗西斯）

晚年也是。一些老年人的机体退化似乎是因为许多人过着受限而无趣的生活，这种生活是身体问题、贫困和参与外部世界受限造成的。但大多数积极的挑战已经从我们的公共环境中消失了，尽管这可能是公共空间存在的关键原因之一。

它们活跃的特性可能是影响场所持久动力的最重要因素之一，将令人乏味、不值得去第二次的地方与那些具有持久趣味的场所区分开来。风险分为两种：一种是不必要且令人恐惧的，另一种是激励人而利于成长的。后者应当得到认同并被纳入公共场所中。

油库公园

华盛顿州西雅图市

位于联合湖北端的北湖区；由理查德·海格（Richard Haag，景观设计师）事务所设计；由西雅图市公园与娱乐管理局负责管理；竣工于 1978 年；造价 900 000 美元；规模 20.5 英亩（约 8.30 公顷）。

作为特意为多元化的使用者和活动而设计的创新型公共空间，油库公园被设计为一个多用途的社区开放空间，吸引了全市范围的人来使用，并引起了全国的关注。一项重要的早期设计决策是保留场地上老的煤气发生塔，这是由设计师理查德 · 海格确定的具有历史意义和象征意义的“神圣”结构。通过将具有历史意义的煤气结构和现有建筑作为公园中的主要元素，一项关键决定被做出，即保持场地的连续性及人们与它的联系。海格叙述了他是如何做出这个决定的："1970 年，我接到为该场地设计一个公共公园的邀约。我带来了所有行李和多数景观设计师会有的先入之见。然后我从场地开始。我时常出没于建筑物之间，使场所精神进入我的灵魂并与之结合。我从看我喜欢的东西开始，然后喜欢上我所看到的——看待老事物的新目光。长期的浮油成为露出混凝土地表的平原，工业垃圾堆成了鼓丘，塔是铁的森林，他们

理查德 · 海格在西雅图的油库公园里解说他的愿景。（马克 · 弗朗西斯）

闷忧忧的存在成为最神圣的象征。我接受了这些礼物，决定消除社区对这个油厂的恶意情绪。这些濒临消失的工业革命产物通过适应性利用得以保存，免于消失的厄运。”（Haag，1982）[3]

这种想法对许多人来说并不容易接受。很多人更喜欢拥有开放空间和树木的更传统的休憩公园。理查德·海格坚持并奋力将这块场地再次利用，打造成为一处“城市中密集使用的游乐场”（Gas Works Park，1981）[3]。最终海格的观念获胜，总体规划于1975年获得批准。1978年，该公园建成并向公众开放。1981年，作为“建设性城市提升中最值得称赞的作品”，油库公园获得美国景观设计师协会颁发的最高奖项——总统卓越奖。

油库公园的成功一部分来自对人们需求的细致关注。该公园的独特之处在于，它提供了各种各样的用途，包括舒适、放松、被动和主动地融入环境，以及随时间推移开拓出新体验的探索发现。通过对各种空间的仔细规划，人的需要得到满足。公园里原有一个老的锅炉房，被转换为带有桌子、开放式舞池和音乐活动舞台的野餐场所。其附近是以前的排气压缩机建筑，现在变成了游乐仓，孩子们和父母们可以爬过那些新刷漆的老机器、管道和设备。在西雅图经常下雨的日子里，这个仓库提供了必要的遮蔽和舒适感。大型户外区域里是“大土丘”，由场地中被污染的土壤堆积而成，这个想法后来使公园关闭了一段时间，直到有毒物质被移走。土丘提供了一处享受日光浴、放风筝、或欣赏湖对面西雅图市中心美景的地方。土丘顶上是一座青铜日晷，由当地艺术家扎克·格里宁（Chuck Greening）设计。湖附近是“船头”，即一处湖畔平台，既可以作为户外音乐会的舞台，也可以用作游泳和潜水的码头。在阳光明媚的日子里，游客会被这个公园为多元化的使用者和不同年龄组提供的用途范围所震惊。1981年美国景观设计师协会的评委会评议指出，“油库公园是西雅图最重要的游乐体验场所。这是一处向外地客人展示，并可以观看日落、放风筝、举办音乐会的地方，一处可供游乐、野餐的地方，而且不受风雨天气的影响”（Gas Works Park，1981）[596]。

除了满足许多人的需求外，公园的设计和管理足够灵活，为使用者提供了充分的使用自由，使人们对公园拥有象征性的所有权（Hester，1983）。海格说，他设计油库公园的方法就是“作为一处包含并允许不断变化和适应的开放空间”（C.Campbell，1973）。景观设计师兰迪·赫斯特（Randy Hester）对油库公园的评论中将海格的这个项目归于“赏心乐事”（Hester，1983）。赫斯特认为，由于它们是开放式的、邀请公众的参与，因此与更传统的设计相比，公共的赏心乐事相对缺少清晰的边缘。海格对滨水边缘设计的态度反映出灵活性是如何在油库公园的设计和活动中运作的：“传统的设计中整个水滨会有

游乐仓是一处父母和孩子们能够共同体验挑战和冒险的地方。油库公园，西雅图。（马克 · 弗朗西斯）

驳岸，以创造干净、界定清晰的边缘，而我们有各种各样的边缘，有硬质的、有泥土的、有流质的，就看人们如何使用它。”（Hester，1983）[20]

赫斯特指出，海格所创造的，是一种不同的美学，它允许人们使这个地方适应他们想要的活动。

相关案例：人民公园、波士顿公地、北区公园、中央公园。

仪式、庆典和欢庆活动是人们经常在城市公共场所中寻求的其他品质。人们需要欢乐来使他们的生活焕然一新。在此我们所说的是一种与众不同的生活品质——参与到多样活动中的乐趣，包括“人看人”、社会交往、得到娱乐、消费或者购买食物和其他物品。跳蚤市场的普及是这种需要的迹象之一，负担得起的商品与狂欢精神相结合，吸引着人群。公共场所能够成为聚会、特定活动和表演的舞台（Brower，1977b）。几十年来，这类活动是大多数美国城市中市场区域和娱乐地带的特征。随着郊区的发展、电视的发明、超市和购物中心越来越重要，庆典活动逐渐不再是美国城市的特征，不过在世界上许多其他的地方仍然突出。吸引大量人群的周期性活动有的非常著名，比如布鲁克林被称作“大西洋搞怪街庆”的年度街头集市、意大利圣徒日庆典活动，以及新奥尔良的狂欢节，这表明倘若有机会和场所，人们享乐的能力是有的。在这些案例中，城市街道成为提供广泛乐趣的露天游乐场。

较早时期提供节日活动的市场区域仍然存在于很多地方。各类费城人都会被意大利市场所吸引，摊贩们在那里出售各种各样的新鲜农产品、肉类、家禽和鱼类，还有其他食品和便宜货。在西雅图，80年来，派克市场经受住了许多生存的威胁，在俯瞰艾略特湾的占地7英亩（2.83公顷）的区域内保留了各种商店和摊位。纽约人仍然蜂拥至下东区，尤其是在周日，前往奥查德街、德兰西街和埃塞克斯街这样的街道，这些地方专门提供打折的服装以及与社区相关的多样食品。在许多小城镇，居民们会光顾周末农贸市场，那里就成为城镇的中心或聚集的场所（Sommer，1981，1989）。

节日活动改变了它们发生在其中的空间，与普通的公共生活形成对比。得克萨斯州圣安东尼奥市的街头巡游。（斯蒂芬·卡尔）

戴维斯农贸市场

加利福尼亚州戴维斯市

位于沿着戴维斯中央公园、第三街与第五街之间的C街；由联合设计公司重新设计；由戴维斯农贸市场董事会管理，经市公共工程和消防部门许可。

在这个约五万人口的大学城，该农贸市场在全年的每周三下午和周六上午将社区中的人们聚集在一起。除了购买当地农民种植的新鲜水果和蔬菜的需要之外，这个市场还满足了许多其他的社区需求。这是一处结识朋友和邻居，分享新闻、八卦及游说当地官员的地方。在这个乡村小镇里，人们更有可能在农贸市场看到邻居们，而不是在自己所在的街区遇到他们。

戴维斯农贸市场是增长中的全国性运动的一部分，它为城市和城镇提供了高品质、低成本的产品。市场在不同的地方有不同的称呼——在伊利诺伊州叫作社区农贸市场，在亚拉巴马州叫作食品博览会，在东北部地区叫作路边市场和贸易展销会，在加利福尼亚州叫作特许农贸市场。11 年前，加利福尼亚州只有一个农民可以直接将他们的产品出售给消费者的公共市场；到了 1980 年，已有超过 50 家特许农贸市场在运营（Sommer，1980）。

索莫尔（Sommer）及其同事曾系统地研究过农贸市场对人类需求的影响。农贸市场最直接的好处之一是，与传统超市相比，消费者的花费较低（Sommer，Wing，& Aitkins，1980）。在对加利福尼亚州 15 个城市的研究中，他们发现

戴维斯农贸市场很简单，但具有巨大的社区价值。加利福尼亚州戴维斯市。（马克 · 弗朗西斯）

农贸市场的价格比超市低34%。其他有记载的市场的人文效益包括：农贸市场产品的品质和味道更好（Sommer，Stumpf，& Bennett，1981），市场中的社会氛围更积极（Sommer，Herrick，& Sommer，1981）。正是这种“社会氛围”在人们第一次去戴维斯农贸市场的时候便深深吸引着人们。索莫尔描述了其中一些人性化特质：“农贸市场是当今美国最具社交性的空间之一。人们在那里购物、讨价还价、交谈并观看活动场面。在城市公园的设计和改造中，也需要为这样的集聚提供空间和设施，以便有利于建立和保持社区感。”（Sommer，1981）[31]

杰森·泰伯西（Jason Tyburczy）曾评估农贸市场对加利福尼亚州特雷西和斯托克顿市中心复兴的影响（Tyburczy，1982）。他发现，前往农贸市场的出行经常与去附近商家的其他出行联系在一起，因此对市中心的销售具有积极的衍生效应。在调查中他发现，如果不是为了去这个农贸市场，超过70%的受访者不会去市中心。此外，在市中心三处位置接受采访的人中有45%表示，农贸市场的存在使他们对市中心有了更积极的印象。

许多商人和规划者正在采用这种公共设计解决方案复兴城市和城镇地区。如别处所述，昆西市场和港湾综合体等新的公共商业区域通过最大限度地利用农贸市场中人性需求的特点获得关注和财务上的成功。然而，这些更商业化的市场存在着重要差异。食品价格远高于农贸市场，社会多样性也比戴维斯农贸市场这样的地方要少。

戴维斯农贸市场的关键特质之一在于它的非正式和临时性设计。市中心附近的小型社区公园很快就转变为市场。农民们一大早开始将他们的卡车退到路牙石上，设置简单的桌子或用卡车的后挡板来展示产品。索莫尔描述了戴维斯农贸市场的设计和布局是如何运作的：“直接从卡车后挡板上售卖产品，除了展示目的外，无须卸货。空箱子和空篮子堆在驾驶室旁边，随后在农产品售罄时，就摆在储物车厢前。驾驶室周围区域是卖家的地盘，人行道属于顾客，卡车后挡板处的空间则是买家和卖家之间会面的场地。”（Sommer，1980）[16]

这个市场是一处复杂多元的社交空间。另一些卖家被安顿在人行道的一侧，供应诸如新鲜的面包圈、剪下的花枝和政治消息。一支由三人组成的乡村乐队加入欢庆活动中。农贸市场里，市场董事会设了一张显示市场信息和售卖日历的桌子，以帮助支付维护和管理费用。随着顾客的到来，人行道就成为一整条街区长的漫步道。公园里的游乐区很快充满了被父母落下的小孩子们，父母们则继续进行购物。孩子们总是在其父母的目光接触或近距离呼喊范围之内。人们边走路边购物，不时遇到新老朋友，使人行道成为一处拥挤而又生机勃勃的集市。

戴维斯市中心的商人们发现了农贸市场的经济价值，他们在夏季的几个月里共同举办了市中心的晚间集市。（戴维斯农贸市场）

尽管还需要增加一些舒适度，比如防雨的设施和冬季的庇护场所，但戴维斯农贸市场表明了公共设计和管理如何能够廉价、迅速，甚至是临时满足许多人性化用途。它为更昂贵和永久的公共空间提供了成功的替代方案。

相关案例：干草市场。

农贸市场也回归了城市。在纽约市，有18个地点组织了绿色市场，使得来自区域性农场的产品能够由种植它的人们出售。这些市场区的许多访客主要是为了寻找便宜或独特的物品，而另一些人寻求的是参与到这些典型城市地区的视景、声音和气味的多样性中。对比农贸市场与超市的“行为生态”，索莫尔发现前者更友好，与人们有更多的联系（Sommer，1981）。

许多商人和规划者对这种旨在复兴城市和城镇地区的公共设计解决方案感兴趣。如别处所述，法尼尔厅市场和港湾综合体等新的零售空间通过在入口附近对产品进行突出展示来吸引顾客。尽管如此，它们不是农贸市场，食品价格要高得多。与戴维斯农贸市场这样的地方相比，这些市场的社会多样性和交易要少得多。

少数老市场继续存在的同时，最近出现了一种新现象：某种城内的购物商场与其郊区原型完全不同。许多这类地方采用了“市场”的名称——纽约花旗集团市场、波士顿昆西市场、费城新市场和雷丁站市场——暗示与早期多样化、丰富多彩、往往杂乱的市场集市相似。其中一些“新市场”确实与其前身有相似之处。比如昆西市场，提供了广泛的吸引力，在忙碌的一天中充满了活力。其他的，比如花旗集团市场，是逗留或途经的宜人场所，但几乎没有提供类似于老市场的多样性、热闹和自发性。总的来说，这些当代的、设计精良的、很大程度上人为的、高使用成本的“市场”缺少像费城意大利市场和纽约下东区这些地方的活力、无序和出乎意料的可能性。奇怪的是，手推车已从下东区大量消失，却出现在纽约南街海港的开发中。一位评论家准确地描述了这些新市场：它们反映了对美国过去的市场和主街的渴望，但又体现了对这些原型很有自我意识的再创造（R.Campbell，1980）。正如坎贝尔（Campbell）所说，这些开发迎合了那些“渴望城镇生活但还没有为真正的城市生活做好准备”的人们（R.Campbell，1980）[48]。

还有另一种公共空间中常见的欢庆活动，似乎也具有相当大的吸引力，可以称之为礼仪庆典。如时代广场上迎接新年的聚会、城镇广场上7月4日的庆典活动、旧金山的中国农历新年以及新奥尔良的狂欢节。这里的满足在于可预见的、共享的体验，它当下将人们联系在一起，并且也使他们感受到历史的一部分。通过环境管理可以促进周期性的公共庆典。一些不太适合特定时刻的礼仪庆典，可能会在鼓励较分散和多种形式活动的环境中发生。培根（Bacon）曾描述过这样的活动，一项为期一天的7月4日庆典活动被设计为在曼哈顿下城度过的“逍遥、闲散的家庭野餐日”（Bacon，1981）[3]。

探索发现

探索发现是人们出现在公共空间里的第五个原因，代表了人们对在新的愉悦体验中获得快乐和刺激（Lynch，1963）的渴望。探索是一种人类需求。强迫人们留在受限的、光秃秃的环境中是一种折磨或惩罚。正如斯皮茨（Spitz，1945）和戈德法布（Goldfarb，1945）大幅记录的那样，对于儿童来说，被剥夺刺激可能永久地阻碍他们的智力和社交发展。

在城市公共空间的背景下，探索发现具有一些特定的含义。它是穿过场地时观察人们在做不同事情的机会，比如旧金山罐头工厂就是这样（Burns，1945）。访客可以四处溜达，探索这里的各个部分——突出的平台、自动扶梯、电梯、旗帜、陌生或有趣的人。在这个例子中，主要探索的似乎是物质空间设计的多样性和不断变化的景观。纽约的格林埃克公园经常被认为具有一种探索的感觉，这是通过运用访客可以发现的水平层和各种分区实现的（Burden，1977）。这些很可能为第一次来公园的访客提供意想不到的景观，而重复使用可能会发现其他有趣的事物。为了使对熟悉地方的探索发现继续成为人们体验的一部分，改变物质特征和改变人的活动同样至关重要。要么人们随身携带着有意思的物品（以设备、书籍或思想的形式），要么必须这个地方本身提供刺激，才能令使用者的兴趣持久。

探索的感觉可以通过设计来增强，旧金山罐头工厂的案例就很明显，视角的变化提供了序列景观的享受。林奇认为，要素的对比和并置能够提供一种令人愉悦和享受的惊奇感，蓬皮杜中心成为这种特性的缩影（Lynch，1963）。通过以创造性的方式编制计划，管理部门也可以做出贡献。位于纽约公共图书馆前的第五大道和沿布莱恩特公园的第四十二街被用于手工艺品交易。音乐会给许多凋敝的广场带来了生机。探索的体验可能还包含着神秘感，如卡伦（Cullen）在《城镇景观》中的照片所暗示的那样，说明文字写道："从忙碌世界里的实际铺装，我们瞥见城市的未知之谜，那里任何事情都可能发生或存在，高尚或肮脏，天才或疯狂。"（Cullen，1961）[51]

探索发现的需要经常由旅行来满足，前往新的地方，发现它们的特质，结识新朋友，在与熟悉的景观形成对比的空间里寻求新的挑战。有些地方的设计旨在营造探索的感觉，如托尼·西斯（Tony Hiss）对展望公园入口处的描述所呈现的那样，这座公园是奥姆斯特德为纽约市布鲁克林区所做的创意设计（Hiss，1987，1990）。但是，在已知地点的要素发生变化的条件下，探索也可能发生在身边。音乐会或跳蚤市场能够改变一个广场或者公园，使之得到广泛使用。把玩具带至游乐场可以引入新的娱乐机会。其中一些由使用

旧金山的罐头工厂为零售环境提供了探索发现的维度。（斯蒂芬·卡尔）

者发起，但大多数依赖空间管理者的支持和鼓励，他们能够将探索的机会扩展到个体使用者之外。最终，对探索的准备存在于我们每个人中，有待公共场所用启发式的设计及管理政策唤起。

总结

各种公共空间需求涉及人体机能的许多方面。它们包括从要素、休息和座位中得到缓解而获得身体舒适。社会需求设法解决的是围绕人们的刺激，逃离城市的超负荷，保护其免受他人的威胁。人们需要放松，享受公共场所提供的休息机会，并有机会享有绿洲般的公共场所中的自然元素。在一些人寻求放松环境的同时，另一些人则倾向于身体和社会的挑战，他们积极地融入公共场所及其使用者中，包括与他人互动、购物、参与街道生活，以及充满活力的接触如运动、涉水、慢跑等。其他挑战可以在支持探索发现的场所中找到，为令人兴奋、愉悦和受教育的新景观和新体验提供机会。

这一系列的人性需求，无疑还可以被其他需求所补充，也应该包括获得纯粹的喜悦和乐趣的机会。许多场所缺乏这样的品质。这些描述提供了一些线索，解释了为什么有的地方人山人海，有的地方却空无一人。从功能上讲，场地的效用为其成功提供了简单的解释。但仅有需求并不是充满活力的充分理由。还有一些限制或提升开放空间体验的品质，空间使用者的不同使用和权利是必不可少的。

第五章　公共空间中的权利

公共空间权利的核心问题在于，人们能否在公共空间中自由地获得他们想要的体验类型。使用公共空间并对其具有管控感的权利是基本的，也是首要的要求。

空间权利涉及使用的自由，用最简单的话说，就是有可能以利用其资源和满足个人需求的方式来使用空间的感觉。显然，它比这句话所包含的更复杂。作为社会性动物，我们生活在一个与他人共处的世界中，有规范、规则系统和管理者，所有潜在的限制和环境的限制都作用于个体的自由。此外，社区生活基于某些形式的社会秩序，无论是为了较大群体还是环境所有者和管理者的利

使用自由是一项重要的空间权利。（伊丽莎白·马奇）

益，这种秩序都抑制了特定个体的自由。在过去以及当代，围绕着主导群体和少数使用者之间的观点差异，无论少数派是奥姆斯特德原始公园里的工人阶层还是现代广场上的毒品交易者，关于公共空间应该提供什么发生过大量冲突。

在审视各种公园、广场和其他空间时，很明显，在不同的情况下存在不同的自由度和管控度。在特定时期，这两个因素间的精确平衡取决于许多因素，包括个人和群体使用空间的规范和行为，以及空间的设计和管理（Carr & Lynch，1981）。

为了指导我们对使用自由和管控的讨论，我们改编了凯文·林奇对空间权利五个维度的描述，即他所说的在场、使用及行动、占用、修正和支配权（Lynch，1981）。我们将重命名的可达性、行动自由、领域宣示、可变性、所有权和支配权作为对使用权进行管控的重要组成部分。尽管也有其他方面的人的权利，但我们提出的这五项品质为基于环境分析使用自由提供了机会。在这里，如同需求章节一样，五个维度代表自由的程度，可达性的实现是享受其他权利的基础。

可达性

进入空间的能力是使用它们的基础。将可达性概念化的一个简单方式是

这座位于加利福尼亚州索萨利托市中心的公园永久关闭，带锁的标牌上写着“此历史公园为您提供观赏乐趣，请勿进入”。（马克·弗朗西斯）

根据它的三个主要组成部分来看。首先是**物质上的可达性**。空间在物质上是否可供公众使用？举个极端的例子，纽约市的一些广场，由开发商设计为公共空间，以换取建筑物高度或体积的增加，它们有时会通过围栏或警卫人员阻止公众进入。城市法规现在要求这类新空间要有标识系统说明它们向公众开放并列出其开放的时间。在许多城市，诸如公共校园等空间仅在一天中的几小时内可以自由进入，尽管公众拥有它们，但它们作为公共空间的地位还是值得怀疑。在许多情况下，真正的问题在于，开放空间是否真正对公众开放。当可达性限制以大门或门卫的形式存在时，空间的使用受到严格限制，场地被私有化，人们的权利也是受限的。

还有些空间可能对特定群体物质上的可达性造成障碍。例如，必须通过台阶靠近的下沉式广场（如芝加哥的第一国家广场；见 Rutledge，1976），推车的人、坐轮椅的人和某些老年人可能无法进入。类似地，汽车在住区街道上的主导地位可以被视为住宅区的障碍（Appleyard & Lintell，1977）。近来，世界各地的社区都试图限制汽车在住宅区的主导地位（Appleyard，1981）。第四章中所描述的一个值得注意的例子是荷兰的乌纳夫，将街道设计为管制交通，使游戏和步行可达成为可能。

乌纳夫

荷兰代尔夫特

位于荷兰代尔夫特（旧区和新区中的几个例子）；由代尔夫特市政规划师设计；由代尔夫特市政当局管理；自 20 世纪 60 年代以来分阶段完成；每条乌纳夫的直线长度约 0.25 英里（402.34 米）到 1.0 英里（1 609.34 米）。

许多国家的居民和官员已开始关注使邻里街道更适用于行人和更可达。限制汽车、代之以人的最古老也最积极的努力之一发生在荷兰。在这里，乌纳夫的设想已得到广泛开发和测试。如今，在大多数荷兰城镇和城市里，乌纳夫都是社区景观的一部分（Appleyard，1981）。

在 1977 年的出版物中对乌纳夫有所描述，旨在向其他国家介绍荷兰在邻里交通管理方面的经验（Royal Dutch Touring Club，1978）。它是一个住宅区中交通管制的部分，通过街道家具强调其作为住家环境的功能。

美国城市设计师唐纳德·亚普尔亚德（Donald Appleyard）详细研究了荷兰的乌纳夫，他通过确定两个主要特征总结了这个观念（Appleyard，1981）。亚普尔亚德指出，街道成为步行者和汽车共享的空间。而且，步行者所有的合法通行权超过机动车辆。通过对街道进行广泛的重新设计，汽车交通减速，以支持步行景观环境。

荷兰代尔夫特一个新住宅区里的乌纳夫概貌。（马克 · 弗朗西斯）

按照包尔顿（Poulton）所言，荷兰已开发了800多条乌纳夫（Poulton，1982）。如此庞大的数量也是荷兰政府尝试在1976年为乌纳夫提供具体立法和设计导则的结果。这些导则（Royal Dutch Touring Club，1978）经过修订，纳入了乌纳夫对荷兰社区生活和居民态度影响的评估。增加社区步行可达性的做法蔓延到许多其他国家，如英国、丹麦和德国，大量案例已经建成（Appleyard，1981）。

根据亚普尔亚德的说法，可达性在乌纳夫中通过五种基本的交通管理规则提供（Appleyard,1981）。首先,你可以在乌纳夫范围内的道路上随处步行，儿童们可以随处玩耍。第二，汽车以步行速度行驶，轻便摩托车和自行车也是如此。第三，在乌纳夫内开车、骑自行车或摩托车的人一定不得妨碍步行者，但步行者和玩耍中的儿童不应阻塞或无缘无故地妨碍驾驶者。第四，除非街道上画有停车标志P，否则禁止停车。第五，在乌纳夫内，来自右侧的交通始终具有优先权。

街道空间得到重新设计和建设，以强调这些规则。正如亚普尔亚德在《宜居街道》中所指出的，路径方向、垂直特征、地面变化、植物和街道家具都被设计成车辆行驶的障碍，旨在营造居住氛围（Appleyard，1981）。乌纳夫的规划师要有敏感性，能将交通管控设施设计为可用的元素。如一位荷兰规划师指出："一棵树既是一种障碍也是绿化的一部分；一座小山丘可以迫使汽车开到旁边，但它也是儿童玩耍的对象；你家门前的一根柱子可以防止经过的汽车靠得太近，但它也标志了你家的入口，而且很容易把你的自行车靠在上面。”（Appleyard，1981）[307]

代尔夫特已成为想要更多了解荷兰乌纳夫经验的规划师和官员经常逗留的地方。代尔夫特有一些最古老和最新的乌纳夫设计案例。乌纳夫在不同类型的社区环境中的应用可以通过一次参观看全。作为外来者,找到其一并不难。在火车站的自行车租赁店前停下来，总能找到几位当地居民愿意指出附近的乌纳夫方位。最靠近代尔夫特旧区火车站的乌纳夫也是最古老的乌纳夫设计案例之一。

一些设计设施被有效地用于提醒新来的人员正在进入一种不同的社区。带有乌纳夫通用符号的标志在入口处迎接人们，铺地的突然变化提醒人们这不是常见的街道。人们会对没有路牙石将车行空间与步行空间分隔开来印象深刻。街道成为铺砌的景观化区域，步行者和儿童们可以自由走动。汽车必须减速并小心前行，以避开许多新的树木、路障、长椅和桩子。

街道上增加的其他一些特征使其有别于传统的街道，也有助于诠释它在社交上的成功。花架和园林绿化被一些居民延伸到街道上。儿童们在街道上自由玩耍,利用它进行园艺等活动,这在较传统的荷兰居住区街道上并不常见。

在代尔夫特北部，一个大规模的新住宅区已将乌纳夫作为主要的交通元素。这里的街道更宽阔，围绕无电梯公寓和复式住宅则提供了较私密的开放空间。在这个新区域中，可以观察到一些相同的用途，孩子们在街上的停车区域玩耍，而父母们停下来与朋友和邻居交谈。

乌纳夫观念并非没有问题和批判声。对乌纳夫理念的批判之一（Poulton，1982），其存在额外维护和建设的费用超过较传统的街道设计等问题。荷兰规划师指出，根据他们的经验，乌纳夫的花费比正常的住区街道高出约 150%（Royal Dutch Touring Club,1978）。包尔顿列出的其他问题包括总体交通问题、服务车辆的停车问题，以及陌生人围绕乌纳夫找路的困难。由于附近的通行道路上增加了额外的交通量，如亚普尔亚德等观察者表示，乌纳夫可能会对附近居民产生负面影响。亚普尔亚德认为，作为交通管理计划的一部分，承载了额外交通的街道上的居民应该得到补偿，可以通过减少财产税或其他方式应对这些负面影响（Appleyard，1981）。荷兰乌纳夫理念的另一个问题是一些驾驶者不遵守限速规定。这对那些经常使用街道空间的儿童来说是致命的，因为他们可能会产生虚假的安全感。

增加居民前往街道的可达性以及促进其更依恋街道的目标似乎已成功实现。一项 V.A. 古廷格（V.A.Guttinger）所做的关于代尔夫特传统邻里街道和新的乌纳夫的研究显示，其对儿童们的社区可达性具有显著影响（Verwer，1980）。该研究发现，在乌纳夫中儿童对公共街道空间的使用要多得多，而且活动范围比传统街道更广。此外，研究人员发现，在乌纳夫街道上，父母对孩子玩耍的监督较少，表明成人们认为街道足够安全，孩子们可以自行玩耍。

大多数研究过乌纳夫观念的规划师和研究者同意，空间权利的另一个维度对其潜在的成功至关重要。如果居民参与和共识成为启动乌纳夫的驱动力量，那么潜在的成功可能会更大（Appleyard，1981；Poulton，1982；Royal Dutch Touring Club，1978）。参与式的模式已经在将这种街道重新设计的理念转移到其他城镇中时得到应用，比如挪威的斯塔万格市。这里的整个邻里街道系统得到重新设计和建设，现在由当地居民协会管理。包尔顿指出，有些街道可能不适合做乌纳夫，规划师必须谨慎，以防增加其居民的不合理期望。在适合的情况下，通过居民积极参与到当地街道的设计和管理中从而提升使用者的可达性，这在美国和其他地方的城市社区中似乎具有现实可能性。

相关案例：戴维斯农贸市场、盖基特步行街、特拉尼海腾冒险乐园、教堂街市场。

盖基特步行街

挪威勒罗斯

位于伯格曼斯盖特（小商业街）；由勒罗斯镇和毗邻的商家管理；有2个街区长。

在这座位于挪威中部的历史悠久的小镇（人口数为3 300人）中，市中心的一条街道在夏季封闭，以创造一种盖基特，或称之为“步行街”。大多数斯堪的纳维亚城镇和城市的共同特征是，盖基特只有在夜晚或者严寒的冬天才能被汽车和卡车使用。限制车辆使用使得街道保持了很多地方特色。社区商店位于街边，其中有一家餐馆，在街中间摆着野餐桌供户外用餐。在阳光明媚的日子里，相邻商铺摆放在木桌上的一些陈列品也占据着街道。在这里，手工制作的挪威商品被出售给游客。当游客边漫步边观看陈列品时，当地人聚在街上聊天。当地娱乐部门在街上放置了低成本、轻便的游乐设施供儿童使用。沿着街道漫步，可以看到远处历史悠久的木制勒罗斯教堂。当交通不封闭时，街道看起来像城镇中的大多数街道，有着狭窄的人行道、停车位和穿梭的车辆。

挪威勒罗斯的一条盖基特或者说是步行街。街道在夜晚和冬季的几个月恢复交通。（马克·弗朗西斯）

相关案例：乌纳夫、干草市场、华盛顿市中心人民街道、教堂街市场。

对于一处物质上可达的空间，不仅应该没有进入的障碍，还应当与交通路径紧密相连。广场或小型公园与相邻人行道的连接是这种可达性的重要方面（Whyte，1980）。在改造前，从纽约布莱恩特公园的一边到另一边联系的缺乏及其连接路径的不足可被视为人们使用公园的严重障碍。公共空间计划研究了两个西雅图广场，它们与相邻道路的关系非常不同（Project for Public Space，1978）。第一国家银行广场只能从一边进入，“因此它往往被视为私有空间，几乎完全由建筑占有者使用”（Project for Public Space，1978）[17-18]。相比之下，附近的联邦大厦广场三面向人行道开放，得到更多样化人群的使用。同样，库珀·马库斯对比了明尼阿波利斯两处具有不同程度的物质可达性的公共空间：受欢迎的室内空间水晶庭院，它在地面层有许多入口和一段向上的台阶；使用很少的联邦储备广场，只能从一边进入（Cooper Marcus，1978b）。一些设计师和管理者通过有限的入口传递限制准入的信息，作为减少其空间使用的设计手段。这可以在曼哈顿中城的一些新的中庭空间里看到。尽管有许多因素可以解释这些空间的使用程度，但物质上的可达性似乎发挥了重要作用。

除了物质上的可达性，**视觉可达性**或可见性对于人们自由进入一个空间也很重要。这里提出的问题是：潜在的使用者能否轻易地从外面看到空间内部，以便他们知道这是一处可以安全进入并将受到欢迎的公共空间。清晰的可见性似乎对空间安全性的评判尤其重要。在许多大城市，公众认为空间中没有毒品交易者、抢劫犯和其他对使用者构成威胁的人是使用它的重要考虑因素。对于脆弱的老年人来说，他们可能难以忍受骑自行车或打球等活动过多的公园，因此这类人群的使用可能会减少。在进入之前检查出这些潜在威胁的能力是一项关键要求。围绕布莱恩特公园多年的 3 英尺（91.44 厘米）高的

虽然旧金山市中心的红木公园有栅栏和大门，但这座企业公园在人们进入之前就会显露出来。（马克·弗朗西斯）

围墙和灌木丛使得路人很难看到空间内部，从而妨碍了其进入。旧金山联合广场也是如此，它向上抬升，视觉上是隐蔽的。相比之下，纽约的华盛顿广场和费城的利顿豪斯广场位于街道层，从所有相邻的人行道上都能清晰地看到它们。这些空间的潜在使用者能够获得更多关于其内部正在发生什么的信息，因此更有可能进入。

场地的视觉可达性会被视为违背了人们对隐私的需求以及他们对提供退避场所（能够逃避城市生活的压力、刺激和拥挤的隐蔽角落）的渴望。同时满足私密性和安全感是固有的两难困境，但关键是要认识到这两者可以通过微妙的设计来适应。

犯罪统计显示，人们的感知与城市安全的现实之间存在巨大差距。但对危险的感觉可能成为城市公共场所使用的重要障碍，对女性尤其如此。从街道视角看起来隐蔽的地方和庇护之所可能会支持对隐私或退避的渴望，但它们也降低了对场地安全的感知。在纽约，布莱恩特公园和格林埃克公园都为使用者提供了远离人群的场所，但产生了不同的结果。多年来，布莱恩特公园的规模、与街道的相对隔离以及缺乏监管限制了它的使用。它吸引了毒品交易及其他未经批准的社会活动。如今，经过大规模的改造，其更开放的设计正在吸引着许多使用者。而格林埃克很小，还有现场管理人员，被认为是安全的。因此人们享有其提供的私密空间（见第四章）。与这两者相反，许多开放式广场的活动清晰可见并且安全，但不能满足隐私的需要，从而限制了它们的使用。

布莱恩特公园

纽约州纽约市

位于曼哈顿纽约公共图书馆的后面、第四十街和第四十二街之间的美国大道间；由景观设计师汉娜/欧林（Hanna/Olin）重新设计；由纽约市公园部门和布莱恩特公园修复公司管理；原公园于1934年竣工；于1990—1992年重新设计和建设；面积4.6英亩（约1.86公顷）。

布莱恩特公园距时代广场一个街区，在纽约公共图书馆主要分支的后面，是曼哈顿繁华市中心的主要开放空间。公园最近的历史生动地展示了在密集的城市中心区公共空间管理中的一些固有冲突。

虽然该场地自1858年以来一直作为公共开放空间，但它目前的布局形成于1934年。那一年，在公园专员罗伯特·摩西的监督下，公园被重新设计为一处受古典主义影响的正式空间，周边石栅栏环绕，并以对称方式布局。摩西希望公园成为“宁静美丽”的地方，有充足的树木和绿篱，而不是一处活

曼哈顿中城布莱恩特公园的大草坪在中午的时候被大量使用。（斯蒂芬·卡尔）

跃的娱乐空间（Biederman & Nager，1981）。

考虑到它所处的位置，布莱恩特公园作为放松场所的概念一方面可以被视为是合适的，另一方面又是相当不切实际的。显然，许多都市人寻求从城市活动中退避的地方，布莱恩特公园是曼哈顿中心为数不多的、可以令人信服的提供这种休息的场所之一。事实上，在他们 1976 年的研究中，内格尔和温特沃斯发现，放松或休息是他们所采访的公园使用者最常见的活动。

然而，正如这些研究人员所说，使得公园成为退避和放松场所的一些特定因素，诸如其充足的植被以及将其与街道隔开的石栅栏，也促进了毒品交易者对它的密集使用，他们在半隔绝的公园里可以轻松地行动。20 世纪 70 年代期间，很明显需要进行一些设计或管理上的改变，以阻碍毒品交易者及其客户对公园的占用，增加包括当地上班族和购物者在内的更广泛人群对它的使用。

为实现这一目标，1980 年布莱恩特公园修复公司成立了，该公司是一家私人非营利组织，主要由位于公园附近的企业和洛克菲勒兄弟基金会资助。该公司与城市的公园和警察部门合作，全面处理维护和安全的问题，其主要目标是“用活动填补布莱恩特公园，吸引尽可能多的合法使用者到公园来”（Bryant Park Restoration Corporation，1981）[1]。在它运营的这些年里，修复组织与公园委员会、公共艺术基金及其他组织共同负责公园内的一系列大事件和新活动。其中包括一些系列音乐会、一个艺术家驻场节目、艺术品和手工艺品

纽约市布莱恩特公园中树荫遮蔽的凸起平台成为毒品交易的地方。（斯蒂芬·卡尔）

展览、一个出售音乐和舞蹈活动半价票的摊位、书籍和鲜花摊位，以及夏天时的小咖啡馆。人们普遍认为，这些活动以及治安和维护方面的改进显著增加了公园的使用并减少了犯罪（Fowler，1982）。然而，很明显，恢复和更新公园还有更多工作要做。

景观设计顾问汉娜 / 欧林中的劳里·欧林（Laurie Olin）提出花 600 万美元进行设施更新，包括增加更多的座位，增加进入点，翻新绿篱、草坪和花坛，恢复喷泉和布莱恩特雕像，以及扩大图书馆在大草坪下面的中央书库（Program on Public Space Partnerships，1987）。华纳·勒鲁伊（Warner Leroy）——中央公园里著名的绿苑酒廊的老板——作为开发者提出增设一家新餐馆。勒鲁伊承诺投资 1 200 万美元用于在纽约公共图书馆建筑的后面建造一座大型的私营温室或餐馆。此外，他还提供了 200 万美元用于公园的更新改造。哈代（Hardy）、霍茨曼（Holtzman）和费弗尔（Pfieffer）事务所，一家以对历史地标敏感而著称的公司，被选为餐馆扩建的设计单位。以私人开发的方式侵占公共公园的提议遭到了极大反对，包括来自有影响力的私人支持组织、公园委员会的反对。经过三年的公开辩论和审查，勒鲁伊收回了他的提议。当前规模缩小的提案呼吁在上层平台上建造两座较小的建筑，一座容纳升级的、价位适中的餐馆，另一座为特许的低价餐馆。公园里长期关闭的公共卫生间得到改造并重新开放。该计划仍然存在争议。布莱恩特公园在改造和施工期间关闭，于 1992 年的春季开放。

修复公司的工作及其设计方案提出了两个重要问题。首先，考虑到空间权利问题，布莱恩特公园是否能够容纳所有这些新的活动，并且仍然可以为一些使用者提供退避和放松的场所？布莱恩特公园修复公司主要倾向于改进管理和增加编制计划，并没有显著改变公园1934年以来的设计，该设计尽管存在问题，但的确提供了许多子空间。剧烈的活动可能会发生在某些地方——例如喷泉附近或者毗邻图书馆的挑台——更多的被动活动则发生在其他区域。

布莱恩特公园的状况引发的另一个问题是，谁拥有对公共公园的最终管控权。1983年春季，修复公司与纽约公共图书馆合作，与城市公园部门达成了一项为期35年的协议，即在城市公园专员的全面监督下，该公司负责这个公园各个方面的维护、管理和更新。当时的公园委员会主席彼得·柏欧（Peter Berle）回应最初的餐馆提案和综合管理方案时说："我担心公共土地被占用，不再受到公共公园地位的保护并被转交给私人实体……如果你有一支运营公共公园的私人实体，谁说明年你和我不会成为不受欢迎的人呢？"（Carmody，1983）[B3]柏欧的担忧是至关重要的。虽然修复公司的努力使布莱恩特公园的用途更广泛、使用者更多，但从长远来看，城市政府将大量的管控权交给私人机构，可能无法很好地实现公共公园最大程度可达的理想。

相关案例：佩讯公园、格林埃克公园、纽约公共图书馆的台阶、波士顿公地和公共花园、人民公园。

最后一种类型的可达性是**象征性可达**，它涉及以人或设计元素形式存在的线索，提示谁在空间中是受欢迎和不受欢迎的。个人和群体的感觉是受到威胁，是舒适，还是受到邀请，可能会影响其进入一处公共空间。最鲜明的例子是位于入口附近的"门卫"，他们巧妙地或是明显地管控着那些进入空间的人。举例来说，在纽约埃克森公园进行的一项研究报告称，在通往该空间的两个门口就能看到毒品交易者，"常常令人们不舒服，更别提进入了"（Project for Public Space，1978）[14]。建筑管理者在1979年进行的空间改变，诸如增加策划好的活动、售卖食物的摊贩和更多的安全性，改变了这种状况。出现在许多最新的、企业赞助的公共广场入口处的安保人员，对大多数中产阶层成年人来说可能意味着远离纷扰的秩序和安全，但对另一些人也许代表着不太受欢迎。

各种非人为的因素也与社会象征性可达相关联。某些设施或设计元素可以充当线索，暗示预期人员的类型。尤其是商铺和摊贩的存在可能标志着一个空间的"公共性"以及那里所欢迎的人们的类型。一方面，占据着室内购物中心和中庭的昂贵的商铺和餐厅，如曼哈顿的特朗普大厦，提供了关于预期用户的明确标志；另一方面，简单、实惠的餐饮场所和商店的存在向路人暗示着广场或中庭的管理欢迎公众。这一观点通过对两个巴尔的摩社区的研究得到加强（Brower，1988），那里的居民和游客认为当地的购物街比两处当地公园更“公共”。根据布劳尔的说法，这是因为商店比公园更依赖公众的光顾，会明显迎合居民和路人。

一些环境中的屏障用于规定某个空间属于特定群体，表明外人是不受欢迎的。奥斯卡·纽曼（Oscar Newman）富有争议的关于可防卫空间的概念是一种排除具有威胁的外来者的方式，它为一个区域提供了一种认同感，便于监控并阻止不属于该区域的人进入（Newman，1973）。这些环境屏障，包括有限的入口、人的可见性及标识系统，是与安全相关的警卫人员存在的替代方案。设计可以通过许多微妙的方式提供安全感，而不是使用安保人员。事实上，安保人员的存在不仅表明了地区的所有权和“除非你属于这里否则远离”的信息，还暗示着这块场地对其内的人来说是危险的。这个信息传达了环境的潜在危险，这可能会对外界的人构成威胁的同时，令内部的人感到不安。

这三种类型的可达性——物质可达性、视觉可达性和象征可达性——经常相互影响，并且呈现出一副或强烈或模糊的图像，表明谁可以自由地进入空间以及谁能管控这种“可达的权利。”纽约花旗集团大厦的“市场”阐明了所有这三种类型的可达性。

花旗集团市场

纽约州纽约市

位于曼哈顿第五十三街的莱克星顿大道；由休·斯达宾斯（Hugh Stubbins）建筑师事务所设计；由大厦业主管理；规模为一个街区见方。

花旗集团市场是一个以多种方式限制自由进入的公共空间案例，尽管该空间被认为是这个城市最成功的室内公共空间之一。

就物质上的可达性而言，主入口退后人行道几十米。室外空间是以不鼓励轻易通过的方式设计的（Forrest & Paxson，1979）。这个市场为周边人行道提供的视觉可达性也是有限的。正如斯蒂芬斯（Stephens）所指出的，“外观没有提供太多关于内部物品的线索”（Stephens，1978b）[57]。空间几乎没有透明度，缺乏清晰可见的标识系统，四个外立面中有三个没有商品的展示。

广义上讲，花旗集团的公共空间在社会象征性可达方面也是受到限制的。安保人员经常出现在入口处和整个空间内，即使没有明确说明也在暗示这是一个受控的空间。占据市场支配地位的咖啡厅和食品店主要吸引富裕的顾客。管理方可能认为，通过限制准入，他们确保了企业的成功。

然而，由一群常客构成的多元化群体大量使用其室内和室外空间。对于那些可以在提供的座位上喝杯咖啡或吃个冰激凌的老年人或者前来参加音乐会的人们来说，花旗集团是一处理想的城市资源。但是，携带着装有个人物

纽约市的花旗集团中心为那些可以在它的咖啡厅里坐下来支付费用的人们提供了舒适的使用机会。（马克·弗朗西斯）

品包袋的无家可归者，可能会发现很难通过设在入口处的保安。这些对自由准入的限制使得一位作者认为“该购物中心的人气很大程度上要归功于它内部所提供的以及它所阻止在外的内容。这种隔离主义是否应该出现在通过城市激励区划措施而产生的‘公共’空间中，应当在城市规划层面加以解决”（Stephens，1978b）[54]。

相关案例：法尼尔厅市场。

行动自由

行动自由反映了林奇的第二类空间权利，“使用和行动的权利，即在某个地方自由行事或者使用其设施”（Lynch，1981）[205]。它包括开展个人所希望的活动的能力、按个人意愿使用一个地方的能力，但要认识到公共空间是共享的空间。负责任的自由能够在不伤害他人权利的情况下实现个人满足——然而，与在政治舞台上一样，这在公共空间中通常难以实现。

困难来自许多方向。异质社会的竞争利益有时会使一个群体的自由给其他群体的自由带来潜在威胁。在许多情况下，商业开发商提供的公共空间主要服务于他们自己的利益，公众的需求和权利可能很少受到关注。财产私有化旨在限制公众对其所需区域的使用。在另一些情况下，一个群体的力量或数量可能在某个区域占主导地位，从而消除了其他人在那里的可能性。这是一种熟知的模式，从较大的孩子管控校园或操场，限制较低龄群体对它的使用开始，特别是当空间和资源有限时，就会发生这种情况。

规章制度的存在或缺乏对实现这种自由非常重要。针对萨克拉门托早期的市中心商业街开展的研究表明，孩子们希望在混凝土雕塑和喷泉中玩耍，但警察和商家禁止这样做（Becker，1973）。相比之下，拉夫报道说，波特兰爱悦和前院喷泉的管理者实际上鼓励嬉水，且有大量的儿童和成年人参与到这项活动中（Love，1973）。

长期以来，示威、集会、散发传单和演讲一直是许多公园和广场生活的重要组成部分。在伦敦的海德公园，居民和游客蜂拥至演讲者之角，聆听有关政治和非政治的各种话题的演讲。另一方面，购物商场作为许多美国和加拿大社区中最重要聚会场所的私人空间，通常严格管控政治活动。目前，对在购物中心中发传单和请愿等活动的限制被一些公民自由主义者认为是“当今最重要的言论自由问题”（Lindsey，1986）。1980 年，美国最高法院允许各州根据各自的法规对此问题进行规定。十几个州的法院解决了这个问题。有些州，如加利福尼亚州，在法规的言论自由条款里规定，允许政治请愿者进入私人

在拥有水和沙子等可塑性材料的空间中容易实现行动的自由。乡村之家，戴维斯，加利福尼亚州。（马克·弗朗西斯）

所有的购物中心（Lindsey，1986）。其他法院，包括纽约州和加拿大的法院，则规定法规中的言论自由保障不适用于私有财产。这个问题目前在郊区和小城市中最重要，在这些地方购物商场已使作为市中心的主街黯然失色；同时它可能在大城市中也变得越来越重要，因为自 1970 年代中期以来大城市的私有购物综合体数量激增。斯蒂芬斯报道过一处这样的空间，即费城市中心的商业街廊，关于排斥政治示威者的争议集中在该购物中心部分由公众资助这一事实（Stephens，1978b）[50]。

除法规和禁令外，公共空间的物质布局可能对人们开展所需活动的能力产生重大影响。不同的空间为其使用提供不同程度的选择和机会。乌尔曼（Wurman）、莱维（Levy）和卡兹（Katz）谈到空间的“特定性”——它是否主要容纳一种活动（如网球场），还是适当范围的活动（如穿过树林的小径），抑或各种各样的活动（如一片草地）（Wurman，Levy，& Katz，1972）。一项针对纽约市里斯公园的研究比较了规模相似的两类空间的使用机会（Madden & Bussard，1977）。几处遍布树木的大型草坪区是公园中最受欢迎的部分之一。它们被用于各种类型的游戏、家庭野餐，并被作为从这里出发去参观公园其他部分的“大本营”。与这些相当“非特定”空间形成鲜明对比的是两个带有栅栏、露天看台和一些树的球场。这些场地很少得到使用，除了偶尔组织的棒球比赛。虽然球场等高度“特定的”空间往往是公园和娱乐区的组成部分，但

美国城市也有其传统的演讲场所。纽约市华尔街与布劳得街的转角。（斯蒂芬·卡尔）

重要的是提供自由准入的、足够的额外空间，以便选择的自由度更大。

内部分为多个子空间的环境特别适合各种各样的活动。通过对波特兰爱悦和前院喷泉的比较，拉夫指出，虽然这些大型喷泉有许多共同之处，但前院喷泉还是激发了更多样的活动，这归因于其水池、瀑布及可坐平台的数量和种类更多（Love，1973；见第四章）。

在行动自由的层面上，心理上的舒适再次成为一个重要的考虑因素。在第四章中，我们认为舒适，包括心理上的舒适，是人类的基本需求。我们发现，许多公共空间的设计令人不舒服，旨在鼓励人们欣赏或者穿越空间而不是使用它。门卫的存在也通过妨碍逗留而限制了使用。心理上的舒适或放松意味着免于担心和忧虑。人们需要感到自由自在，才会按照自己的意愿使用空间。

有三个特殊群体在公共环境中的行动自由往往受到空间缺乏舒适和良好管理的限制，分别是女性、老年人和身体残疾人士。一篇杂志文章充分描述了许多城市中女性受到限制的自由："纽约市的一位女士装扮成男人，想知道当男人会是什么样。她的男朋友强烈建议她'走路时放慢脚步。女性似乎总是好像需要有理由来到这里；好像她们需要到达某个目的地。作为一个男人，你只是占据了空间。它是你的。'"（Wiedermann，1985）[27]

数千年来，这种受限的公共空间权利是对开放空间使用受限制的女性的共同经历。最引人注目的是，尽管有言论说要改变，但女性们在公共场合仍然感到脆弱，事实上，她们的担忧得到了受害统计数据的支持。女性不断受到骚扰和侵犯，这些经历阻碍了她们对包括街道在内的公共场所的使用热情。她们参与公共生活和活动的自由受到限制，免受他人令人生厌的示好及威胁的自由也受到限制。正如弗兰克（Franck）和帕克森所指出的："在 19 世纪，女性在公共空间中仍然以其性别而被定义和理解，这是一种私人的角色。她们永远不会像男人那样摆脱这种角色。"（Franck & Paxson，1989）[130]

单独一名女性可能会觉得只能坐一个人的不舒服的混凝土块比附近的长椅更安全。波士顿公地。（伊丽莎白·马奇）

在对公共空间的研究中，我们发现有门卫的地方，比如袖珍的格林埃克公园，受到女性青睐，因为她们感到在那里是安全的。一些社区"存在"空间也是令女性感觉舒适的场所。在其他地方，比如在街道转角或在商店前，女性要么不会大量出现，要么汇聚在靠近车流的区域。在纽约公共图书馆的台阶上，女性通常位于中央或高密度的区域，较少出现在从街上看视野模糊不清以及毒品交易和其他城市争端发生的侧面区域。

女性经常会避免使用某些城市公园和广场（Franck & Paxson，1989；Stoks，1983）。一项针对女性如何看待西柏林的荣格冯海德公园的研究表明，被访的年轻女性中不到 10% 的人会在无人陪伴的情况下进入公园，而 70% 使用过该公园的女性表示感到不安全（Wiedermann，1985）。内格尔和温特沃斯在 1976 年对纽约布莱恩特公园的研究发现，在这个高度重视安全的公园里，女性数量占所有使用者的 1/3 以上（Nager & Wentworth，1976）。在所有使用者中女性使用的最具代表性的两个公园区域是与人行道直接相邻的休息区和喷泉平台区，这个位置消除了从背后靠近的恐惧，还与公园出口相邻。

除了对人身安全的明确关注外，怀特报告了关于广场的使用，“相对于男性，女性对她们所处之地更有识别力，对烦扰更为敏感，她们会花更多的时间寻觅各种可能性……如果广场上女性的比例高于平均水平，那么这个广场可能是并且已被选为好的广场”（Whyte，1980）[18]。

对安全和舒适的类似考虑也适用于老年人。戈德比（Godbey）和布雷西（Blazey）对美国五个城市中老年人使用公园的情况进行了研究，强调了这个群体使用公园的频繁程度和规律性，以及公园在其生活中的重要作用（Godbey & Blazey，1983）。然而，据作者称，这种使用的频率和特性受公园管理方式的影响很大。据说，老年使用者安排公园之行会基于预期活动可开展以及公园环境最安全和最舒适的时段等考量。五个城市中的老年人在早晨和下午早些时候使用公园最多，这些时段通常提供了最多的阳光，老年人与大龄儿童、青少年和中年人的竞争也最少。

公共空间无法适用于身体残疾人士是一个巨大的制约因素。尽管越来越多的地方为轮椅提供了通道，但残疾人的其他需求很少在坡道之外得到解决，从而限制了他们进入这些环境。对于残疾人来说，身体上的限制及危险的人使公共空间不友善和出格。由于大多数设计基于假设的平均身形、可移动的人，因此许多潜在的使用者被排除了。

令人感到不快或有威胁的人群和活动的存在往往会严重限制空间的自由使用。酗酒者成为一些公共空间里的常客，蓬头垢面的城市游民，或是用购物袋装着个人物品的不幸的无家可归者，可能会使一处场地对其他人没有吸引力，特别是如果他们主宰了这个环境。在美国各地的城市里，许多公园和广场中会发现一些年轻男子在贩卖或吸食毒品，这限制了其他使用者和潜在使用者的活动。大量的重新设计和管理力度的加大已经解决了这个问题，比如曼哈顿中城的埃克森迷你公园等地就是如此（Project for Public Spaces，1984）。

公共空间中使用者和活动的平衡显然是需要的。有可能的话，鼓励各种各样的活动，这样任何一个群体都不能支配一处空间而排斥其他群体。多样性的风险在于，除非有巧妙设计和计时使用以便提供足够的空间和资源，否则各种使用者群体的个人需求和活动可能会发生冲突。空间的设计是真正的挑战，要便于实现兼容的多样性。这里的主要问题在于，某个使用群体对公共空间的领域宣示会将其他群体排除在外。正如所引用的那些案例，虽然对某个地区的领域宣示可能会增强一个群体对环境的体验，但它也限制了其他群体的自由。个人与群体管控之间的问题很重要，有待解决。

洛杉矶市中心“穷街地区”的一座公园设计于1980年代早期，除了当地

通过加强管理和增加管控的迹象，比如悬吊植物和可移动的座椅，纽约埃克森广场如今被认为是安全的。（斯蒂芬·卡尔）

的拉丁裔家庭外，似乎还成功地容纳了一批酗酒者、无家可归者和其他流动人口（Johnson，1982）。至少部分是由于围绕潜在使用者的参与式设计过程，使睡在草地上的无家可归者与玩耍的儿童们共存。参与式设计过程的一个额外好处是，一些常去公园的人帮助维护公园，因为“他们为自己在协助设计其环境的重要组成部分方面的作用感到自豪”（Johnson，1982）[87]。

因此，行动自由是环境与设计的产物，可以最大限度地增加人们在公共场所中从事令人满意的活动的自由，同时确保他们免受打扰、干涉或威胁。它是综合考虑合理规则、充分选择、使用机会，以及支持使用者需求的设计的共同产物。

领域宣示

空间的领域宣示在表明对空间的专有权益方面超过可达性和行动自由。在讨论空间的领域宣示时，为了使人们在公共空间中实现其目标，我们建议一定程度的空间掌控有时是必要的。承认这一点使我们面临一种重大困境：在要求空间权以满足其自身需求时，一个群体或个人可能会限制他人的自由。

在考虑领域宣示——个人或群体声明对空间的管控——行为时，我们正在处理两个经常被讨论的行为科学概念：私密和领域。我们的观点是，私密和领域不是基本的人类需要或本能，也通常不是其自身的目的。相反，这些空间占有的形式“似乎总是有助于实现更多的初始目标”（Proshansky，Ittelson，& Rivlin，1970）[180]。私密和领域是人们借以“增加对其开放的选择范围以及在特定情况下最大化其选择自由”的“机制”（Proshansky，Ittelson，& Rivlin，1970）[180]。

位于纽约市曼哈顿下城的华盛顿市场公园，已成功地受到社区（限制性地）管理，该社区称其为开放空间。（马克·弗朗西斯）

个人可能由于一些不同的原因希望占有部分公共场所。艾伦·威斯汀（Alan Westin）区分了四种私密的状态——独处、亲密、匿名和保留——表明个人需要管控环境的原因多种多样（Westin，1967）。其中两种状态与城市公共空间尤为相关。虽然在城市空间中可能难以实现真正的独处，但匿名——在公共场合中免于互动和密切观察的自由——是人们经常寻求的。这种私密状态可能是反思、放松或安静的活动所必需的。另一种经常在城市公共区域中寻求的私密状态是威斯汀所说的亲密关系——与他人或小群体进行密切沟通——这样的活动在包括公园、广场和偶然形成的空间在内的很多地方能够看到。

对公共空间的研究表明，设计中融入一些小的、差异化的子空间和元素，能够促进匿名感和亲密感。例如，拉夫注意到位于波特兰的前院喷泉（见第四章）能够轻易地容纳大量的人，同时又能提供合理限度的私密空间，这是因为喷泉结构中存在许多“角落、缝隙和台阶平台”（Love，1973）[199]。

寻求私密空间的个人和小群体经常出现在距他人直接观察及距步行人流最远的公共场所。如格林埃克公园瀑布底部的下沉平台（见第四章），是一处在视觉和听觉上都相对隔绝的空间，是情侣们进行亲密交谈时最常去的地方。

掌控的价值之一在于，它能证明某人关心这个地方，这个地方属于某人，人们——甚至非使用者——都会尊重它并重视它的存在。对社区公共空间的研究发现，关键是要发展一种掌控的感觉，一种空间的领域感，以提高其利用率并满足当地居民的需求（Francis，Cashdan，& Paxson，1984）。有迹象表明，社区管控空间的非使用者会意识到并重视这个事实，即某个地方受到当地居民的“关心”（Francis，1987b）。在社区或社区某些成员的领域权与剥夺其他人使用及享受空间的权利之间存在着微妙的平衡。

公共空间中所提供的座位类型是促使个人或亲密群体占有空间的特别重要的因素。这在库珀·马库斯关于明尼阿波利斯市水晶庭院中“立方体座位”的评论中得到证实：“不像常见的广场长凳，这些看起来像是单独的座位……你可以独占一个完整的立方体座位，也可以与一两个人分享它。”（Cooper Marcus，1978b）[38]。旧金山泛美红木公园里的大型甲板式长凳为使用者群体提供了占有和安排空间以满足其行为需求的机会。可移动座椅也有助于城市公园及广场上的个人和小群体实现空间掌控。对格林埃克公园的研究表明，公园里的可移动桌椅既允许个人和小群体靠得很近，又在某种程度上排布均衡，以确保足够的私密（Burden，1977）。相反，在对包括埃克森迷你公园和西雅图银行广场（Project for Public Place，1978）以及芝加哥第一国家银行广场（Rutledge，1976）等空间的调查中发现，固定的座位使许多使用者难以参与到小组对话中，或是难以为自己找到僻静的地方。

纽约大都会博物馆广场上的可移动座椅使人们可以占有自己的空间。（斯蒂芬·卡尔）

另一种形式的领域宣示可以在社区开放空间中被发现，当地居民接管一块空地，将其建成一处公园或社区花园，负责该地的持续管理。这些社区管控的项目已成为邻里开放空间的永久组成部分,形成一种由使用者设计、建造、管理和拥有的公园系统的备选方案。纽约南布朗克斯区的巴雷托街社区公园就是这类项目中的一例。许多技术援助组织已开始为这些工作提供必要的园艺、设计或法律专业知识。一个全国性的组织，公共土地信托机构，通过建立邻里土地信托帮助社区管控团体成为其项目的所有者。在全国范围内，邻里土地的当地管控正在成为提供娱乐空间的重要手段。

巴雷托街社区公园

纽约市布朗克斯区

位于南布朗克斯区的巴雷托街636号；由景观设计师哈里·多德森（Harry Dodson）、布朗克斯前沿开发公司及南布朗克斯开放空间工作组合作设计；由巴雷托街社区协会管理；于1980年阶段性竣工；面积约3英亩（约1.21公顷）。

1975年，位于南布朗克斯区巴雷托街636号的一座废弃建筑被烧毁，留下了一栋危楼和满是废墟的场地（Francis，Cashdan，& Paxson，1984）。不幸的是，在南布朗克斯这样的地方，遗弃物和废墟并不罕见。巴雷托街的居民们决定不再袖手旁观，任由他们的街区继续恶化。1976年，琼·皮波罗（Joan Pipolo）组织了一个7人小组，他们一致认为应该做些什么。他们一起说服了

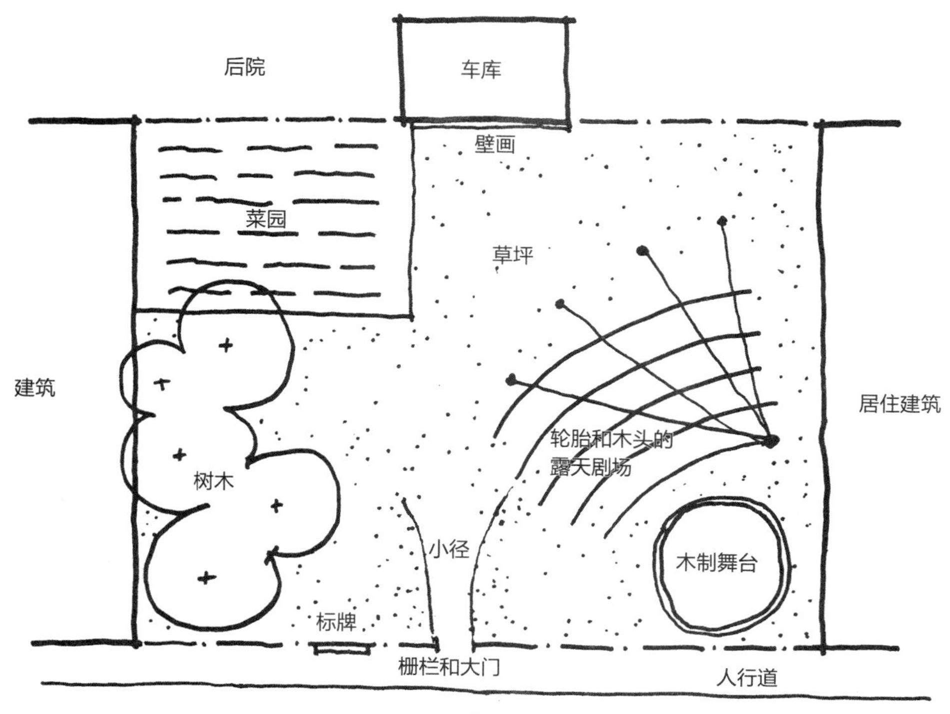

纽约南布朗克斯区巴雷托街社区公园总平面图。

纽约市房屋维护及发展局拆除了废弃的建筑。取而代之的是一片瓦砾遍野的场地，但成功地将建筑拆除对该小组的士气很重要，因为通过共同努力，“人们觉得他们可以做成事情”。

随后，邻里间形成了初步的小群体，后来发展为一个较大的群体，愿意帮助清理场地。他们策划了一场嘉年华筹款活动，以提供必要的资金，用于在邻里中启动一项犯罪预防计划。当地商家希望协助预防该地区的犯罪。为了此地的“邻舍守望”计划，他们需要使用对讲机在邻里中巡逻。结果他们从嘉年华中筹得 1 800 美元，再次为自己的所作所为感到自豪。

1976 年春，这里来了一辆推土机，清理场地上的碎石瓦砾。该团体后来听说这里的土地所有者准备在此地为他的油罐车修建一个停车场。经过共同努力，巴雷托街区协会顺利完成区划变更，阻止了在居民区修建停车场的计划。

在此期间，街区协会的一名成员建议将该场地建成社区花园。团体中的其他成员一致认为这是个好主意，便开始制定计划。他们联络了数家当地机构寻求协助，包括为布朗克斯的社区组织提供绿化技术援助的布朗克斯前沿开发公司。

1977 年夏，当地居民和暑期青年工作者开始实施花园项目。最终的设计包括一块菜园、露天剧场和舞台、庆丰收的壁画和绿树成荫的休息区。该项目启动一年半后，布朗克斯前沿开发公司、人民开发公司和第十社区学区共同组建了南布朗克斯开放空间工作组，旨在协助组织和资助共计 14 个开放空间项目，包括位于南布朗克斯的巴雷托街（Fox & Huxley，1978）。内政部拨付的联邦资金通过特别工作小组这个实体，经由州和市公园部门，分派给参与社区开发的当地团体和小型邻近开放空间项目。110 万美元的拨款，与该市提供的价值 110 万美元的人力资本、捐赠堆肥和实物服务，以及约 10 万美元的社区开发拨款相配套。

在早期开发阶段，社区修建的纽约巴雷托街社区公园的入口。（公共土地信托机构）

巴雷托街公园是在美国和欧洲城市中如火如荼开展的开放空间运动的一部分，居民们试图将空置的城市土地改造成社区公园、运动场和花园（Francis，Cashdan，& Paxson 1984）。这些由社区管控的开放空间的一些共性特征在巴雷托街公园中可见一斑。该场地由居民所有。作为一种土地信托，居民无须担忧土地被出售用于开发或其他非开放空间的用途。该公园由居民管理和维护。所有的公园决策均由管理公园的公园使用者做出，而不是由城市或外部专家做出。公园围了栅栏，设了大门并上锁，仅限社区成员使用，只在特定时间对公众开放。设计的不断变更和发展是为了满足使用者不断变化的需求。

经过 12 年相对稳定的发展后，1990—1991 年间，拥有并管理这座花园的街区协会失去了两位主要领导者。尽管花园依然得到了良好的维护和积极的利用，但领导层的情况并不明朗。公共土地信托机构帮助巴雷托居民拥有了花园，并在组织问题上提供定期协助。信托机构的成员会见了包括花园对面建筑中的房客在内的主要人员，他们对新领导者的出现持乐观态度。

尽管志愿者管理模式本身存在一些问题，但巴雷托街仍提供了一种独特的公共开放空间设计方案，即由社区创建和管控。居民和使用者巧妙地平衡了自由与管控之间的矛盾。

相关案例：格兰德街滨水公园、乌纳夫生活化街道、特拉尼海腾冒险乐园、人民公园、乡村之家社区游乐场。

到目前为止，我们一直在探讨个人或小群体占用空间的问题，这些个人或小群体试图实现对空间某种程度的管控，以便开展所希望的活动。个人及其亲友占用的公共空间往往不会超过一小块。从这个意义上说，他们试图管控的行为通常不会威胁到其他公众使用公共空间的自由。但有些空间往往会被人数更多的群体所占用。这些群体可能会将公共场所变成一种“地盘”（Lyman & Scott，1972），其他群体进入和使用这些场所会受到限制。例如，林迪报道说，纽约中央公园地标贝塞斯达喷泉附近的区域在20世纪70年代初期被西班牙裔青少年和年轻人占用（Linday，1977）。他们在此播放激情音乐，开展剧烈活动，显然在“宣示”对这片区域的占有权，导致大多数其他公众无法使用该空间。另一个例子是，纽约里斯公园的部分海滩主要被同性恋者

纽约布莱恩特公园的栏杆被年轻人占据。（斯蒂芬·卡尔）

占用。多年来，这个群体一直在此聚集，由此赋予这里独特的意义。用作俱乐部会所的小型构筑物“小屋”，代表着西班牙裔男性占有和管控空间的一种形式。这些小屋建在纽约曼哈顿的东哈莱姆区、下东区、布鲁克林和布朗克斯的空地和其他空间中，用作成员聚会的场所。

尽管一部分人宣示占有某空间可能会限制其他群体的自由，但我们也要认识到，对这部分人而言，拥有这种空间的管控权是实现自身目标的必要保证。例如，处于特定年龄阶段或拥有特定文化背景的年轻人可能会认为，相当数量的同龄人参与特定活动，对于营造所追求的氛围至关重要。

有时，一些区域实行分时共享，不同群体在不同时间段占用场地并建立自己的领地。白天被儿童及其父母使用的游乐场，晚上可能会成为青少年闲逛的地方。平日里商务人士云集的商业街，周末可能会成为购物场所。不同群体有着不同的需求、标准和节奏，他们会用时间而非空间来分隔可能会产生冲突的活动。通过观察卑尔根鱼市的活动周期，可以看到公共空间在不同时段能够容纳不同的使用者和活动。卑尔根鱼市位于卑尔根市中心滨水区的一片开放区域。早上，市场上挤满了卖鱼的摊贩和买鲜鱼的人。老人们三五成群地聚在一起议论政治新闻和当地八卦。下午三时左右，摊贩们纷纷收摊回家，这里变得空旷寂寥，只有零星游客在晚餐时间到访。傍晚时分，一辆售卖热狗的卡车停在场地中央，一群十几岁的年轻人也在这里停下来并展示他们的汽车，其中许多是美国的老爷车，这里因此变成了一个拥挤的休闲场所。某

挪威卑尔根鱼市，老人们聚在一起交谈。（马克·弗朗西斯）

些情况下，哪怕隔得再远，其他群体的存在都会使那些需要独占环境的使用者望而却步。

R.G. 李（R. G. Lee）认为，中等收入群体所持有的关于户外空间管控的规范认知和期望往往有别于低收入群体（Lee，1972）。中等收入群体的价值观以及他们拥有住房的比例形成了他们对空间的“归属模式”，李称之为“通过拥有形成归属”（Lee，1972）[75]。这一群体依赖正式的所有权规则，认为非私人空间属于所有人，不应被任何单一群体占用。李还认为，中等收入群体更信赖“正式的社会管控模式”。他们希冀出现一种理想化的公共道德，这与法律和执法者的期望不谋而合。其结果是，中等收入群体认为，公园和其他公共空间应当是“自由”空间，对所有人开放，而不是任何特定公众群体的专属地盘。

李认为，与此相反的是，低收入群体可以对任何公共空间产生“归属感”或“家的感觉”，这是基于他们对这些空间及其居民的了解。不管这个地方是公共的还是私有的，一个地方的正式所有权对他们来说都不是问题。此外，他们对正式的社会管控模式也不太认同，社会期望他们关注自身利益，不要过多依赖警察等外部管控力量。结果是，低收入群体通常希望公园（或其中的一部分）等公共空间成为某个特定民族、年龄层或其他群体的“领地”。这样的空间占据被认为是可以接受的，甚至是必要的。他们认为，只有当人们的行为模式为他人所熟悉且可预测时，他们才能自由地、始终如一地使用某个空间。

如果占主导地位的群体或空间管理者特别担心某个空间被特定群体占用，那么他们可能会拒绝该群体进入，或使其感到不舒服。这种情形往往会发生在一些小城镇，比如拥有大量外来务工人员的加利福尼亚州萨克拉门托山谷。这些城镇的中心区不放长椅，从而防止工人外出闲逛。

造成这种基于阶层的开放空间使用模式的另一个因素是低收入者的经历。他们无力购买房产，不得不住在租来的房屋里（通常是小公寓），因此更需要利用公共空间进行娱乐和社交活动。中产阶层可能依赖正式的所有权规则，因为这是他们的经济地位和社会规范的延伸，是他们的价值观社会化的结果，他们可以凭借自身的支付能力自由选择想要的空间。而那些贫民的购买力有限，因此他们必须依赖公共空间，因为他们别无选择。相比中产阶层，这些空间对他们而言用途更多。广泛而频繁地使用某个空间，可能会使人与场所之间产生个体依恋。正因如此，李所述的工人群体对空间产生了“家的感觉”，并且依赖非正式的而不是正式的管控模式。

某些特定群体宣示占有某个空间，可能是为了增加他们在此活动的自由度和舒适度，还能提高他们对该空间的关注度和认同度，这些是积极的、值得培养的。挑战在于，要认识到哪些空间管控的形式是必要的，是可取的，哪些又不恰当地限制了其他群体的自由。

公共空间的管理和政策非常重要，当占据空间被认为有益时，要推动群体的领域宣示；当占据空间会明显妨碍他人自由时，则要限制或约束这些宣示。纽约等城市的公园管理人员正在尝试通过组建"公园之友"团体，鼓励当地居民更加关心他们附近的公园（Francis，Cashdan，& Paxson，1984）。从某种意义上说，这样做是为了鼓励对场地的领域宣示，但不允许将其他人排除在外，也不会给予地方群体变更、拥有或支配空间的权利。帕拉·克洛塞克－瑟法蒂（Perla Korosec-Serfaty）在一项研究中得出了一个有趣的结论：如果公共广场执行严格的地方法规和高度正式的市政管理，就会限制当地居民对广场的关注和认同；与此相反，一个较少受当地政府管控的广场会显示出许多被当地居民宣示占有的迹象（Korosec-Serfaty，1982）。

无论设计还是管理政策都能够强化或削弱这样的管控。有时，最好的解决方案可能是无为而治。但在其他情形下，对空间进行管理增加了群体和个人的机会，比如袖珍公园。

无家可归的人们是一个经常被剥夺公共空间权利的群体。一些城市无视他们的存在，而另一些城市则把他们赶出公共场所，表面上是为了保护他们。很多无家可归的人认为，公共空间远比为他们提供的大型集合收容所更为安全和舒适，只是他们作为使用者往往不受欢迎。

如果某个群体对一个场所的占有严重限制了他人自由，那么管理人员就要进行干预，其中一项重要举措是策划吸引各种人群参与的活动。许多城市公园和广场的管理者在"特定活动"的基础上采用这种方式，每年策划几次活动（Project for Public Place，1984）。尽管这样做是为了通过广为人知的事件来改变公众对场所的认知，但最终往往只有在活动当天，使用者的数量才会发生变化。更有用的策划策略是，较频繁地举办一些规模适度（单人表演者或小群体）、具有多元吸引力的活动，轮流邀请歌手、哑剧表演者、舞蹈演员、音乐家等进行演出。

在某些情形下，场所中需要管理人员或警卫人员在场，这样人们才能够更自由舒适地使用空间。杰拉尔德·萨特尔斯（Gerald Suttles）对种族冲突比较严重的芝加哥某社区进行了一项研究。他发现，只有"当街区工作人员和警方在场维持治安时"，有不同群体参与的娱乐休闲活动才能顺利举行（Suttles，1968）[56]。

无论是通过编制计划还是主动监督，公共空间的管理者都能够鼓励不同人群使用空间。林迪认为，当管理者放弃了他们的责任，没有发挥"主人"的任何作用时，某个特定群体便极有可能宣示占用一处空间（Linday，1977）。

公共空间的设计和规划也能够对群体的领域宣示发挥作用。物质空间设计的一项重要功能是，通过提供子空间，使得不同群体在同一公共区域中共存。在某些情况下，这需要有充足的空间，比如一大片草地或海滩，这样不同群体就能拥有自己的地盘。纽约两大海滩（琼斯海滩和里斯公园）的常客们都很清楚，根据生活方式、年龄、种族和性取向的不同，这些海滩的特定地段经常被不同群体光顾。在其他情况下，这需要在环境中包含一些有界限的、性质不同的子空间。

我们已经指出，个人和群体经常宣示占有某空间，是为了进行期望的活动或达到预期状态。在某些情形下，领域宣示所涉及的管控模式或空间管理可能不足以帮助使用者实现自身目标。这就意味着空间也许需要一些改变。

改变

改变是成功的公共空间的一项重要维度。一个地方随时间发展改变的能力，是环境良好的重要标准之一（Lynch，1972b）。一个大型的案例是旧金山的社区，维尼斯 - 莫顿（Vernez-Moudon）已证明了它能够随着时间的推移而改变（Vernez-Moudon，1986）。这使得居民们能够对他们所在地区的物质和社会特征形成持久的意象。

改变具有复杂的含义，因为它会以多种不同方式发生。某些要素可能会暂时或永久性地加入其中。人们可能会携带一些装饰物、野餐桌或羽毛球网前往某个场所，改变其外观和功能。但一旦他们不再来此地，这些“松散的零件”（Nicholson，1971）就会被拆除。而有些时候，改变可能更为持久，例如涂鸦、社区壁画、游乐场重建等参与性项目（R. Moore，1978）。

当我们在考虑改变的问题时，需要确定场地的可改变性或适应性。林奇（Lynch，1981）[171] 提出了两个重要问题：第一，空间的可操作性如何？改造难度有多大？第二，这些改变一旦发生，有多大的可逆性？将空间恢复到原始状态的难度和代价有多高？从某种意义而言，可操作性涉及当前使用者的自由：他们是否能通过改造空间实现自己的目的？可逆性涉及未来使用者的自由：他们能否撤销此前使用者所做的更改，还是被迫接受这些更改？

如前所述，关于改变的一个基本例子是，越来越多的场所有了可移动桌椅，例如美国各地的市中心广场。可移动家具允许使用者在阳光下或阴凉处活动，方便他们与人交谈或独处。怀特认为，即便在几乎没有空间可移动的拥挤场所，只要稍微将椅子移动几十厘米，也能表达对附近使用者隐私的尊重（Whyte，1980）。

椅子和桌子的移动是一个小的、高度可逆的改变，人们通常会在当天结束前将它们放回原位。另一项轻松可逆的改变例证，是在曼哈顿下城区越战老兵纪念碑和华盛顿特区越战老兵纪念碑的基座和碑前放置个人纪念品（见第六章）。曼哈顿纪念碑采用不透明玻璃制成，上面刻着参与越战的老兵的日记节选、家书等字迹，吸引人们来此为老兵或参战人员献上诗歌、颂词、政治宣言、宗教物品等。华盛顿特区越战纪念碑也存在类似的情形，不过这块纪念碑更为肃穆（黑色花岗岩上刻有越战中死难老兵的姓名），因此人们较少在此放置纪念品。

通过为公共环境添加一些东西来发表个人声明或献词，最常见的形式莫过于涂鸦。尽管很多涂鸦的质量并不吸引人，但那些构思巧妙的精致画作（包括获得批准和未经批准的）为许多原本默默无闻的城市活动场所增添了某种地方感和独特性。使用者似乎还有大量机会探索如何在开放空间中建设性地留下他们暂时或永久的印迹。中世纪囚犯在伦敦塔留下的精美雕刻至今依然

在美国的公共空间中，鲜有机会为满足个人需求而改变空间。在加利福尼亚州戴维斯市的游乐场，孩子们正在搭建一匹玩具马。（马克·弗朗西斯）

可见，令人惊叹，但在当代环境中却很少有视觉表达上充满个性的例子。使用者更实质性地改变公共空间的方式是改变空间的物质形式。这种改变转而会影响公共空间中可以开展的活动类型。

有些公共空间允许、往往还会鼓励使用者对其进行广泛操作，例如冒险乐园。斯皮瓦克（Spivack）提出了冒险乐园的基本原理："在所有设计的环境中，社区游乐场可能需要最大化的空间适应性。对流动的、易变的、不可预测的游戏行为而言，环境的可操控性似乎成为一种基本属性。"（Spivack，1969）[292] 由于材料简单、花费极少或无须花费，相当多的儿童可以参与到他们游戏环境的建设和改变中。而且不管建成什么样，都可以轻而易举地恢复原状。伦敦的一些冒险乐园里，参与者为了重新开始，会在仪式性的篝火中烧毁老的构造。

特拉尼海腾冒险乐园

丹麦哥本哈根

位于哥本哈根郊区巴勒鲁普·莫鲁夫区格罗斯特鲁普的特拉内夫盖特50A；由巴勒鲁普市政府管理；于1968年竣工；面积约2英亩（约0.81公顷）。

从哥本哈根市中心乘火车很快便可到达巴勒鲁普，这是一座第二次世界大战后为哥本哈根人提供住所而新建的城镇。走出巴勒鲁普火车站，可以看到由一栋栋整齐的三到四层的住宅组成的街区，周边环绕着修剪整齐的景观植物和精心设计的游乐场。特拉尼海腾冒险乐园（丹麦语意为"儿童建造的游乐场"）隐匿在两处住宅区之间的高大树篱和栅栏背后，相对于整齐有序的丹麦社区景观而言，这里是惬意的放松之处。儿童们可以在成人的监督和帮助下，自由自在地在此建造自己的房屋，管理自己的乐园。

在欧洲和美国，冒险乐园一直是人们非常感兴趣的主题（Sorenson，Larsson，& Ledet，1973）。一些国家，如丹麦（Scharnberg，1973）和英国（Lady Allen of Hurtwood，1968）已开发了由大规模公共基金资助的冒险乐园项目。儿童家长、官员和设计师认为这些乐园能够替代呆板传统的游乐场，小孩可以对其进行操作或管控。据报道，这是一位丹麦景观设计师发现的，他发现自己设计的传统游乐场在施工阶段的使用率明显高于竣工后。儿童建造的理念已成为鼓励儿童进行景观操作的一种有效方式（Hart，1974；Ward，1978）。

特拉尼海腾冒险乐园是许多丹麦社区中的一个例子，展示了如何运用这种理念为儿童建造永久性的公共空间。该乐园的运行模式近似于学校，有固

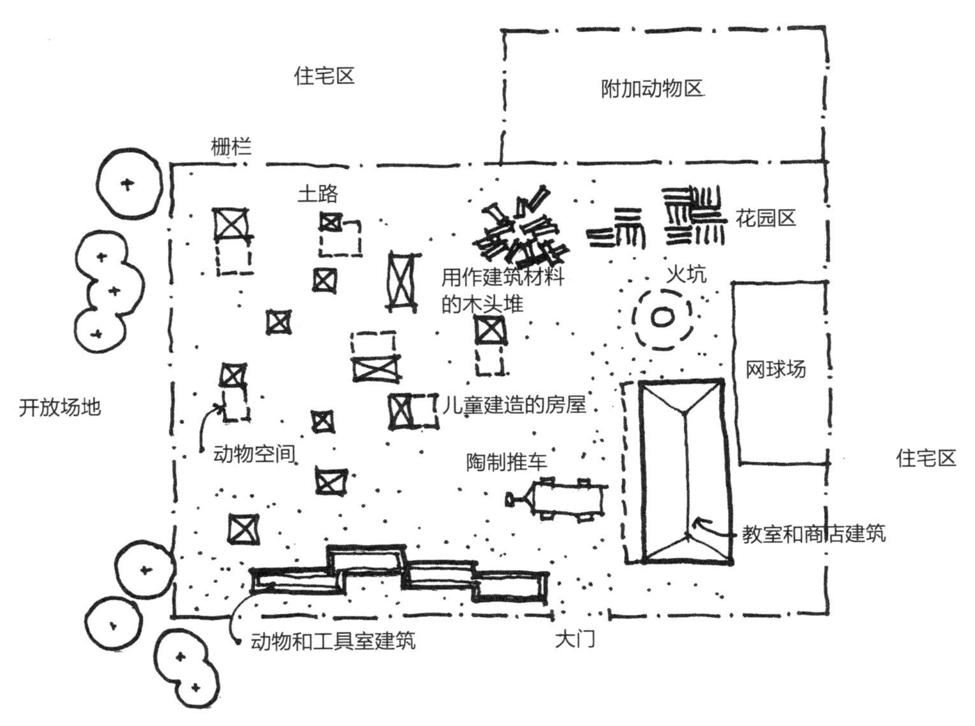

丹麦哥本哈根郊外的特拉尼海腾冒险乐园的总平面图。

定的开放时间和带薪教师。儿童从大门进入这个占地约0.81公顷的乐园时，会经过一栋新建筑，这栋建筑用作日托中心、教室和商店。场地的大部分区域作为游乐场使用，儿童可以在那里建造、改建和拆毁房屋。游乐场内还有一个动物区，这里有玩具马、兔子、猪等。动物是丹麦乐园的一个重要组成部分，为城市儿童提供了独特的机会，使他们在日常生活中可以与动物互动，并照顾它们。陶艺工作室、工具室甚至网球场都是这个多元化乐园的资源。

儿童在特拉尼海腾冒险乐园里进行的操作和建造行为有一套结构化流程。首先，该儿童必须成为乐园的会员，每月支付35克朗（约4美元）会费。例如，1973年，有138名儿童注册成为这里的会员，但候选名单上有250人左右（Sorenson，Larsson，& Ledet，1973）。每名儿童要跟随6名带薪游戏引导员中的1位学习木工课程。获得基本的建造技能后，儿童可以自由运用学到的技能，在乐园的约30个建造场地中选择其中一个进行改造或修建。将建造场地从一个儿童传给另一个并代代相传是一套复杂的体系。不像英国的冒险乐园每年都要重建，这里的房屋年复一年地保留着，只是经历了多个阶段的重建和改造。乐园边上有一大堆废木料，成了孩子们使用的建筑材料。房屋拆毁时，旧木料会在中间的火坑烧掉。剩余空间留给了园地，由乐园的会员负责照管。这里的儿童有很多机会操作和管控各类自然元素，比如动物、火、植物、木材等。

克莱尔·库珀在关于冒险乐园的一项最早、最全面的调查中，探讨了美国迟迟未采纳这种理念的原因，其中包括儿童建造乐园的“低质量”特征、父母对安全问题的顾虑以及对成人监管的需求等（Cooper, 1970）。在美国和加拿大，有少部分活跃人群参与了冒险乐园的开发，并评估了效果（参见《儿童城市通讯》,现版为《儿童环境季刊》）。一项针对美国冒险乐园的综述指出（Vance, 1982），这些乐园分布在7个州，其中伊利诺伊州、威斯康星州和加利福尼亚州建造乐园是最积极的。加利福尼亚州目前的案例有：毗邻伯克利码头的伯克利冒险乐园；坐落在一座古老的沙砾采石场内的亨廷顿海滩冒险乐园；还有尔湾市的公园管理人员在现有公园内挖了一个2.5英亩（约1.01公顷）的坑，用来建造冒险游乐区。

由于公园管理人员、儿童家长和设计师持续抵制，这种理念并未在美国流行起来。对外观和当前担责倾向的担忧，阻碍了这类场所的开发。也有人

哥本哈根特拉尼海腾冒险乐园中的火坑和儿童建造的房屋。（马克·弗朗西斯）

尝试将传统乐园的某些元素与儿童建造的乐园相结合，以满足儿童及其家长的期望（Francis，1988b）。儿童进行景观建造和操作如今被视为童年的重要组成部分。冒险乐园，如哥本哈根的特拉尼海腾冒险乐园，为公共空间设计提供了一种成功的设计模式，这种设计既提供自由又受管控。

相关案例：爱悦和前院喷泉、乡村之家社区游乐场。

使用者改变公共空间最常见的案例之一，是改变相对无差别的大型空间。在西蒙（Seamon）和诺丁（Nordin）所称的“地方芭蕾”[①]中，公共空间允许使用者不断添加和收回利于从事预期活动的元素（Seamon & Nordin，1980）。例如，在纽约中央公园和展望公园的大草坪上，经常可以看到使用者搭建大型烧烤架、吊床、排球网和帐篷来满足他们的需求。伯克利海滨的“滩涂”是手工制作标牌和雕塑的场所，每周都会更换。同样地，意大利的很多方形广场及意大利和墨西哥的许多开放式广场也会被使用者定期改变，以便举行各种活动。

尽管未清晰界定的开放空间往往允许使用者进行改变，举行不同的活动，但这样的空间并不总是合适的。在市中心区域尤其如此，提供各类座位选择及其他便利设施的广场通常最为成功。市中心的广场基本上是开放的且未被清晰界定的，通常“只是行人随意活动的大厅”（Joardar & Neill，1978）[489]。存在问题的是那些过度设计的广场或开放空间，它们为设计时所设想的每一项活动提供内在支持。虽然人们可能会对未被清晰界定的空间缺乏兴趣，但过度设计也许会磨灭个人使用和改变空间的机会，而这种改变的机会是满足使用者公共空间权利的一项重要特征。

公共空间还可以因特殊场合、活动或庆典而发生改变。意大利一些城市的广场会周期性地进行改造，用于举行赛马或足球比赛。在这些活动中，人们搭起露天看台，还可能增加新的台面——一种显著不同的空间类型被创造出来。在美国城市里，街道和公园定期用于举办街头集市、街区聚会或展览。纽约公共图书馆前的街道上，通常设有一个用于观看游行活动的看台，为这种场合做好准备。尽管也有些例外情形，但这些周期性改变通常由决策者和空间管理者而非使用者组织并实施。改变某个公共场所的平常状态，有利于

① 译者注：“地方芭蕾”（place ballet）来自地理学，是把“身体芭蕾”（body ballet）和“时空惯常”（time space routine）结合起来的一个概念。身体芭蕾指人们的综合行为有节奏地、按照习惯正常进行，有类似芭蕾舞蹈的韵律特征；时空惯常指人的一组习惯性的身体行为随着时间进行扩展，人每天的活动按照该惯常进行。地方芭蕾使人们获得身体和心理的舒适性，能唤起人们对一个地方的归属感。参见成志芬，周尚意，张宝秀．“乡愁”研究的文化地理学视角 [J]. 北京联合大学学报（人文社会科学版），2015，13（4）：64–70.

在许多规模适中的城市社区里，家的感觉可以延伸到街道上。纽约皇后区的一场街区派对。（马克·弗兰西斯）

新的活动发生，并改变使用者对该场所的看法。事实上，由官员和管理人员实施的改造可能会让普通的使用者发现自己对空间进行改变的潜力。在布鲁克林的展望公园，许多不同种类的“官方”改变，包括湖中钓鱼比赛、音乐会、由公园管理员和“公园之友”发起的活动，以及一些结构和纪念碑的翻新和重建，都给这个空间注入了活跃的形象。使用者的行为也体现了活动的增加，野餐活动比往年明显增多，人们在这里拉起了羽毛球网和排球网，旁边还用毯子和树枝搭建了帐篷和有创意的庇护所。

公共空间的管理者发现，要想增加公共空间的活跃度，最有效的方式之一是策划活动。很多市中心的购物中心如今都设有管理组织，负责指导改变空间、策划活动和事件。孟菲斯购物中心就是一例，据称这里是美国最长的购物中心，在 20 世纪 70 年代中期进行了大规模改造，用于容纳不断增加的活动安排。

不过，如果使用者参与空间开发，那么他们最有可能发现改变的机会。基于对当地开发的开放空间的研究，弗朗西斯、卡什丹和帕克森发现，社区开发项目的设计在不断发展和改变，以满足社区群体的需求（Francis，Cashdan，& Paxson，1984）。前一年的园地第二年就变成了休憩的地方。当社区群体确定需要一处庇护所，一个棚子就会搭起来。此外，作者们的结论是，当社区群体拥有自己的场地时，他们更有可能考虑将改变作为场地的一项常规特征。

所有权和支配权

事实上，所有真正的公共空间都是公众所有的，尽管其中包含的管控权可能并未被行使。对场地的支配权也许是占有的终极权利。这一点隐含在我们社会对所有权的定义中，所有权赋予业主永久的权利，在自己认为合适时处理房地产（尽管会有建筑规范和区划限制的约束）。然而，法定的所有权实际上是“一系列权利”。业主可以出售或依法被剥夺开发权、开采权和各种使用权。在这些情形下，支配权得以保留，但可能仅涉及出售权或转让法定所有权的权利。

在多数情形下，支配权代表了一种终极管控的形式，包括并超出了进入、行动、领域宣示和改变中所固有的权利。在密集的城市社区中，大型公寓建筑的业主可能会拒绝公众进入某些空间，而这些空间通常占当地可用开放空间中的很大一部分。市政公园部门往往在没有公共投入的情况下，长时间关闭大面积设施进行改造。办公楼的业主往往会限制公众进入地面层广场，或者在一年中的某些时段完全关闭这些广场。这种做法是有争议的，尤其是当公共广场被用作换取建设更高高度或更大体积建筑的差额或奖励时。

格雷斯广场

纽约州纽约市

位于曼哈顿美洲大道和第四十三街街角，毗邻格雷斯大厦；由建筑师斯基德摩尔（Skidmore）、欧文斯（Owings）和梅里尔（Merrill）设计；由司威格·威勒（Swig-Weiler）和阿诺（Arnow）管理；于1973年竣工；面积2万平方英尺（约0.19公顷）。

格雷斯广场是作为奖励区划的一部分而开发的，奖励区划是一种奖励制度，用于奖励20世纪60至70年代为曼哈顿提供公共空间的开发商。这种区划制度是新办公楼的建设者每建设1平方英尺（约0.09平方米）的广场，就允许其增加10平方英尺（约0.93平方米）的建筑面积（Whyte，1980）。1961年的决议催生了一系列的城市广场，1975年出台的修正案制定了具体导则，使这些广场对公众“负责”（Whyte，1980）。还规定了关于租赁空间进行商业活动的条款。

格雷斯广场最初是由该大楼的主要租户格雷斯公司租赁的。格雷斯公司已将其业务迁至另一个州，但在新租户到来之前，该公司名称仍保留着。格雷斯赞助了一项学生竞赛，对原先只有一张长椅和一棵树的光秃秃的广场进行重新设计。不过那些想法并没有直接应用到最终的设计中，最后只是在广场放置了两排盆栽树和一系列长椅。在南面的边界处，沿着与隔壁建筑共用的一堵墙，有一排长椅。1980 年，这里放了一个液态塑料的动感雕塑，几年后被拆除。该广场被用作位于美洲大道（原名第六大道，现在非官方仍这么称呼）1114 号建筑的正式入口。它还有一个通往地下车库的入口。广场下方的空间租给了纽约城市大学研究生院和大学中心，作为图书馆使用。由于此空间被占用，广场的开发受到了一些限制。因为开放空间面层下的防水膜不能穿透，潜在泄漏的可能限制了这块场地的用途。

关于这个案例的信息，部分是基于 1980 年纽约城市大学研究生院环境心理学课程的一些师生对该广场做的设计分析，以及他们所做的定期更新。由于靠得近，这个群体已经观察这里一段时间了。这项工作为人们提供了进行系统观察以及审视该场地的其他研究的机会，包括一项结合了布莱恩特公园的研究（Nager & Wentworth，1976）以及公共空间计划的研究（Project for the Public Space，1979）。

格雷斯广场很好地体现了许多城市开放空间面临的困境，特别是那些属于奖励区划范畴的空间。因为这些广场的开发源于开发商希望在毗邻建筑中增加商业空间，而不是为了满足使用者的需求，因此这些广场往往会遇到不速之客、严重的问题以及关于其恰当性的质疑。

从 1974 年 3 月落成至今，格雷斯广场一直受到严重质疑。起初，批评的矛头指向光秃秃的场地，缺乏任何可能吸引使用者的特征。一大片广阔空间多数时候只有一些树木和长椅，随着时间的推移，所做的改变仅仅是重新安排了植物和座位，增加了一些树木和长椅以及一座液态塑料雕塑。《纽约时报》的保罗·戈德伯格（Paul Goldberger）等建筑评论家认为它是纽约市不够成功

纽约市的格雷斯广场是一块城市空地。自从 1979 年拍摄这张照片以来，这里一直没有改变。只是有时安保人员会牵着一条训练有素的警卫犬在此巡逻。（马克 · 弗朗西斯）

的广场之一。

该场地的特征似乎令当地的上班族反感，却吸引了一小撮“不受欢迎的人”。这些使用者中，有些是附近布莱恩特公园“清理”和翻新完成后“容纳不下的人”。广场管理者抱怨这里会发生一些涉及暴力的事件，尽管他们试图通过偶尔举行的夏季音乐会来吸引人群，但这个广场仍然是由一撮使用者群体主导，而排斥其他使用者。

这个问题的解决方案是，于1981年夏天建造了一道两端开口的、6英尺（约1.83米）高的带尖刺的铁栅栏。当时给出的解释是，这样做提供了保护，使广场免受旁边正在大规模翻新的建筑残骸的影响。这道栅栏违反了该市的区划法，建成不到一年，最终在次年6月被拆除了。

经过对场地的观察，研究小组发现，这里用途有限，缺少不同类型的使用者，几乎没什么能吸引人去广场。只有当大热天人们寻找阴凉处时，这个多风、没有阳光的角落才是舒适的。但即便如此，除了过路的人以及贩卖毒品或“闲逛”的“街头流浪汉”，这里几乎没有使用者。

显然，除了夏季音乐会，这里缺乏强有力的用途，并且对随意前来的使用者也几乎没什么管控。这里被描述为“活动多样性”较低（Nager & Wentworth，1976）。其有限的资源仅用于非常有限的用途：观看第四十三街和美洲大道沿途的人来人往，以及寻找遮阴的可能。到了冬天，这里寒风呼啸，缺乏阳光和遮蔽物，除了最抗寒的人，其他人很少出没。事实上，第四十三街街角有阳光直射的一小块地方，是唯一除了行人还有其他人的。除此之外，这里一无所有——没有摊贩，没有商店，既不舒适，又毫无趣味。人们第一次看到这个液态塑料雕塑时，可能会对它有些兴趣，但普遍反应并不热烈。这个雕塑也不足以吸引更多的路人。

设计分析小组的建议之一是，重新设计对当地上班族有用的便利设施——商店或售货亭，提供食物、书籍、衣服、鲜花、水果、报纸等，诸如此类在该地区很难获得的物品。为使广场更具吸引力，还建议在设计中融入强烈的元素，这种元素不仅能增加广场的色彩和趣味性，而且对人们也有用。可以选择将一幅巨大的曼哈顿马赛克地图嵌入地面或墙壁，尽管还有很多其他选择。这种设计特征将增加广场的独特性或可意象性，提供一个当下非常缺乏的焦点（Nager & Wentworth，1976）。如果有理由使用广场，预计人们可能就会被吸引到那里，从而减轻目前认为的单一类型的使用者会排斥更广泛使用群体的影响。

广场管理者制定了一项计划，计划将广场封闭起来建一栋购物中心。这项提案引发了对公共空间潜在私有化的公共讨论。此提案接下来还需要变更区划法规。这个项目如今已被弃置。

广场被管理者以及潜在使用者认为是由“不受欢迎的人”所主导，因而引发了管控权的问题。可达性是公共场所的基本要求，特定使用群体或管理者若对其进行限制，就侵犯了这项权利。我们主张空间中人的混合，通过设计鼓励人群马赛克式组合，使得每个群体都能满足自己的需求而不违背他人的需求。同样，必须评定管理者侵犯公众权利的责任，格雷斯广场的栅栏就是这种侵犯。有趣的是，这道栅栏把“不受欢迎的人”转移到了广场的外围，他们就停留在这道障碍物的街道那侧。后来这里又增加了一名安保人员，在天气好的时候带着狗在广场上巡逻，此举扩大了使用者的范围，并消除了大部分的毒品交易，至少在白天是这样。

格雷斯广场的管控权问题折射出许多其他城市的类似经历。在社会、种族和经济背景混杂，人们利益不同的城市地区更是如此。在大型公园里，人们可以找到他们自己的地方，举行不同的活动，不一定会有冲突。但在格雷斯广场这样的小空间中，重要的是场所本身要支持使用者安静地独坐、与人交往、寻求舒适，或欣赏一些有趣的事物。就此而言，它基本上失败了。

相关案例：波士顿市政厅广场、布莱恩特公园、乔治蓬皮杜中心广场、自由广场、佩讯公园、入口广场——洛厄尔州立遗产公园。

一些传统的所有权形式使得业主能够保持绝对管控权，以利于某个小群体（办公楼管理者和员工、公寓楼居民）或一般公众（最终享受到升级翻新设施的公园使用者）。这些可上锁的公园的出入自由是无可置疑的，体现了所有权的终极权利。企业管控所有权的一个案例是泛美红木公园，这是旧金山的一座“可上锁的公园”，白天对公众开放，晚上关闭。

最近，另一种所有权形式也变得突出：开放空间的社区所有权。与其他开放空间相比，当地居民对场地的所有权被认为与以下内容相关：更好地响应社区需求、降低维护成本、减少破坏公物的行为，以及经常性的调整和改变（Francis，1989b；Francis，Cashdan，& Paxson，1984）。

有几种不同类型的管控与社区所有权相关。第一种类型限定只有少部分社区居民可以进入和使用。其中一个原型是纽约格拉梅西公园，只有周边公寓楼的房客才有钥匙进入，其他人只能从外面注视公园。一些最近开发的社区所有的花园也采用了这种模式。纽约的例子有格林威治村的杰斐逊市场公园和克林顿社区的克林顿花园，只发放了数百把钥匙供少量居民使用。

第二种管控类型存在于许多社区所有的花园和公园中，它们在有社区成员在场时对公众开放，但在其他时间会围上栅栏并关闭。在这些案例中，限

怀科夫·邦德花园是在纽约市布鲁克林区的一片废墟上由社区建造和所有的开放空间。（马克·弗朗西斯）

制出入通常是因为担心公物受到破坏或场地脆弱。

第三种类型包括一些全天候完全向公众开放的社区所有的场所。比如纽约格兰德街滨水公园（见第四章）和纽约西区社区公园的大部分区域。因此，社区管控具有多种维度，应用于公共空间时也有多种方式。

改变与所有权之间存在着密切关系。如果我们承认人们拥有某个公共空间，那么当场地不再能满足其需求时，他们就有权进行改变。可以与此相提并论的是，当民意代表不再为公众服务时，公众有权进行改选；当统治者变得无法容忍并拒绝交出权力时，那么即使在民主国家，公众也有革命的终极权利。以一种较温和的形式，许多组织“之友”，也是特定公共空间的倡导者，成功地游说了中央公园的变革且随后支配了它的翻新。

尽管大型公园和地方的社区空间也许更容易实施这种形式的政治行动，但很多其他类型的公共场所却处于夹缝之中，无论它们多么需要改变。这表明需要增强使用者的意识，也需要有利于这些场所的新结构。随着公共空间支持者和媒体的更多关注，与此前相比，变革的努力可能会扩展到比当前更广泛的环境中。

波士顿公地和公园

马萨诸塞州波士顿

位于博伊尔斯顿、特利蒙特、阿林顿和贝肯街区；由波士顿园林部门管理。

波士顿公地和公园并排坐落于市中心，但二者的建成时间几乎相差了两百年。它们在这座城市的生活中各自扮演着重要而又截然不同的角色。波士顿公地长期与公民和政治自由的理想联系在一起，一直是市区最受欢迎的政治抗议场所，而公园则一直是波士顿公共开放空间中的“贵妇”——一处市中心宁静、优雅的绿洲。尽管波士顿发生了巨大变革，但这两座公园一直保持着重要的象征意义和历史意义。事实证明，这对确立两座公园使用、管理和维护中自由与管控的界限至关重要。

波士顿公地于1640年根据殖民地法令修建，最初用作军事训练基地和公共牧场。此后，随着城市的开发，土地不再适宜放牧，公地开始成为各种重要历史事件和市民庆典发生的场所，这些都加深了其象征意义。正如沃尔特·费雷在《波士顿市中心的土地利用》中所指出的，这种象征意义最终超越了实

波士顿公园和著名的天鹅船。（伊丽莎白·马奇）

际事件，开始不再与“英国营地”或“庆祝康沃利斯投降”联系在一起，而是与更普遍的国家意识和公民自由联系在一起（Firey，1968）。

波士顿公地一直是这座城市中最公共的公共开放空间。市民认为，他们在此集会和表达意见的权利受到了历史的认可，公地为几乎所有示威活动赋予了象征意义。它的开放性和通往街道的可达性也为那些选择参与的人群提供了一种舒适和安全的感觉。

然而，随着波士顿社会越来越多元化，这座公地对有些人来说已经没有什么象征意义了。对这些人而言，它的价值不在于历史，而在于它如今提供的设施和机会。公地被越来越多地用于举行各种活动——包括合法的和非法的——很多人认为这与其历史特征不符，不利于它的长期健康发展。尤其值得关注的是破坏公物、毒品交易、路边赌博等行为，它们影响到公众对公园安全的感知。很多人认为，这些行为以及“不受欢迎的人”的存在限制了他们安全舒适地使用公园的权利，也限制了他们将公园用于预期的用途。

波士顿公地的管控力度明显低于毗邻的、受到精心维护的波士顿公园。公地司空见惯的简陋条件至少部分反映了它所吸引的使用者类型更广泛，允许在此开展的活动和行为类型也更广泛。尽管公园管理条例明确规定了不当行为，但警方往往无法或不愿关注那些被他们认为轻微的违法行为。

遗憾的是，公众使用空间的自由与施加某些限制和管控的必要性之间很难取得令人满意的平衡。这里存在一些问题，例如，谁应该承担在波士顿公

音乐台是波士顿公地中大型聚会的焦点。（伊丽莎白·马奇）

地大型集会所造成的破坏的成本。近年来，这座城市开始要求收取押金，如果集会造成重大破坏或参加集会的人们乱扔垃圾，押金将被没收。尽管这种做法的合法性在法庭上成功地受到质疑，但大部分群体仍遵守这项要求。虽然人们越来越认识到，公众必须开始分担管控和维护公共开放空间的责任，但公地的历史和象征意义要求这座城市特别注意保护和支持其公民历来被认可的自由。

相比波士顿公地，波士顿公园的意义在于保持了高度的管控。波士顿公园建成于1838年，是美国第一座公共植物园。如今，这里有着古老的树木和季节性的花卉展览，成为波士顿最优雅、维护最好的公共开放空间之一。尽管波士顿公园像波士顿公地一样，均由城市公园与娱乐管理局负责管理，但自20世纪70年代初以来，"公共花园之友"这个私人非营利市民团体一直在与该市官方进行密切合作，共同维护和升级这座公园。该组织感兴趣的是将这里保护为"一处美丽雅静、无人侵占和过度使用的场所"，他们发起了一系列筹资活动，并担任这座城市的园艺顾问。要维持公园的原有特征和用途，显然要限制某些活动，尤其是在维护资金被削减的情况下。

波士顿公园发布了很多关于恰当行为类型的信息，既有明确的，也有含蓄的。主入口张贴了规则清单：禁止骑自行车，禁止滑轮滑，禁止嬉水，禁止遛狗和玩飞盘，禁止在指定草坪上行走。这些规则不仅在入口处可见，还体现在公园的设计和维护中。公园设在一道熟铁栅栏的后面，它庄重的设计和高水平的维护充分表明，某些活动如触身式橄榄球是不适合的。同样重要的管控方式是大部分选择遵守多数规则的访客的行为。当然，并非人人如此。人们常常坐在草坪上（草坪经过了精心维护和修整，让人几乎无法拒绝诱惑）、爬树、戏水，或蜷缩在长椅上小睡一会儿。与波士顿公地一样，警察很少执行相关规章。

尽管这些违规行为看似很轻微，但"公共花园之友"组织仍对此非常关注。他们认为，这些行为对植物以及公众对公园舒适度和安全感的感知造成了破坏性影响。他们关注的不是管控哪些人准入公园，而是限制在此进行的活动。他们的目标是维护公园，将其作为一项重要的历史资源，同时保护公众享有将公园用于预期用途的自由。继中央公园保护委员会的成功案例之后，"公共花园之友"正在筹集资金，为波士顿公地和公园招募城市公园管理员。他们认为，这些管理者能为两座公园提供它们所需的截然不同但具有持续性的监管方式。

了解公共空间能够用于哪些特定用途及准确评估用于维护的资金和人员非常重要，波士顿公地和波士顿公园的例子也清楚地表明，在分析和评估自由与管控之间的平衡时，需要理解场所的象征意义和历史意义以及不断变化的条件。

相关案例：中央公园、布莱恩特公园。

总结

“公共开放空间”一词意味着使用一个地方的自由，但很多限制因素禁止或阻碍了公众行使他们的权利。我们确认了一些对促进这些权利至关重要的属性。**出入自由**是一项基本要求，物质、视觉和象征性的障碍会限制公共场所的可用性。**行动自由**就是使用一个地方的权利，也是必要的，但这要求在相互竞争的利益、规则和条例之间达成和解。这项权利既包括不受骚扰和干扰的自由，也包括以所希望的方式使用一个地方的自由。**领域宣示**代表着个人或群体因个人用途占用空间的权利。在某些情形下，领域宣示是由社区出于自身需求通过收回空间做出的。在其他情况下，领域宣示是针对共有空间而做出的，这需要在个人或群体的占用与其他使用者的权利之间取得平衡。**改变**环境的自由，即暂时或永久地添加、删除或改变元素的自由，代表了一种对拥有**所有权和支配权**的地方做出个人声明的方式，这是对权利的终极行使。但自由与管控的分布并不均衡，部分是由于文化限制，部分是由于设计和管理政策。理解人们如何及为何被排斥，以及公共空间使用者在何种条件下取得管控权，是促进公共空间权利行使的非常重要的第一步。

第六章　公共空间的意义与关联

凯文·林奇的《城市意象》（Lynch，1963）影响深远。在这本书出版二十年后，林奇进行了反思，对这项研究及其研究方法提出了批判（Lynch，1984）。事后看来，他对当初只强调场所的物质属性感到不安："最初的研究没有考虑场所的意义，只讨论公共空间的特性及其构成的更大整体。当然，这并未成功。意义总是潜移默化地融入每份草图和评论中，人们情不自禁地将周围环境跟自己的余生联系在一起。"（Lynch，1984）[158]

意义与关联的重要性

人们需要与世界建立联系，其中一些联系来自他们所居住的空间以及在这些空间中发生的活动。公共空间的体验会随着时间的流逝产生意义，如果这些意义是积极的，则会带来超越环境直接体验的联系（Appleyard，1979；Rapoport，1982）。这种联系建立在场所与个人生活之间，并通过人的生物和心理现实，通过自然、成长和性行为联结到有价值的群体，联结到整个文化及其历史、经济和政治生活，或象征性地联结到宇宙或其他世界。在讨论场所意义这一层面时，林奇认为："好的场所应当在某种程度上适合个人及其文化，使其能够意识到自己的社区、过去、生活圈以及他们所在的时空宇宙。"（Lynch，1981）[142]

若想某一空间变得有意义且人们能与其建立关联，必须满足许多基本要求。首先，借用林奇分析中使用的词汇，这一空间必须是"可识别的"（Lynch，1963）。为了使空间可识别，尤其是对于公共区域，必须具有方便潜在使用者理解的可识别线索，这些线索可以传达空间的属性以及是否欢迎人们的到来。这是一个能够"吸引眼睛和耳朵、引起更多注意和参与"（Lynch，1963）[10] 的场所。尽管一个环境无法吸引所有路人，但应期待其可以吸引一部分人。一块空地可以被解读为年轻球手们的资源，但对于当地成年人来说，则可能是个讨厌的地方。可识别性作为一个场所的实力，要能传达以下信息：首先，该场所是向使用者开放的；其次，当使用者进入该场所后，可以在这里进行哪些活动。尽管可识别性对于意义的发展来说是必需的，但还不够。

公共空间若要产生意义，必须是可识别的。位于华盛顿的华盛顿纪念碑和倒影池。（马克·弗朗西斯）

为了使人们看到某一场所的积极意义，该场所必须能够与人们的生活产生共鸣，并逐步建立可与空间产生联系的使用模式。如果人们能看到某些可能性，并与他人分享目标，则会加强他们与该场所之间的联系。空间很可能通过丰富人们生活的方式，满足人们的需求和权利。在更高的层面上，这一地点也可以是令人回味的地方，一个充满个人、家庭、群体或文化记忆和体验的地方，将每个人与更大的实体、群体记忆或体验联系起来。该场所可以唤起强烈的关心、归属感和关爱之情，对于人们的生活而言具有重要意义。

东京皇宫承载着文化记忆，所以成为拍照留念的重要地点。（马克·弗朗西斯）

但是时间和历史并不会以文字形式记录人们的故事。它们会给个人或群体留下线索，对于他们而言，这个符号是有意义的。人们与场所之间会通过多种方式产生重要关联。为了建立关联，场地必须具有相关性。相关性体现在几个层面上。在个人使用者层面，场所必须能够满足需求（前面章节已有讨论）。例如，一个位于人口密集社区的小公园，如果不能提供积极参与的机会，如社交或娱乐，就可能缺乏相关性。在文化层面，场地必须与文化规范和实践保持一致。简森指出，美国许多当代广场的设计，以源自欧洲中世纪和文艺复兴时期的意象为基础，很大程度上与当代的美国城市没有相关性（Jensen，1981）。简森认为，造成这种不相关性的原因在于，几个世纪前在欧洲广场上进行的“公共和政治交流”，在当代美国已日益变得私人化。一个与人们的文化生活和思想格格不入的场地不太可能得到很好的利用，也无法培养出我们称之为“关联”的象征性意义。

尽管我们强调社会意义和关联，但这一维度也可以应用于场地的物质属性上。物质关联的基础是一个场所的地理位置、设计、资源和布局在多大程度上反映出周围的区域，即场地与其所在环境之间的关系。有力的、引起共鸣的刺激能够促进这些关联，但设计通常过于复杂，充满了对“文脉主义”的尝试，仅仅成为陈词滥调的集合。显然，这种类型的关联不会存在于一个地区的人们之外，因为正是他们的判断决定了这个场地的重要性及其与周围环境的关系。

若要某一空间具有意义，其他属性也是必要的。首先，空间必须足够舒适，才会发生与之相关的体验。如果纽约公共图书馆的台阶上不欢迎人们就座，或者说，如果管理制度禁止人们逗留，那么，人们就不可能像现在这样蜂拥而至。其次，积极的意义来自空间与人们之间的积极关联，这种关联可以产生归属感和安全感，人们可以从中感受到个人权利能够得到保护。有很多公共空间产生了消极的意义，传达了不鼓励使用该空间的信息，至少对某些公众来说是如此。当某一环境似乎被不友好的、危险的或缺少同情心的人（例如毒品交易者）占据时，可能会使其他的潜在使用者不敢进入此地。它们产生的意义是令人不快的。人们不会与那个地方建立联系，因为这种联系需要积极的意义，而积极的意义以令人满意的体验为基础。场所与人之间的关联可能存在于多个层面：相似背景群体的文化关联；观看演出的观众的共有经历，因在场的其他人而得以加深；共同使用公共区域的家人、朋友或熟人之间的人际关系。

领域宣示和改变空间的能力也能促进空间联系，研究社区参与问题的研究人员曾提出过这一观点（例如 Francis，Cashdan，& Paxson，1984）。

波士顿滨水公园

马萨诸塞州波士顿市

又称“克里斯托弗·哥伦布公园”；位于长码头和商务码头之间的大西洋大道；由佐佐木事务所（佐佐木，景观设计师）设计；竣工于1976年；造价250万美元，面积4.5英亩（约1.82公顷）。

1964年以来，波士顿市和私人投资者花费了数百万美元复兴波士顿滨水区。尽管有人会说力度不够，但作为这项努力的一部分，这座城市公开支持一项允许公众沿海边通行的长期计划，其目标是从物质和象征意义上将这座城市与大海重新连接在一起。滨水公园是滨水区唯一的大型开放空间，是这座城市规划的基石。作为波士顿始于灯塔山的步行道“走向大海”的终点，滨水公园曾经在成功呈现波士顿与海洋的联系方面扮演着重要角色。

公园的地理位置给公园与城市建立强烈的关联造成很多障碍。大西洋大道是构成公园西部边界的重要道路，位于高架道路东南高速公路的下方。同时，这些道路也在城市与滨水区之间形成了巨大的物质屏障和视觉屏障。遗憾的是，新建的海滨酒店沿公园南侧建造了一堵墙，加剧了这种与城市之间的隔阂感。尽管这座酒店的确设计了一条从酒店中心穿过的公共人行通道，但这一通道不过是酒店的大堂而已。大多数行人为了到达位于酒店另一侧的新英格兰水族馆，会步行回到大西洋大道。

公园的设计相当复杂，包括多个独立的活动区域。紧临水岸的区域是一个鹅卵石铺砌的大型广场。广场的后方是一片宽阔的斜坡草坪，草坪以可就

波士顿滨水公园及周围环境鸟瞰图。（斯蒂芬·卡尔）

坐的矮墙为边界，并被一段楼梯一分为二，这段楼梯通往一处花格架长廊。公园内还包括一片儿童游乐区、一处带有喷泉的小型广场、一个玫瑰园，以及沿大西洋大道的大型草坪区。

遗憾的是，滨水公园的设计并没有建立起能够显著提高其成功率的联系。鉴于滨水区公共开放空间有限，而水体本身有明显的吸引力，与水域建立强有力的物质性和象征性的关联是至关重要的。然而，大量的植被、堆土和海拔高度的变化导致无法从公园内和大西洋大道的多处地点欣赏水景。这种遮挡邻近道路的特殊解决方案，牺牲了很多可以与该地点最引人注目的特征形成强烈视觉关联的重要机会。

尽管设计师尝试通过使用建筑材料、路桩、灯具，甚至是航海主题的游乐构筑物来加强与海的关联，但其他元素，如大草坪、土堆、大量植被和木质花格架，为公园赋予了近乎郊区的特征，与城市滨水区的区位不协调。能感觉到的是，在尽力满足各类使用者——如北边的意大利人社区居民、海滨的富人区居民、“走向大海”步行道的游客、期待瞥见水景的波士顿人——的需求时，该设计没能利用波士顿近年来仅有的机会，将这座城市与大海重新强有力地连接起来。这是一个需要大胆的，甚至是根本性解决方案的场所和目标；一个本应能够表达和成功呈现这一独特位置的城市属性和自然属性的场所和目标。遗憾的是，复杂而凌乱的滨水公园没有满足这两点要求。

在理解空间如何为人们发展个人意义时，必须考虑人类发展的本质以及日常生活中的特征和行为。所有活动均以场所为基础。尽管与他人的接触构成了最有力的学习经历，但这些关系是建立在有助于人际关系体验的环境中的。家庭经历非常重要，但并不是唯一重要的经历。随着孩子们逐渐长大，他们玩耍的环境、学校、到访他人住所和办公室的活动、对当地社区的探索以及旅行经历，都会促进其自身发展及个性和自我意识的形成。这一过程会随着时间的推移，产生大量与环境相关的丰富记忆，成为个人的一部分，就像人的家庭经历、智力、天赋、个性和外貌一样，将个体标记为一个与众不同的人。并非所有的人际关系体验都是愉快的，也并不是所有的环境经历都是愉悦的。尽管如此，它们仍是人们性格、对环境的偏好和世界观的组成部分，也是人们与场所联系的组成部分（Rivline & Wolfe，1985）。

个体的关联

假设使用者与某一环境之间存在一定程度的“相关性”或一致性，使用该环境可能会产生象征性关联。这种关联通常存在于个体层面。林奇认为，这种个体关联非常重要，但经常在关于环境保护的讨论中被忽视："如果审视日常生活中的情感，我们会发现，历史纪念意义只占很小一部分。我们最强烈的情感与我们自己的生活、与家人和朋友的生活相关……因此，能够唤起我们回忆的关键事物是与我们的童年、我们的父母，也有可能是祖父母的生活密切相关的事物。"（Lynch，1972b）[60-61]

这种形式的关联可能很大程度上是与个人相关的，例如，个人童年或重要的生活事件与户外某一特定空间之间的联系。此类空间具有特定意义，可能有助于维持一个人生命不同阶段之间的连续性。这种特定的意义被人们用多种方式表达出来，包括他们对童年场所的怀旧描述。这些记忆的重要性正变得越来越明显。社会科学家用"空间认同"（M. Fried，1963）和"场所认同"（Proshansky，1978）来描述场所在人们的自我认知、个人认同感的发展中起到的作用。

童年时代钟爱的场所对于人们之后的生活是有意义的，为人们提供了良好的空间原型。"三叶草小路"，珍妮最喜欢的地方。加利福尼亚州戴维斯市的乡村之家。（马克·弗朗西斯）

入口广场——洛厄尔州立遗产公园

马萨诸塞州洛厄尔市

位于沙特克、市场和巴顿街之间的梅里马克运河上；由卡尔、林奇事务所设计；由马萨诸塞州环境管理局管理；竣工于 1984 年；面积 0.5 英亩（约 0.20 公顷）。

洛厄尔曾是美国第一个有规划的工业城市。近年来，该市已被指定为首个国家级城市遗产公园。马萨诸塞州与联邦政府联合打造了一系列展览和连通的空间，以反映和诠释洛厄尔的城市结构及历史。入口广场是游客进入此处遇到的第一个外部空间，旨在介绍公园主题，以及帮助游客了解该特定地点的历史和意义。

设计者希望打造一处经久不衰的城市空间，使其既能融入其所在环境，又能满足附近居民以及只来公园一次的游客们的需求。他们设定了四个目标：诠释洛厄尔的特点和历史；纪念这个地方不同寻常的历史，包括梅里马克运河、现存的一组水闸、水力发电的重要性，以及原亨廷顿大厅，该大厅曾作为大批移民进入城市的火车站；满足游客需要休息和放松场所的需求，该场所既可用于聚会，也可用作个人的退避之所；满足洛厄尔市民的需求，尤其是附近老年住宅里的住户。

面对需要建造两个独立但紧密相连的广场的挑战，设计师们呈现了两个明显不同但又具有共同元素如路灯、长凳和铺地的广场。西广场旨在唤起人们的回忆，纪念曾经为纺织厂提供动力的洛厄尔运河系统。东广场令人回想起纺织工人，他们来到这座城市，迎接他们的是维多利亚时代的景象，而与之形成鲜明对比的现实是长时间的纺织工作和压抑的环境。这些主题在迈克大厦中得到升华，这是一座位于两个广场之间的历史建筑，陈列着与水力发电和纺织生活相关的展品。

西广场被设计成带有砖铺地、树丛和喷泉的传统的城市场所。北面以设有一组水闸的梅里马克运河为界。大批游客汇聚于此，聆听公园管理员讲述运河系统。喷泉连同它那粗凿的花岗岩砌块和运河建造者的雕塑，令人回想起这些伟大的工程及其建造者。树丛是一处阴凉宜人的区域，可以供游客在休息和用餐的同时，观赏运河和喷泉的景色。这里也是附近老年人小坐的好地方，既能看到游客的活动，又远离车流。

东广场被分为两个区域，都没有大面积的树冠。在遗址的北侧，一个砖砌的筒形拱顶覆盖着从原亨廷顿大厅下面流经的运河。设计师说服客户将这一非凡且神秘的工业考古学作品暴露并保存了下来。为了衬托和进一步揭示筒形拱顶，穿过东广场和拱顶周围的亨廷顿大厅采用花岗岩勾勒轮廓。该轮廓还穿过了围栏花园中的植物一角。东广场的东北角建了一面墙，作为亨廷顿大厅一楼外立面的复制品。东广场北侧，修复后的两厢火车中的第一节车厢被安放在新的轨道上，与原先火车在亨廷顿大厅外等候的位置相同。

东广场南面，设计者在原亨廷顿大厅的前院设计了一个带围栏的花园。这是维多利亚时期洛厄尔普遍采用的一种花园形式，它有一些典型的元素，如在

位于西广场的喷泉使人回想起运河的修建。马萨诸塞州洛厄尔州立遗产公园。（斯蒂芬·卡尔）

水闸、带有旧客运车厢的轨道、重建的原车站山墙都印证着这个地方此前的用途。马萨诸塞州洛厄尔州立遗产公园。（斯蒂芬·卡尔）

修剪整齐的草坪上种植玉簪、萱草及蕨类植物。围栏和现场布置的细节都会使人回想起那个时期。这座花园营造了一处既独立又可见的环境，供人放松和沉思。

与宁静的花园形成鲜明对比的是从围栏上方隐约可见的一个 18 英尺（约

5.49 米）的皮带轮，这个皮带轮被放置在视觉轴线的尽头，该轴线始于附近的纺织市场拱廊。这里吸引了从公园活动中心出来的游客的注意力，提醒人们纺织厂恶劣的工作条件。它也标志着迈克大厦水力发电展览的入口。

虽然游客与居民的需求和权利对本设计的形成非常重要，但创造一处有意义的场所的愿望是更主要的动机。这个广场诠释了如何回溯一个地点的特定历史以及一些唤起更大历史背景的技术。在历史公园的环境中，这是一种恰当且有效的设计方法。在许多其他的城市环境中，过分强调历史可能会产生模仿拼凑的虚幻感。

与场所的关联需要体验，才能够培养一种根植感，段义孚（Yi-Fu Tuan）将根植感描述为“一种不需要考虑的状态，在这种状态中，人的个性与周围环境融为一体”（Tuan，1980）[6]。尽管段义孚认为这是一种理想状态，但他对其发生在当代美国社会持悲观态度。不过虽然根植感在今天可能很难实现，但从人们对他们曾经生活过的地方的描述来看，它并未完全消失（M.Fried，1963；Rivlin, 1982，1987）。

这一过程被普罗尚斯基和他的同事描述为场所认同，即环境对自我认同发展的贡献（Proshansky，Fabian，& Kaminoff，1983）。它在很大程度上是社会关系的产物，包括“对个人生活在其中的物质世界的认知。这些认

与围栏花园相比，皮带轮唤起人们对纺织厂艰苦生活的回忆，同时标志着水力发电展览的入口。马萨诸塞州洛厄尔州立遗产公园。（斯蒂芬·卡尔）

知体现为记忆、思想、感情、态度、价值观、偏好、意义，以及行为和体验的观念，这些观念与决定每个人日常生活的物质环境的多样性和复杂性相关”（Proshansky，Fabrian，& Kaminoff，1983）[59]。场所认同并不是自我认同的一个组成部分。更确切地说，它是“关于特定物质环境和各类环境的记忆、观念、理解、思想和相关感觉的集合”（Proshansky，Fabian，& Kaminoff，1983）[60]。按照这种表述，场所认同在整个生命周期内既“持久”又“变化”。

普罗尚斯基将公共空间中的体验，尤其是在其中发生的社会交往，作为对场所认同的贡献。在这些环境中与他人相处并学会在其中找到自己的位置，有助于确定自我意识（Proshansky，1978）。游乐场、校园、当地公园，当然还有街道，都是儿童和青少年学习协商领地的环境，这些环境可以考验他们的各种能力，尤其是社交能力和身体素质。尽管随着时间推移，场所和活动的内容会发生变化，但这一过程对成年人来说仍在继续。

场所对人的个性的贡献在环境自传体著作中被反复提及，环境自传体技术鼓励人们描述对自己而言的重要场所。这些描述，有时还包括图画，都是证实场所体验和累积的记忆会影响自我意象以及对特定对象、住房类型和环境的偏好的强有力方式。克莱尔·库珀·马库斯（Cooper Marcus，1978 a, 1978 c）、弗洛伦斯·拉德（Ladd，1978）和肯尼斯·赫尔普汉德（Helphand，1976）的著作中提供了这些影响及其对人们生活产生持久效应的案例。如果我们的记忆、自我意识和抱负都与环境意象融合在一起，如同自传体作品所表明的那样，那么我们的环境质量就不仅仅是令人愉悦的便利设施，还是决定我们是什么样的人的一个因素。

童年空间，尤其是偶然形成的空间，是很多孩子日常生活的一部分，无论他们生活在乡村、郊区还是城市环境中。作为游乐场地的空地也许是一成不变的，却能唤起很多当代成年人的真实记忆。街角聚集地仍然是青少年的“闲逛场所”，尽管在某些地区，它正在被购物商场所取代。

随着时间的推移，**个体空间**会沿着熟悉的路径发展起来。它们可以成为一处远离住所的家、一个安全的地方、一个外部世界中的庇护所。许多不同种类的场所均可承担这一功能，包括日常玩耍的校园、作为家庭购物场所的商店店面、作为人们生活体验中心的社区公园、成为游乐场的当地街道，或是可以见到预料中的人以及进行熟悉活动的住宅门廊或后院。这些平常空间的恰当选址、保护、范围和设计，可以极大地增强个体意义方面的潜力（见第五章乌纳夫案例）。

尽管安全稳妥的合适位置是个人公共生活的一个方面，但还存在其他的关联，如与**哺育空间**的关联，这类场所提供食物以及源自当地居民和服务的

在加利福尼亚州戴维斯市，挖开道路种植遮阴树是一段难忘的经历，既有个人意义，又有象征性意义。（马克·弗朗西斯）

回忆。在过去，当地购物提供了很多体验，许多地区可能还会继续这样做。但对于越来越多的人来说，超市和购物商场已经取代了街边的杂货店。这些体验在农贸市场的复兴中得以重现，为当代作者所称道（Biesenthal & Wilson，1980；Sommer，1980）。比森塔尔（Biesenthal）在对加拿大公共市场的分析中描述了其基本特征："市场的传统已经代代相传了数千年，并被商人和殖民者传播到了数千英里之外。纵观历史，市场有三个基本特征，即对社区中的所有买家和卖家开放；经营当地买卖，主要是食品；受到监管和监督，以确保消费者免受无良卖家的侵害。"（Biesenthal & Wilson，1980）[4]

索莫尔、赫利克和索莫尔指出了公共市场的另一个特性——它是社区的聚集场所，是买卖双方可以对交换产生特定兴趣的个人购物形式。因此，比起超市和购物商场，在在此处购物可能是一次更有意义的经历（Sommer, Herrick, & Sommer, 1981）。购买餐桌上的食物和其他必需品等哺育品的事实，强化了市场的特性和市场在个人生活中的作用。

个体的关联也可能围绕着城市公共空间中的活动或人。例如，瑞典瓦尔贝格每周一次的市场已有四百年历史，在一项针对该市场的研究中，一位常去市场的老年人说："这个市场里有三四家我从小就认识的菜贩……他们仍然在我小时候的位置经营。这会给我带来一种连续的感觉。"（Seamon & Nordin，1980）[40]

特定活动空间作为个人生活史的一部分，构成了另一类有意义的场所。这些空间对于发生在那里的特定经历非常重要——民族庆典、家庭野餐、婚礼、葬礼、收到好消息或坏消息的地方，或与某个特别的人首次相遇的地方。这些环境承载着重要的个人记忆，这些记忆会成为个人认同的一部分，有时会被照片强化，但总是根植于环境中，随时准备被唤起。

干草市场

马萨诸塞州波士顿市

位于市中心与北区之间的黑石街；由波士顿市管理；长度为1.5个街区。

每个星期五和星期六，波士顿的露天食品市场都会变得活跃起来，手推车和摊位上堆满了水果、蔬菜和鱼类，挤在干草市场区黑石街狭窄的范围内。对于很多人来说，前往干草市场是每周例行的活动，市场的乐趣来自它的景象、声音、气味和合理的价格。人们无须成为常客，就能感受到它的意义超越了简单的交换经济，涵盖了场所的历史和市场对城市生活的意义。

无论人们是否了解这个市场的历史，该地区到处都有关于过去的线索。黑石街区狭窄蜿蜒的街道、有着凸起花纹的石制人行道、古老的店面和招牌，为游客（即便是最漫不经心的游客）提供了该地区悠久历史的证明。老式市场与古老的环境之间有种一致的感觉，增强了场所和活动的体验及意义。与许多现代的城市市场不同，干草市场一贯保持着与某种市场的关联，这种市场一直以来都是城市生活的中心。当汽车在集市日被禁止通行时，这种关联尤为明显——建筑物和街道再次由于共同的目的和活动联系在一起。当人们在商店、人行道和街道之间自由穿梭时，他们可能会感受到一种与城市和市场的关联，就像在汽车出现之前一样。这个市场也可能唤起人们对该市场的儿时记忆，或是对亚洲、欧洲、南美市场的记忆。

干草市场提供的不仅仅是与古老城市形态和方式的关联，还是与非城市世界的关联。空气中弥漫着水果、蔬菜和肉类的气味，没有塑料包装和冷冻室，不可避免地使人联想到乡村。它在提醒使用者城市与农场之间的重要关联，并再次肯定了我们与非城市世界之间的古老联系。

相关案例：戴维斯农贸市场。

公共空间能够强化生活中最有意义的事件。西班牙巴塞罗那的奎尔公园。（马克 · 弗朗西斯）

在波士顿的干草市场，购买新鲜水果和蔬菜成为公共生活的焦点。（伊丽莎白·马奇）

群体的关联

虽然重要的关联可以源自个体的个人历史，但它们也可能源自某一地区群体的历史，人们在那里与其他成员产生的关联可以加强并塑造一个场所的体验。空间认同在很大程度上是与他人之间社会关系的产物。他人可能是松散联系的群体，或文化、亚文化、民族群体。

在20世纪80年代中期翻新之前，中央公园里贝塞斯达喷泉周围由西班牙裔年轻人划定的地盘就是这样一个例子，且城市中到处都是对特定群体有意义的地方。同性恋海滩、公园中的青少年区、宠物爱好者的遛狗区、慢跑小径、年轻人或老年人闲逛的区域，以及社区花园，都是此类场所的例子。在这些地方，即使是与他人的偶然联系都会增强体验。

我们在很多不同类型的环境中都能发现这些关系松散的人群。他们聚在一起的原因各不相同，既有在游乐场监管孩子的父母定期到访，也有人聚在一起欣赏公园或广场中的音乐会，那里会经常举办音乐活动。在其他情况下，聚在一起的原因可能是出于特定的兴趣。社区园艺活动的参与者或棒球、篮球等当地体育运动的选手，他们因共同的爱好而聚在一起，构成了耶诺威茨（Janowitz）所说的“有限责任共同体”（Janowitz，1967）。

参与当地活动的规划和实施能够增强环境对群体的意义。街头和邻里集市、社区花园以及民族节日都能成为群体与场所关联的组成部分。一个有趣的例子是底特律市中心的滨河广场，夏天那里每周都有不同的民族节日，利用食物售货亭、舞台以及空间内的其他支持物开展活动。在某些情况下，这些场所本身可能就是群体努力创建的结果。

在伯灵顿的教堂街市场，圣诞节庆典活动使人们在佛蒙特州寒冷的冬天聚集在一起。（卡尔、林奇、哈克和桑德尔设计公司）

使用者参与设计和管理可以促进人与场所之间有意义的关联。弗朗西斯、卡什丹和帕克森在对纽约市社区开放空间的研究中发现，直接参与决策和场地开发增强了参与者对该场所的依恋（Francis，Cashdan，& Paxson，1984）。参与者所形成的对空间的关心，与破坏公共区域的人对社区的疏离形成了鲜明的对比。某本关于社区公园管理的手册建议，让破坏者或潜在的破坏者参与照料花园是减少故意破坏的一个重要方法（Sommers，1984）。

群体联系也可以通过活动得到强化，这些活动可能集中或不集中在特定的场所。铃木（Suzuki）在他对土耳其移民在德国公共空间中的行为研究中描述了这类活动（Suzuki，1976）。这些移民在市中心附近的地区参与了某种有些仪式化、具有高度社交性，但又绝非德国式的漫步或“列队”活动。铃木认为，这“提供了一种有形的方法，使土耳其人将在其家乡所了解的与在新城市环境中所面临的事物建立连续性”（Suzuki，1976）[399]。应当指出的是，这种行为引起了德国居民的批判。

当某一区域被一个群体使用时，重复开展的活动可以加强群体与该地点之间的关联。这些关联会通过该地点的物质属性——壁画、群体语言的标志、场所名称——予以强化。这些物质细节成为群体成员的象征。例如，纽约南布朗克斯区的一个基层组织人民开发公司，在 20 世纪 70 年代末开发了一处名为联合公园的社区场地。其中重要的组成部分是邻近建筑上的一幅壁画，该壁画描绘了当地工作者修复该建筑并开发这个开放空间的情景。这幅壁画似乎成为 20 世纪 70 年代末发生在这片废墟上的基层振兴工作的有形象征。画中的大多数工作者都是社区居民，也是开放空间的使用者，这说明他们都是社区复兴的一部分。公共艺术中另一个反映关联的例子是挪威斯塔万格市中心公园里的一处雕像，雕像是一个男人、他的小马及马车。这个人过去常让当地的孩子们乘坐他的小马车。当他去世后，对那段经历拥有温暖记忆的成年人为了纪念他，在公园中摆放了这座雕像。

也许，依赖物质环境加强团结、强化共同意义的群体典型要数宗教团体。哈布瓦赫认为："进入教堂、墓地或其他献祭场所的信徒知道，他将重新获得自己多次经历过的精神状态。除了他们有形的社区之外，他会和其他信徒一起重建一种在那里形成并保持多年的共同思想和记忆。"（Halbwachs，1980）[151] 哈布瓦赫强调，由于宗教团体声称，他们的信仰和行为可以在不断变化的世界中保持稳定，因此他们对恒久不变的建筑和物质空间有着特殊的需求，以明确体现这种稳定性。

同样地，一个社区或亚文化可能希望保存几十年或几个世纪以来一直支持并象征某种生活方式和信仰体系的物质要素。在北卡罗来纳州的一个小城市曼蒂奥，景观设计师兰迪·赫斯特及其同事着手精确定位并保护社区内居民集体认同的场所（Hester，1984）。在这一过程中，居民们通过对城市中的一长串地方进行排名，确定了一份重要场所名单，称之为"曼蒂奥神圣结构"（参见第七章的该案例）。上榜的许多场所是户外公共空间，包括滨水公园、城镇中心附近的湿地、前廊、户外的圣诞树和镇上的小船。赫斯特认为，这些重要场所已经"成为居民心中城镇印象和用途的'代名词'。这些场所的消失将会重组或破坏社区集体所熟悉的事物或社会进程"（Hester，1984）[15]。镇上的官员已采取一系列行动，以确保在新规划和开发时保护"神圣结构"。

尽管曼蒂奥大多数的"神圣"场所是因为多年来被反复使用以及与社区活动的联系而变得对居民具有重要意义，但有一个地方，即 1970 年代开发的滨水公园，其明确意图就是将个人和社区的意义融入场地设计中。这个两百周年纪念公园是由城镇专员朱尔斯·博勒斯（Jules Burrus）在志愿者的帮助下以非常低的预算开发的，后来人们称之为"朱尔斯公园"（Hester，1985）。博勒斯将公园的主题定为"从废墟中建造"，以此象征曼蒂奥的历史，自

多年来，拉尔斯·伦德（Lars Lende）总是带着孩子们在挪威斯塔万格坐他的小马和马车。当他去世后，已成年的孩子们建造了这座雕塑来纪念他，这座雕塑坐落于市中心附近的一个小公园内。（马克·弗朗西斯）

1584年以来，曼蒂奥历经数次破坏或部分破坏与重建（Hester，1985）[20]。场地设计中更具体的层面旨在为该地点注入象征性关联，包括利用当地一所被拆毁的高中的碎石瓦砾、居民为纪念亲人而捐赠的灯柱，以及当地一位重要的历史人物沃尔特·罗利（Walter Raleigh）爵士 20 英尺（约 6.10 米）高的雕像，这座雕像由一整棵柏树雕刻而成。

由查尔斯·摩尔（Charles Moore）设计的新奥尔良市意大利广场是对当地社区具有意义的另一当代空间案例。这一后现代主义广场耗资大、争议多，由当地的美籍意大利人赞助修建，广场设有四面环水的意大利浮雕地图、大量古典石柱和拱门以及参照了罗马许愿池的喷泉。它已经成为当地许多美籍意大利人的骄傲，是当地美籍意大利人协会举办活动的节日布景。另一方面，许多评论家批评这座广场华而不实，质疑其所参考内容的真实性，并指出其用途有限（Place Debate，1984）。尽管可能存在缺陷，但该意大利广场似乎摆脱了典型的现代主义广场的简单和缺乏意义，令人耳目一新。

在这个令人愉悦的新奥尔良意大利广场设计中，与意大利的联系来自对其所借用形式的模仿。（斯蒂芬·卡尔）

与更大社会的关联

公共空间还有助于在更大范围内增强文化或亚文化成员之间的关联。历史上，常见的例子是神圣场所或礼仪广场，在反复使用的过程中，特定信仰或信念体系的信徒被注入了敬畏、崇敬和强烈的关联感。在神圣的森林、基督教堂、犹太教堂、庙宇、清真寺和其他可唤起人类精神本质的环境中，这些关联将信徒聚集在一起，因为信徒们会排斥其他人，因此这些公共空间为参与者们创造了特殊的体验。耶路撒冷的西墙就是一个例子，尽管它引起了相当大的政治争议，但它不仅仅是神圣的祈祷场所，还是全世界犹太人的宗教和政治象征。其他空间类型有历史遗址、公共纪念碑或具有政治意义的场所，可以加强国家或地方层面的联系。其中既包括城镇广场，也包括首都广场。有些纪念碑的建造目的在于增进团结和爱国主义精神。华盛顿特区就有这样的例子，在那里，几乎所有的纪念碑和神圣场所都是通过设计元素和象征性特征的结合，向未来的游客传达一个国家的宏伟和稳固感。最近在宾夕法尼亚大道上设计了一个自由广场，试图以此来纪念华盛顿这座城市（该案例参见本章其他地方）。

越战老兵纪念碑

华盛顿特区

位于华盛顿国家广场；由全国设计竞赛选出的林璎（Maya Ying Lin）设计；由国家公园管理局建设和管理；竣工于1982年；规模是2片240英尺（约73.15米）长的墙坐落在一块0.5英亩（约0.20公顷）的场地上。

华盛顿特区的越战老兵纪念碑是一处具有重大国家意义的公共场所。（马克·弗朗西斯）

越战纪念碑是一处具有重大意义的公共场所。它的设计巧妙又有感染力，能够迅速吸引游客的注意力,引起共鸣。它也是具有重要国家意义的公共空间，为人们提供了与越南战争历史记忆的关联，是这场有争议的战争所带来的痛苦和悲剧的实物记录。

纪念碑位于华盛顿国家广场，林肯纪念堂与华盛顿纪念碑之间，距离白宫只有一小段路。纪念碑的黑色抛光墙嵌入地面，高反光花岗岩上刻着57 692 名死于战争的阵亡者姓名。两面墙形成一个“V”字形，一面指向林肯纪念堂，另一面指向华盛顿纪念碑。纪念碑的设计是一件景观艺术作品，其墙体从地面开始,在两片墙的交叉处向下倾斜到 10 英尺（约 3.05 米）的低点。纪念碑的设计集简单和复杂于一体。

与战争一样，为纪念碑确定合适设计方案的过程也存在争议。豪伊特（Howett）概述了该纪念碑的早期历史以及设计方案的选择过程：“简·斯克鲁格斯（Jan Scruggs）曾经是越战中的一名步兵下士，后因重伤于 1969 年被遣送回国。回国后，他与一群退伍军人在华盛顿特区工作，他们建议修建一座国家纪念碑，以纪念在越战中牺牲的 57 000 多名美国人。1979 年，斯克鲁格斯创办了越战纪念碑基金会，并获得马里兰州共和党参议员查尔斯·马迪亚斯（Charles Mathias）的帮助。马迪亚斯在国会中发起了一场活动，为该项目争取到一块场地……越战老兵纪念碑基金会决定举办一次全国性的设计竞赛，为纪念碑选择设计方案……在 1981 年 5 月为期 5 天的时间里，陪审团共计审核了 1 400 多份匿名参赛作品。最后，他们选中了来自耶鲁大学建筑系一位年轻华裔女学生林璎的作品。这位年轻女士提交的具有雕塑感的方案使纪念碑能够与周围景观融为一体，所以该方案与 20 世纪 60 年代末和 70 年代许多环境艺术家作品的关系更加密切，而非遵循老旧的传统，将纪念碑作为景观引入中的主导要素。”（Howett，1985）[3-4]

选择林璎的设计引起了很大的争议。一些越战老兵对这种非传统的设计方案表示不满，称其陷入地下的墙为“有辱人格的沟渠”。当确定有足够的官方支持按照该设计方案建造纪念碑时，双方达成了妥协，允许在纪念碑附近再建造一座由艺术家弗雷德里克·E. 哈特（Frederick E.Hart）创作的更为传统的三位士兵雕像。

如今，越战纪念碑已经深入人心。参观纪念碑是一次感人又震撼的经历，事实上，有些越战老兵会在参观完纪念碑后自杀，促使老兵群体建立了 24 小时值班制度。死难老兵的亲人们带来了鲜花、亲人的照片和家庭纪念物，并将它们留在他们失去的亲人名字下方的墙脚。国家公园管理局负责保留这些物品。志愿者们使用厚厚的指导手册帮助参观者在墙上找到姓名，协助他们拓印逝者的姓名并将其带回家。

越战纪念碑对于从未来此参观过的数百万美国人来说也是一个有意义的场所。就像其他重要的国家公共场所如时代广场、金门大桥和华盛顿特区的其他公共纪念碑一样，越战老兵纪念碑作为全国性的公共场所，对于数百万的美国人来说意义重大。在不到10年的时间里，它已经成为美国最重要、最有

参观者通过向越战老兵纪念碑敬献代表个人不幸的纪念物，为纪念碑增加了力量。（马克·弗朗西斯）

影响力的公共空间之一，成为人们面对痛苦情感、铭记一场有争议的战争的一种方式。

相关案例：人民公园、自由广场。

虽然某些关联可能是在一个环境中的经历激发了公民或民族自豪感时建立起来的，但随着时间的流逝，这些与人类历史联系在一起的特定意义可能会失去它们的力量，因为它们所纪念的事件会从人类意识中消失。那些真正强大的关联似乎能够唤起更深层次的意义，也许是因为它们能够与自然、生物、进化和宇宙力量之间建立联系。

公共纪念碑主题的选择也是将女性排除在公共场所之外的另一原因。这些纪念碑所使用的形象很少涉及女性。相反，男性形象遍布公园雕塑和公共建筑的周围。除非以象征性的形式出现，例如作为正义或自由典范的自由女神像，否则不会出现女性形象。女性的历史性贡献和作用并没有体现在纪念碑上（Franck & Paxson，1989）。美国的公共场所是男性化的，大部分是上层阶级的盎格鲁－撒克逊人。在这种环境中，女性角色和少数族群很难获得认同。然而，在公共场所中增加的马丁·路德·金（Martin Luther King, Jr.）的雕像表明，最近的情况发生了一些变化，但使少数群体和女性获得完全平等的地位仍然任重而道远。

自由广场

华盛顿特区

位于第十四与第十五大街之间的宾夕法尼亚大道上；由乔治·E.帕顿（George E. Patton）、文丘里（Venturi）、劳奇（Rauch）和斯科特·布朗（Scott Brown）联合体设计；由国家公园管理局管理。

自由广场（原名“西广场”）由精美的黑白石材构成，以非同寻常的巨大规模描绘了1887年的华盛顿市平面图。平台上的草坪区代表国家广场和椭圆公园，铜制的平面图则标明了白宫和国会大厦的位置。高起的平台和周围人行道的铺地上刻有关于这座城市的历史名言。地图/平台是广场中心区的特色，广场东侧卡齐米日·普瓦斯基（Casimir Pulaski）将军骑马雕像周围也有一处休息区，广场西侧则有一处倒影池。

广场高出街道标高，建在花岗岩矮墙的后面，实际上已经与街道断开了联系。与许多类似规模的广场不同，它与周围的建筑没有什么特定关系。比起传统意义上的广场，自由广场更像是一个纪念场所，它几乎没有考虑公众的需求，在夏季或隆冬时节，这里就变成了一块闪闪发光的荒地。其刻板、近乎抽象的设计的有效性取决于该广场作为象征符号以及作为理解这座城市的工具的能力。与大多数纪念碑一样，它的成功有赖于在抽象和具体的联系之间保持微妙的平衡。

华盛顿特区白宫附近沿宾夕法尼亚大道的自由广场鸟瞰图，展示了地图铺装。（马克·弗朗西斯）

通过将平面底图与历史引文相结合，某种关联开始在物质的城市与历史性或象征性的城市之间产生。城市规划能够表达人们的意愿，也可以被视为人们表达国家意识的工具。对于一些参观者而言，这些历史引文也可能会产生一种爱国主义情感——一种他们自身与以首都城市为代表的国家之间的关联感。

作为地图，这个平台还能帮助使用者熟悉这座城市，了解广场位置与整个城市之间的关系。东入口处放置了一个广场的小模型，表明华盛顿平面图具有两种规模秩序：象征伟大联邦秩序的对角线大街以及较小的矩形秩序的城市地方结构。

尽管最初的设计包括白宫、国会大厦等重要建筑的大型模型，但最终设计方案仅采用了高度抽象的平面图来表达这座城市，这样会削弱许多本来可能建立的联系。为了适合广场尺寸，平面图被复制得非常难以理解。由于只有宾夕法尼亚大道、白宫、国会大厦等重要特征被标记出来，因此，在地图上确定自己所在方位的方法很少。因为没有公共的有利位置能使人们看到整个平面图，因此，它更像是一种精美而抽象的构成，而非地图。除了一个小型的铜制模型外，没有任何阐释性的图解可以帮助参观者理解这个平面的特点，比如华盛顿两种秩序的街道。

与街道本身表达了联邦的和地方的目的不同，广场似乎仅具有国家层面的目的和不可避免的旅游目的。人们在第一次参观后，几乎没有理由再次到访，由此提出了这样一个问题：这样的广场对于一处大型开放空间的使用而言是否恰当？

将人们与物质的城市联系起来——既与城市周边环境相联系，也与城市的象征意义和历史意义相联系——是一个值得称赞的重要目标。遗憾的是，自由广场牺牲了与优雅的、不朽的目标及抽象理念建立强烈关联感的可能性。

相关案例：佩讯公园、波士顿市政厅广场、乔治蓬皮杜中心广场、格雷斯广场、洛厄尔入口广场。

其他纪念碑和场所逐渐形成了象征性关联，以一种更自然、非规划的方式呈现这种价值。费雷（Firey）揭示了随着时间的推移，波士顿公地如何对一代又一代波士顿人而言具有重要的社会价值，成为其情感象征（Firey，1968）。有趣的是，费雷指出，这些情感并没有特别涉及“最初赋予波士顿公地象征性特征的戏剧性事件（革命）”（Firey，1968）[142]。这些事件“已退居幕后，而波士顿公地则被确立为一种象征，其本身已成为一种终极价值，如今成为关于国家与市民认同感的一系列模糊情感的焦点”（Firey，1968）[143]。（参见第五章的波士顿公地案例。）最近的一个开放空间具有重要象征价值的案例是加利福尼亚州的伯克利市人民公园。

人民公园

加利福尼亚州伯克利市

位于波第街、海斯特路、德怀特路和电报大道之间；由加利福尼亚大学伯克利分校设计，使用者进行了修改；由加利福尼亚大学校董会所有和管理。

位于加利福尼亚州伯克利一个密集的住宅区内的方形街区被称为人民公园，它体现了开放空间的象征性力量。与这块土地相关的联系和意义远远超出了这个空间的功能价值，与它的所有者——加利福尼亚大学的意愿和设计背道而驰。

人民公园建于1969年4月，位于加利福尼亚大学1968年收购并清理的一块土地上，是向校园附近老旧社区扩张计划的一部分。1969年4月下旬至5月初，在一群组织松散的学生、嬉皮士、激进分子和当地居民的自发努力下，这里出现了花园和一个游乐区（Scheer，1969）。为了回应这一占用行为，也显然是为了抑制学生和社区激进主义的发展，大学于5月14日在该场地四周竖起了一道栅栏。第二天，一场名为回应大学行为的大型集会演变成了一次前往公园所在地的游行示威活动。在接下来的九个小时内，许多示威者和旁观者被警察和治安执法人员打伤（其中一名伤势严重）。

尽管公园本身已经衰败，但伯克利人民公园的象征意义并没有减弱。加利福尼亚大学官方的回应是“清理干净”：增设一个沙滩排球场供学生使用。（马克 · 弗朗西斯）

人民公园的象征价值从一开始就非常明显。5 月 14 日冲突发生后不久，一篇文章指出：“伯克利危机从来不是关于加利福尼亚大学能否阻止一个‘人民公园’的问题，而在于它是否能够成功地实施一项长期战略，即通过在其地盘上拒绝接受它而消除抗议文化。”（Scheer，1969）[43]。直到 1972 年 5 月，加利福尼亚大学仍在公园周围设置栅栏，并对公园实施管理。彼时，美国对越南的轰炸引发了民众对国内机构权威的抗议，人民公园的拥护者成功地拆除了栅栏，并开始在场地上重建花园（Sommer & Thayer，1977）。

自 1972 年以来，这个公园一直未设置栅栏，并在白天完全开放，供学生、居民和无家可归者使用。一些原有的区域由加利福尼亚大学负责维护，其他部分则由个人和基层团体维护。后者的维护有些随意，导致空间显得有些破败，有时并未得到充分利用。然而，学校定期发布的针对该地点的开发计划一直受到学生和伯克利社区成员的强烈反对。尽管大学管理人员不断对公园进行重新设计和改造（目前的变化包括增设了一个沙滩排球场），但显然公园所象征的理想将永远延续下去。索莫尔和塞耶（Thayer）在 1977 年所做的陈述中提出了这种可能性：“人民公园具有重大象征意义的能力并未减弱，就其所代表的意义而言，它与战场和历史古迹不可思议地属于同一类。尽管没有迹象可以表明其历史相关性，但这块土地的象征意义仍体现在当地的民间传统中。”（Sommer & Thayer，1977）[514]

相关案例：越战老兵纪念碑、巴雷托街社区公园。

在公共场所的设计中可以利用象征价值来增强其意义。但象征性的运用可能是积极的，也可能是消极的。与自豪感、愉悦感或怀旧感的关联会增强一个地点对于使用者的意义；但有些地点可能会不断提醒人们某一地区或某一群体的旧伤，例如波士顿西区的城市更新区（Gans，1962）或贝克尔描述的萨克拉门托商业街（Becker，1973）均与市中心的衰落有关。人们对于公共空间意义的理解可能存在很大差异，而这种差异有时会成为城市规划争议的焦点。时代广场就是一个典型案例。

纽约市的时代广场是国际知名的公共空间。（丽安娜·里夫林）

时代广场

纽约州纽约市

位于曼哈顿百老汇大道与第七大道之间，从第四十二街到第五十街，加上相邻的小巷；由多个公共机构、纽约市和私人开发公司管理；面积约占8个城市街区及相邻小巷。

纽约给人的印象就是一处十字路口、一个频繁举办高能量活动的场所，这与时代广场的存在密切相关（Hiss，1990）。实际上，时代广场是百老汇大道与第七大道交叉形成的蝴蝶结状空间。它的边界不是由主要街道交汇而成的空间所界定的，而是由周围街道上的酒吧、迪斯科舞厅、剧院、餐馆、快餐店、旅店（包括一些无家可归者的收容所）、服装店、电影院（一些带有色情主题）、街边摊贩以及“骗子”汇聚而成，这些都是市中心活力的一部分。

这一地区的知名度可以追溯到20世纪初。当时，它是城市剧院、杂耍表演和（直到20世纪20年代）电影的中心，其名称取自《纽约时报》总部的时代大厦。虽然播放新闻时“变幻的”灯光仍然是当地的特色，但外立面经历了大幅改造。凭借其明亮的灯光和多种娱乐形式，时代广场成为所有纽约人，包括一批批新爱尔兰人、犹太人和意大利移民的焦点。按照评论家和社会活动家布伦顿·吉尔（Brendan Gill）的说法，对于这些移民来说，时代广场是“一个城镇广场，是他们曾经在欧洲拥有而在这里失去的事物”（Gottlieb，1984）[B7]。他说：“认为那里有种更强烈的生活感和娱乐感的看法已经存在很长一段时间了。它的灯光会给人带来变幻莫测的感觉，以及希望生活会更美好的感觉。”

作为城市活力的焦点和所有人的聚集地，时代广场的意象因一年一度在此举行的除夕庆典而得到了强化。对于很多美国人和世界其他地区的人们来说，即使他们对于时代广场的印象仅来自照片和电视画面，这里也是一处令人难忘的地方。时代广场的传统及其作为历史场所的角色——伴随着新年钟声的敲响，人们庆祝战争的胜利——为人们创造了意义，使它成为人们来纽约时想要参观的地方。但是纽约人和旅游者都能体验到更深层次的意义，这些意义一方面源于鼓舞和喜悦，另一方面源于恐惧和厌恶。

在托尼·西斯对时代广场的生动描述中，向人们讲述了参观时代广场的经历（Hiss，1987）。与其他许多开放空间不同，他发现时代广场“传递了一种这里的空间足以容纳所有人的印象”，因此“给你一种被保护的感觉”（Hiss，1987）[78]。他还指出，通向天空的“光之碗”是“小型建筑、光和天空的产物”，其品质会受到该地区一些规划的威胁。到了夜间，该区域的活力来自夺目的霓虹灯、涌向剧院和电影院的人群，以及街上到处都是的闲逛者和妓女。

但是，西斯和其他喜欢时代广场的人也不能否认，那里存在很多问题，其中最大的问题是它的污秽和不断恶化的环境。在过去的二十年里，时代广场的周围出现了越来越多的色情内容、毒品交易、卖淫和街头犯罪问题。根除这些不良活动是一项由公众赞助的有争议的项目的主要目标，该项目旨在重建第四十二街的一个街区。这是一个搁置许久的项目，由于最近的区划变更允许在该地区进行更大规模开发，因此时代广场周围大型商务建筑的数量可能会大幅增加。

有趣的是，这项重建计划的支持者和批评者都提到了时代广场的传统意义。赞助第四十二街重建的主要机构的主席声称，通过减少粗俗和非法的街头活动，他的项目将“有助于时代广场重回乔治·M. 科汉（George M. Cohan）时代，那时的百老汇大道是真正的不夜城”（Gottlieb，1984）[B7]。反对重建及反对大规模建设办公建筑的人士强调，时代广场一直是该地区主要的低收入人群的娱乐区。有人说，凭借其廉价的电影院、明亮的灯光和充满活力的街道生活，1980 年代的时代广场对贫穷和工人阶层的纽约人来说，就像 1940 年代一样具有吸引力。批评人士认为，迅猛增长的高层办公楼建设浪潮，可能会导致时代广场失去大部分意义及其与过去的连续感，诸如大型霓虹灯标志、娱乐街机、廉价的电影院和餐馆，以及富有创新精神的表演艺术家的工作室和剧场。

建筑师休·哈迪（Hugh Hardy）提出了许多规划建议，鼓励在保留其本质特征的同时向该地区追加投资（Hardy，1986）。他呼吁新建筑的设计导则必须“以热情活泼为基底，树立受到挫折时的精神标杆，其上是白天和夜晚的庆典活动”（Hardy，1986）[6]。哈迪还建议利用区划政策和经济激励措施，以确保时代广场上开展的一系列与娱乐相关的活动仍然占据主导地位。

在某种程度上，广场的后续发展似乎“采纳”了哈迪的建议。该地区现在拥有新建酒店和大型办公楼的综合体，还有一些主要的附加设施尚未建成。这是四座巨大的办公塔楼，是纽约市与纽约州合作的时代广场重建项目。该项目还将翻新和修复一些历史悠久的剧院。新建筑的特点之一在于，根据分区条例的规定使用外部照明和商业标识系统。它们反映了一种试图重新获得或恢复“不夜城”的尝试，在保留一些元素的同时允许兴建大量的新型建筑。但备受希斯（Hiss，1987，1990）推崇的宽敞、明亮和时空无限延伸的感觉还有多少，仍值得商榷。我们只希望新建的玻璃巨塔和银色尖顶中能够涌现出一种有活力、有趣的新生活，划破曼哈顿市中心的天空。

空间所承载的各种意义以及它们在异质社区生活中所起到的不同作用表明，对于像时代广场和人民公园这样的场所，当下的现实掩盖了它们的历史意义，随着时间的推移，人们将以不同的方式体验和评价它们。然而，尽管存在这种多样性，但它们仍然承载着过去的象征，有时还预示着未来的前景。

另一种具有群体意义的地点，象征着历史的延续和经济的重生，尽管它们可能会引起争议。也许在未来某个时候，时代广场也会属于这一类。这种类别在简·汤普森（Jane Thompson）和本杰明·汤普森为劳斯公司所做的城市公共空间设计方法中得到了体现。他们将两个海滨地区——巴尔的摩港区和纽约的南街海港，以及一个古老的市场——波士顿的法尼尔厅昆西市场，重新设计为全新的城市购物中心或“市场”，以此展现过去的形象，勾起人们对过去的物质形式和活动的怀旧之情。通过利用这些地区早期功能的象征意义和建筑的历史性意义，开发商们塑造了一种新与旧的幻想，一种伪历史的联系，在创造某种旧时代感觉的同时，又满足了当代人的兴趣和欲望。有时，强调历史联系的特定计划会强化这一点。以南街为例，这里有一座博物馆、一部介绍该地区历史的多媒体电影、若干座修复后的地标性建筑、停泊在码头上的历史悠久的船队、专营航海物品的古董店，以及两个大型展馆里和周边街道上分布的各种精品店、商铺和餐馆。

法尼尔厅市场

马萨诸塞州波士顿市

位于滨水区与市政厅之间；由本杰明·汤普森建筑师事务所设计；由劳斯公司负责开发和管理；竣工于1976年；面积6.5英亩（约2.63公顷）。

波士顿市历史悠久的食品批发市场的重建无疑是市中心商业日益普遍的公私合作关系中最知名的一个重建项目。其势不可挡的流行程度以及在财务上取得的巨大成功，使得全国各地的私人开发商与市政官员齐心协力，争先恐后地效仿它的成功——《建筑进展》的编辑将这一趋势称为美国的“法尼尔化”（Faneuilization）（Roundtable on Rouse，1981）[100]。

随着城市重建项目越来越多地由公私合作承担，关于这些项目的“公共性”问题不可避免地出现了。抛开它们是否服务于公共利益这个更大的问题不谈，让我们从更有限的层面了解开放空间规划中的公私合作关系：私人管理和控制的公共空间。

1973年，劳斯公司获得了重新开发该市场的合同。根据协议条款，该市保留了土地和建筑物的所有权，这些土地和建筑物已使用公共资金进行过部分翻新，同时劳斯公司也取得了99年的租约。作为回报，劳斯公司负责开发该市场，并缴纳因改造和翻新产生的税费，除此以外，公司还向该市上交了约25%的租金总收入。

建筑物之间的空间可能是波士顿法尼尔厅市场最成功的部分。（马克·弗朗西斯）

通过审视来往的人群，法尼尔厅市场的保洁人员也充当了社会过滤器。（马克·弗朗西斯）

劳斯公司要求进驻市场的企业必须服从公司规定，包括标识系统、展览以及与商品管理相关的其他方面。作为回报，它们将获得高水平的维护、宣传以及合适的零售组合。

劳斯公司的市场管理方式与银行或酒店管理其大堂的方式大致相同——将其作为可供公众使用的私有财产。任何人都可以进入该市场，但进入后必须遵守劳斯公司制定的行为标准。该公司的管理办公室24小时开放，并通过对讲机与安保和维修人员保持联系。由于市场没有市政服务，因此劳斯公司保留了自己的安保力量，并拥有城市授予的逮捕权。

市场上的每名街头表演者都经过了公司的面试、安排和许可。未经许可的表演者、摊贩或分发印刷宣传品的人员会被要求安静而迅速地离开。在许多人看来市场是自发的街道生活，实际上恰恰相反。

重要的是，需要同时考虑这种高度控制的目的和结果。尽管劳斯公司对可以帮助衰败的城市重焕生机的项目很感兴趣，但这一项目的成功无疑需要高昂的支出。因此只能通过精心挑选的零售组合，干净、安全又具备吸引力的娱乐环境来实现这一目的，这样的环境尤其能吸引郊区居民回城购物。毫无疑问，它取得了巨大成功。詹姆斯·劳斯做了一个非常恰当的对比：如今，该市场每个月可吸引一百多万游客，甚至比迪士尼乐园的游客还要多。

有人认为，法尼尔厅这种经过高度控制的氛围代表了一种理想化和美化后的城市生活模式——拒绝了城市环境真正的多样性。随着城市世界变得或被人们认为越来越具有威胁性，用于管理和维护公共空间的资金被削减，人们更愿意让私人管控公共空间。毫无疑问，这种管控增加了老年人和其他人在公共场所内的安全感，但也给未来提出了许多重要的问题。

市场的设计师本·汤普森（Ben Thompson）和简·汤普森在历史悠久的纽约南街和法尼尔厅区域的设计中精心而有意识地保留了初始建筑的元素。因此，在这两处新建项目中，很少会拆除早期结构。在波士顿，新市场在视觉上由历史悠久的法尼尔厅占据主导地位，以前的市场棚屋也被保留了下来。一位作家在描写法尼尔市场时说道，法尼尔市场“与周围环境和过往的历史有着千丝万缕的联系”（R. Campbell，1980）[48]。甚至在全部由新建筑构成的巴尔的摩港区，汤普森夫妇仍尽量在他们的设计中紧密结合当地的航海传统。《建筑实录》报道说：“无论从规模上还是形式上看，这两座新建筑综合体都与这里之前的码头建筑非常相似……简·汤普森表示，‘我们牢记着商业滨水区的建设传统，即棚式仓库和有顶的码头’。”（Architectural Record，1980）[100]

另一方面，在历史地段中增加新的且本质上非延续的用途可能会削弱与某一场所真实历史及传统之间的关联。考普金（Kopkin）曾在描述法尼尔市场时明确表示：“当老建筑被用力擦洗和整理的时候，这些建筑的根基就发生了某些变化。（由于这些建筑不受时空、地域的限制，存在于特定的语境之外，因此建筑物的重新开发在设计上和内容上都是可互换的。）”（Stephens，1978b）[52]

显然，将老建筑和街区与其原初用途（农产品销售和滨水活动）割裂开来，引入新的用途（特色产品的销售和消费），会创造出与当地传统和历史无关的环境，并有可能会驱逐该地区一些以前的使用者。改造过的地区可能会吸引与所创建意象相关的新使用者群体，但这会引发与原有使用者或居民相关的严重问题，导致他们失去与该地区甚至是家园之间的关联。为了对比和权衡这种损失的重要性，与新开发带来的经济收益或增加的使用率（以及可能的享受），有必要评估该环境在以前的状态下在多大程度上促进了重要的象征性联系。我们赞同这样一种理念（类似于Lynch，1972b），只有当讨论的场所对当前人群具有明确意义，或在将来可能具有这样的意义时，历史保护才有重要价值。因此，尽管某些开发项目，例如劳斯和汤普森的设计，明显有可能割裂与当地传统之间的重要关联，但我们认为，有必要平衡此类关联的强度与项目可能带来的收益、该场所的其他替代方案以及一般地区的其他资源之间的关系。

另一方面，历史区域中新的且本质上非延续的用途可能会削弱与某一场所实际历史和传统联系的体验。在将法尼尔厅市场重新开发为现代城市市场的过程中，劳斯公司和建筑师本·汤普森显然试图与建筑的原初用途以及历史上曾是城市生活中心的市场和集市建立联系。尽管古代的市场无疑提供了消遣和娱乐的功能，却从未失去与生活必需品之间的关联。

法尼尔厅市场将购物行为视作一种娱乐活动，关注“冲动购物”的商品和制作好的食品，因此未能建立这种关联。孤立、自我意识强、与居民日常生活（除少数居民以外）脱节的市场，可以将所有人都变成游客，无论其是不是当地人。

遗憾的是，即使是对原来市场建筑物的修复和重新设计，也大大地削弱了该场所与过去之间的联系。尽管建筑师本·汤普森认为，最好通过强调建筑随时间推移而产生的变化来表达建筑物的历史，但该市还是采纳了建筑保护顾问的意见，他们建议将建筑物的外墙和屋顶恢复到原来的状态。这一决定，再加上汤普森自己在中央市场建筑的两侧加装玻璃顶棚的决定，以及“令人鼓舞”和丰富多彩的设计语汇，使得建筑物的历史特征除了宏伟的规模和独特的屋顶线条之外，很难被辨别出来。

相关案例：花旗集团中心市场、干草市场、教堂街市场。

与此类似，小城镇和城市中的许多主要街道开发都在试图唤起这些商业街的古老功能，在越来越多的人被吸引到城外的情况下，试图将购物者带回市中心。通过各种各样的设计和管理策略，许多开发项目都能够通过各种便利设施、销售技巧，唤起人们心中对城镇的集市印象，进而吸引人群。

最后，在考虑群体关联以及与更大社会之间的关联时，我们可以考察被忽视的一类公共空间、文化和教育环境的作用。尽管这些地方可能只会吸引少数人群，但它们确实具有国家或地方的象征作用，对于使用者而言，它们代表着可以与该地区的文化和教育领域联系的机会。在世界上许多地方，大学校园都起着公共开放空间的作用，将人群聚集在一起进行社交、游戏和政治辩论。校园环境和建筑物完善了这些场所的功能，成为贵族式或民主式的学习场所、知识的容器、获取知识的系统，学术社团的成员、学生和教师可以在这一环境中提升其在社区中的地位。校园设计的目的在于将学校与周围环境区分开来，一旦进入校园，就会有很多线索提示校内人员的特殊地位——高大的围栏、大门、雕像、标志、纪念性建筑设计等。

文化中心也以类似的方式发挥作用，以确认使用者的特殊地位，尤其是帮助参与者回忆起那些经历的重要意义。这一建筑的原型是纽约的林肯中心，它傲然地矗立于周边相当普通的环境中，并以其非凡的纪念性建筑、空间、喷泉等元素为特征。除偶尔有计划开展的活动外，它明显缺乏任何其他活动，这一负面特征导致得克萨斯州达拉斯和其他城市试图创建艺术街区而非艺术中心，从而将文化设施与城市生活融为一体。文化中心和学术中心是较大社会易于理解的象征，是赋予某个地区威望并宣扬价值的象征，有时也是排斥的象征。

敏锐的公共空间设计和管理需要有能力辨别人与场所之间是否存在象征性联系，以及联系程度。它涉及对超越表面层次的场所意义的理解。当个人或群体与空间的联系超出了偶尔造访的简单乐趣时，受到发展威胁的袖珍公园是否供这些个人或群体使用？该场所是否可以为社会群体的成员提供特殊用途？公园的一些游客是否拥有与公园相关的重要记忆？除了工具性的问题外，这些问题也需要注意。

罗马就像一块时间蛋糕：在卡比托利欧广场，我们可以看到罗马帝国、中世纪、文艺复兴到巴洛克时期的不同层次。（斯蒂芬·卡尔）

然而环境规划者和管理者不仅需要敏感地认识到保护的需要，还必须敏感地认识到发展和变化的需要。个人关联和群体关联的建立通常需要对场地进行改造，并且不会过多地承载与过去的联系。林奇强调需要“一个可以以有价值的遗迹为背景逐步改变的世界，一个可以沿着历史的印记留下个人印记的世界”（Lynch，1972b）[39]。

在某一场所留下个人印记的自由，可以停留在历史的印记中，是一种有价值的改变。在华盛顿越战纪念碑留下的照片、便条和鲜花是呈现这种转变的一幅动人的画面。

生物和心理的关联

迄今为止，我们已经讨论了公共空间如何加强个人在过去与现在之间以及不同社会或文化群体成员之间的关联。尽管关于这些关联的很多证据仍是推测，但有可能是激发与人类空间原型联系的场所吸引了人们，并建立了持久的联系。例如林肯纪念堂子宫状凹龛内国父林肯沉思的雕像，或者更直接的是，位于国会大厦穹顶与倒影池中轴线上的形似生殖器官的华盛顿纪念碑。

也许，人们创造场所的方式能够唤起在数百万年的进化过程中养育人类的原型自然环境，这一点与洞穴、方尖碑、穹顶和凯旋门的性唤起一样强烈。开放的广场上建筑物的洞穴状入口和悬挑檐口代表着栖身之所和安全，就像悬崖峭壁和洞穴为我们的祖先提供庇护一样。在可能的情况下，将纪念碑和重要的公共建筑建得很高，不仅是为了吸引人们的注意力，也是为了象征性地控制周围的景观。人们会想到雅典卫城或罗马的卡比托利欧广场，那里有马克·奥勒留（Marcus Aurelius）骑在马背上的伟岸雕像（现已被移走保存起来）。其他像峡谷谷底一样被封闭和保护起来的场所，似乎适合培育和平的公共生活仪式。欧洲的阿果拉广场、公共集会广场和集市广场都强有力地传达了这种联系。

在我们的社会中，这些欧洲空间经常被用作美国公共空间的原型。这种做法有时是可行的，但更多的时候，在城市广泛开放、多元化和不断变化的环境中，这些与原型之间的联系被削弱了。修建在高速公路、地面停车场和加油站中间的由单层建筑所围合的公共广场无法为人们提供强烈的庇护感和公共聚集感。设置在统帅位置的公共空间所掌控的可能只有视觉上的混乱。美国设计师很少能够依赖社会或物质环境来增强这种原型意义。

直到最近，美国最成功的公共空间还是它的大型公共公园。根据奥姆斯

罗马的许愿喷泉奇特地展现了自然中的文化起源。（斯蒂芬·卡尔）

特德确立的设计传统，这些公园借鉴了欧洲大陆和英国公园原型中的各种策略，如轴线型购物中心、喷泉以及风景如画的建筑。但这些更为正式的元素通常被设置在一种绝对自然主义的景观中，只是以稍显夸张的方式体现了人们在乡村的发现。因此，我们可以在曼哈顿中心的中央公园内看到绵羊牧场、漫步区、沟壑、湖泊和大型山丘。这与日本的花园不同，日本花园把自然景观表现得相当抽象，尺度也迥异。无论出于何种意图，这些公园本身就是风景，并被移植到城市中。

也许所有的文化都在其建筑和开放空间中以某种方式模仿了自然景观。无论有意识还是无意识，这似乎是很自然的事情。美国人喜欢这样的自然参照物，并且觉得它们有意义，这一点似乎很清楚。即使是洛克菲勒中心这种最有城市气息的美国公共空间，其成功也有赖于一条自然的、两旁种满鲜花的小溪的形式化表现，这条溪流通往溜冰场的下沉“水池”。在美国，按照自然景观塑造公共空间的历史由来已久，而自然景观本身已被系统地从大多数城市地区移除。在将自然景观重新融入这些休闲环境之前，我们通过驯化这些自然景观，造就国家公园和地方广场。

与这种强大的传统背道而驰的是，现代运动喜欢简单抽象的几何图形和干净的线条。出于对自然的畏惧，它所打造的公共空间，甚至是公园，缺乏与自然明显的联系。如果这些几何训练有意义的话，那就像极简主义艺术的意义一样，坚持抽象的概念，即什么是“基本的”视觉体验，几何训练研究线条、平面和色彩的并置。

然而，证据表明，自然界中存在的特征——天空、山脉、森林、海滩、荒野、水域和沙漠——对人类而言具有特殊意义。这种联系来自个体在过去对这些普遍元素或其原型意义的体验中所获得的物质品质。在自然环境中的体验似乎具有"恢复性"价值（Kaplan & Kaplan，1990），使人焕然一新，增强其感官的敏锐度。在一系列关于荒野体验效用的研究中（Kaplan & Talbot，1983），参与者反映说获得了一种完整感和宁静感，并提升了自尊。这项和其他对与自然直接接触的研究（参见，例如 Kaplan，1973）记录了这些体验的心理价值，并提出了一些关于其减压能力的有趣问题。

有证据表明，即使是对自然的被动体验也可能具有疗愈价值。乌尔里奇（Ulrich）和西蒙斯（Simons）利用录像模拟来测试人们对从自然环境到建筑环境意象的反应（Ulrich & Simons，1986）。他们发现，与建筑环境相比，当参与者处于自然环境中时，从压力状态中恢复得更快、更彻底。在一项相关研究中，乌尔里奇对比了患者在医院病床上能否看到树木对康复速度的影响（Ulrich，1984）。在他对宾夕法尼亚州郊区一家医院的研究中发现，与类似病房中面对砖墙的外科手术患者相比，如果患者能看到窗外的自然风景，那么他术后住院的时间更短，接受护士负面评价的次数更少，且用药量也较少。

另一位研究人员报告说，如果囚犯的牢房面向自然区域，那么他使用医疗保健设施的次数会明显少于看不到这种景观的囚犯（E. Moore，1981）。这些发现证明了一种常识性的印象，即自然因素可以帮助人们放松精神、保持平静和恢复活力，尤其当一个人的日常经历涉及拥挤的环境、超负荷的刺激和压力时。当自然环境能够使人从日常事务和需求中解脱出来时，即使是暂时地解脱出来，也能帮助人们更快地恢复精力。即使是在城市地区，自然元素——树木、水域、绿色植物——也被公共场所的使用者所珍视。我们在对袖珍公园——格林埃克公园的研究中发现，使用者通常会提到此类元素对于他们来说非常重要。大量证据表明，如果有机会选择他们花费时间逗留或面对的环境质量，人们更倾向于选择带有自然元素的环境（Balling & Falk，1982；Buker & Montarzino，1983；Driver & Greene，1977；Kaplan，1983）。

将水体、植被和岩石纳入公共空间设计的许多实例似乎反映了这些元素的重要性。建筑拱廊（如纽约市的奥林匹克塔和特朗普大厦）内部的瀑布，以及遍布全国公共空间中的喷泉也体现了这一点。一些最受欢迎的瀑布，如俄勒冈州波特兰市的爱悦和前院喷泉（参见第四章中的案例研究），模仿了瀑布的自然形态。风景园林领域中有一种强有力的运动，朝着复兴自然主义种植方式的方向发展，作为对已建成环境和已建成公共空间质量的一种缓解。

对儿童游戏和儿童游乐区的关注表明，将自然的和可塑的元素引入公共空间具有一些合理的理由。那些使儿童能够操纵、建造和重建场所的持久力量，与这些区域相关的乐趣和投入，以及与之相关的记忆和感受，都是这些场所的价值体现。冒险乐园提供了其中一些证据（参见第五章的案例讨论）。

即使在城市环境中，植被、岩石和水域也可以在儿童与自然和生物世界之间建立联系。荷兰代尔夫特一个新住宅区内的鱼塘。（马克·弗朗西斯）

位于加利福尼亚州伯克利市的环境庭院就是这样一个例子，这里为儿童提供了融入自然元素的易共鸣的环境（R. Moore，1989）。设计师罗宾·摩尔（Robin Moore）与学生们及其父母、学校工作人员与社区成员合作，将校园变成了一个丰富多彩的学习和玩耍环境，并在其中融入多种植被以及池塘等其他自然景观。

从长远来看，与大自然的接触是否会使儿童或成年人更具创造力或更健康，这一点很难有定论；我们只能说这些元素令人愉悦，这可能就足够了。尽管我们有大量证据表明人们对开放空间存在偏好，但与建筑元素相比，人们对自然元素的具体贡献了解较少。一些人认为，人们对自然以及特定自然类型的偏好是与生俱来的（Driver & Greene，1977），这种偏好来自人类的进化史（Balling & Falk，1982）。事实是否如此仍有待证实，但有充分的证据表明，使用者已经注意并享受到开放空间中更“自然的”特征，这也是使用者所追求的一部分。

在自然生命周期中可以发现另一层次的生物关联，日常的循环周期反映在时间的流逝、季节的循环以及生老病死的过程中。虽然这些可以直接在自然界中观察到，例如花开花谢、季节更替的影响、动植物的生命周期以及一天中每个时辰的变化，但它们也可以成为公共空间的组成部分，使人们意识到生物钟是所有生命的一部分。在诸如观鸟、狩猎、动物园之旅等活动中都可以看到，公共空间可以增进与大自然的接触，城镇小径和自然小径越来越受欢迎就是证明。

教堂街市场

佛蒙特州伯灵顿市

位于主街和珍珠街之间的教堂街上；由卡尔、林奇事务所设计；由教堂街市场区委员会管理；竣工于 1983 年；长度为 4 个街区。

教堂街市场被设计成佛蒙特州伯灵顿市的一处公共之地——供人聚集在一起并展示城市特色。在与市民的长期对话过程中，设计师被鼓励利用伯灵顿的社会和物质环境，以使街道更具意义。这其中包括三个主题：增强与周边风景的联系，表达这个商业城市和佛蒙特州坚定的个人主义（通常被称为“国家的对立面”），改善与他人会面及个体了解商家的环境和氛围。

反映和诠释伯灵顿地区引人注目的风景成为设计中最普遍的主题。巨大的石头嵌在路面上，旨在从颜色和质地上唤起人们对裸露土地的回忆。巨石周围是不规则的林地乔木。在市政厅前的街道尽头是一座花园，花园中的当地植物和石造的喷泉令人联想起悬崖或采石面。

建筑师们委托五位艺术家就设计的各种元素进行合作，并以他们自己的方式诠释这一主题。鹿和熊的青铜雕塑被放置在两个喷泉池中，以花岗岩和自然植物为背景。街上的另一座独立雕塑由一组风化的铝制金字塔构成，其顶部是各种类型经过切割和抛光后的花岗岩。与巨石相比，这件作品以更为抽象的方式唤起了人们对岩石、山地景观的回忆。还有一件作品由交叠的霓虹灯组成，勾勒出山峦和湖岸的形态，被悬挂在公交车候车亭的玻璃尖顶上，这个候车亭是许多人乘坐公交车到达市中心的地方。随季节变化而变化的条幅旨在令人回忆起日出、日落和自然界中其他循环往复的景象。

设计师们试图通过铺砌的巨石、自然植被和艺术品在个人和社区层面建

这些巨石已成为佛蒙特州伯灵顿市场一个深受人们喜爱的特色。（斯蒂芬·卡尔）

立关联的感觉。这些元素可能会使人联想起佛蒙特州乡村的一次特殊经历，或者强化伯灵顿作为社区与自然环境之间的特殊关系。关于那些各种各样的当地石头，当地有这样一种说法：每块石头代表了佛蒙特州一个不同的县。

该设计还想要将人与更大的世界关联起来。代表伯灵顿所在经度的一道花岗岩条纹或“地球线”镶嵌在路面上，延伸至整个街道的长度，象征着从北极到南极。路面上以适当比例距离铺设的花岗岩铺地上刻有该经度500英里（约804.67千米）范围内全球所有主要城市的名称。此处并没有解释性的图案，因此“地球线”是一项有待发现和破译的神秘元素，并会随着时间的流逝增加新的含义。

尼古拉斯·皮尔森（Nicholas Pearson）做的展品“A”也许暗示了周围的群山。佛蒙特州伯灵顿市。（斯蒂芬·卡尔）

该设计还试图反映佛蒙特州的特点，加强人与人之间的关系。教堂街是由一系列世纪之交的建筑和新近建造的商业建筑所界定的。没有统一的建筑风格，更多的是一种个人主义的表达。人行道上的玻璃和金属檐篷、帆布遮阳篷在恶劣天气条件下提供了保护，并在不破坏其多样性的前提下，在这些个体之间建立了一种连续性。檐篷样式简单，几乎都是工业结构，其设计符合佛蒙特州居民简单直接、实事求是的特质，佛蒙特州居民因此特质而闻名。其他街道设施，如灯杆、长凳和铸铁花盆的设计和选择，形成相互兼容的个体的集合，每个个体都直接表达其用途和特质，而不是屈从于单一的设计表达。

为了加强社会联系，设计师们与市场未来的管理者合作，鼓励路边咖啡馆和成熟的企业更好地推销商品，并为街头摊贩和街头艺人创造机会。他们设计了一系列活动计划，其中包括季节性节日、每个假期适当的庆典活动以及促使商家走出商店在街头促销的活动。随着这项计划的不断发展，伯灵顿人逐渐将该市场视为展示其公共生活的空间。街头的咖啡馆自带社交属性，其发展已超出了设计师的期望，目前该市场在四个街区中拥有七家咖啡馆。

由于市中心零售区的衰败，曾经作为经济上灵丹妙药的步行商业街正在逐渐“失宠”，伯灵顿教堂街市场却在经济上取得了巨大的成功。街道上的空间租金高昂，新的商业活动在向附近的市中心区延伸。尽管导致这种现象的原因超出了商业街的设计范畴，但毫无疑问，该市场赢得了伯灵顿人的青睐，

地球线的灵感来自凯文·林奇，他提出将教堂街锚固在地球上的想法。佛蒙特州伯灵顿市。（斯蒂芬·卡尔）

并成为这座城市的骄傲。它是伯灵顿人共用的地方。这个设计帮助人们建立的许多关联，有助于该公共空间在经济和社会方面取得成功。

相关案例：盖基特步行街、干草市场、华盛顿市中心人民街道。

与其他世界的关联

想象的世界能够令人置身于不同的环境之中，既包括由迪士尼创造出来的梦幻世界，也包括那些吸引宇宙联系的地方，如英国的巨石阵。在一些公共空间中，幻想是一种吸引力。纽约时代广场的灯光、剧院和色彩，以及布鲁克林区康尼岛现已褪色的游乐区，都将人们投射到一个令其远离单调或艰难生活的世界。康尼岛就是幻想的产物。它建于 19 世纪中期，直至铁路通到该地区后，才吸引了大批游客来到此处。康尼岛成为“百万人的圣地”，吸引了成千上万的游客涌向海滩、餐厅、酒吧、旅馆和游乐园——障碍赛公园、月神游乐场和梦之乐园。除了惊险而壮观的乘骑设施、云霄飞车和过山车外，还有各种各样的娱乐活动和数十万盏灯光，为蜂拥而至的人们创造了一个名副其实的梦幻之地。该地区的历史学家弗雷德里克·弗里德（Frederick Fried）描述了 1903 年月神游乐场开张时的情景：“除了登月旅行、各种飞机飞向月球的幻觉、令人敬畏的暴风雨以及在梦幻的月球表面的奇异旅程之外，还有‘熊熊烈火’项目，模拟人们被整个城市的大火所困的真实救援场景。”（Fried，1990）[32]。

每一座新建的游乐园都在与之前的游乐园竞争，通过创造出规模更大、更壮观、更不寻常的景点，以及浮夸的光彩夺目的建筑来打动游客。随着 1964 年障碍赛公园的关闭和拆除，这些奇幻的建筑几乎消失了。只留下一些相当廉价而俗气的遗迹、小吃摊、乘骑设施和投机游戏，以求该地区能够得到恢复和重建。但许多人仍对那个世界的形象记忆犹新。前往纽约市的游客仍然会被吸引到那里，部分原因是那里仍然有娱乐活动，但主要是因为它代表了 19 世纪发展起来的一种将人们送往另一个世界的场所类型。

迪士尼乐园和迪士尼世界就是这一梦幻世界的当代版本，它们是当今流行的主题公园和游乐园的原型。它们也通过骑乘设施、历史呈现和梦幻人物的组合将人们带入其他世界，尽管大多数都收费高昂。那些在康尼岛吸引大众的粗糙而低级的娱乐项目大体上已被精心安排的娱乐活动和重度的管理所取代。

宇宙空间是另一个联系的领域：与太阳、行星、恒星和宇宙本身的联系。公共场所中出现的日晷表明了这种影响，英国的巨石阵等地方也会唤起这种关联。索尔兹伯里平原上的史前纪念碑是一个由巨大的石柱和石楣组成的大圆环，据推测它是某种计时系统。石阵的规模、它们所唤起的神秘感，以及人们认为这种排列组合所蕴含的宇宙信息，都吸引了大量的人试图理解这一切的意义。它像大教堂或金字塔一样令人印象深刻，它的开放性、指向天空的布局，增强了它与该地区、与过去以及它所体现的宇宙特质之间的联系。许多其他古代遗址，如玛雅的仪式中心或埃及金字塔也都暗示了与宇宙的联系。一些当代艺术家正通过土木工程和“照明领域”来尝试建立这种新的联系。

巴黎科学博物馆外的大型反射球体，伴有空灵的音乐，是将人们与宇宙联系起来的最新尝试。（斯蒂芬·卡尔）

意义的创造

意义的发展是空间与个人之间随着时间推移而演进的互动过程，是使用者和环境都受到影响的相互作用过程。当使用者带入自己的经历和联想时，空间可以提供一系列的刺激。除非该场所是一处代表精神、种族、民族或历史的场所，该场所的名称会引发来自形象和意义的间接经历，否则反复发生的直接经历便是建立关联的必要条件。在大多数情况下，个人必须与某一场所建立个人关系，以便与这个场所建立联系。

随着时间的流逝，意义不会一成不变。它会随着空间和功能的变化而变化，随着文脉和邻域的变化而变化。随着时间的推移，环境会在人们的生活中扮演不同的角色，或在人们的生活中完全消失，因此，环境对人们来说可能变得越来越重要或越来越不重要，越来越有意义或越来越没有意义。一个珍稀的公园可能会由于不同使用者的控制而具有威胁性。重要的童年空间可能会因物质上的改变而失去意义。甚至宇宙和国家空间也会随着个人的政治思想、个人的意识形态和世界观的发展以及个人与更大世界之间的关系变化而发生变化。

公共空间的开发者、设计师和管理者可以在创造场所意义的过程中提供帮助。但是，良好的意图以及理解人们在公共空间中寻求意义的方式，并不能自动保证会产生良好的公共空间设计。

创造一处有意义的场所需要在设计师、管理者和使用者之间达成共识。这种共识必须来自比个人愿景更深的层次，它必须与时间产生共鸣，并沿着孕育时间的地理网络延伸。这样一处场所的结构由它所服务的人的意图决定，但它的意义将来源于时间和空间的微妙诗学。

公共空间的设计艺术必须能够创造出既能引起共鸣又灵活可变的环境，以响应随时间变化的使用者和用途。用沃尔泽（Walzer）的话来说，这些空间必须是“开放包容的”，而不是“单一的”，“它应当能够适用于各种用途，包括可预见和不可预见的用途，可供市民从事不同的活动，并准备好包容市民们没从事过的活动，甚至使市民们对没从事过的活动产生兴趣”（Walzer，1986）[470]。

创作出既具有引起共鸣的力量又开放包容的设计是很难的。尤其是在像我们这样一个由多元文化群体组成的社会中，各群体在使用公共空间方面有着不同的传统，而且往往彼此持对立的观点。

公共空间若要最有意义、最巧妙，不仅要与其历史渊源产生共鸣，还应与它所在的更大的景观产生共鸣。城市由自然和乡村环境发展而来，也是在自然和乡村环境中发展的。河流、港口、湖畔、山谷、小径、山丘和土地划分的传统持续塑造着城市，即使它们彻底改变了景观的细节特征。在北美，一个城市的居民通常是多语种的群体，主要出于经济原因，他们从世界各地汇聚于此，带有他们特有的文化传统和环境偏好。这些移民主要来自乡村和小型社区环境，至少在最初的时候，他们定居在甘斯（Gans，1962）和其他城市观察者描述的相对支持少数种族的“城市村庄”中。那些在经济上取得成功的人通常已经从混杂的过渡性社区搬到郊区环境中，他们试图以低得多的强度再现其乡村和小型社区源头的一些有意义的特征，例如与自然界的联系。

美国城市由于发展迅速，从远方吸引了各种各样的人口汇聚于此，而且由于这些人口仍在流动，因此人们与环境之间几乎没有根深蒂固的共鸣。当然也有例外——在波士顿、查尔斯顿或新奥尔良的家庭中，几代人可以生活在同一环境中——但总体来说，我们发现自己生活在不是由我们创造的环境中，并努力接纳和适应这样的环境。通常，我们只是模糊地意识到是谁创造了它们。考虑到建筑目的、特定的经济条件以及当时的建筑传统，这些环境往往只是为了获得投机收益模式而建造的，其模式被认为是“可销售的”或仅仅是可用的。这些建成环境所创造的意义要么是模糊的，代表着一个已消失良久的群体的文化偏好，要么代表着明显的功利主义，例如工厂或投机的办公大楼。有时，就像企业巨头的“标志性”建筑一样，会荒唐地将两种最糟糕的特征结合在一起，比如玻璃幕墙建筑上的“哥特式”尖顶。

在这种混乱又令人困惑的城市环境中，公共空间在功利主义的中立和折中主义的不连贯性之间摇摆不定。空间形式、雕塑、铺装或一些植物的选择往往被用来为空间赋予“意义”，但通常参考的是其他时间和地点，而不是当前的使用者。某种程度上，这只是我们自身作为一种文化的不成熟的表现——我们尚未开发出一套属于我们自己的、丰富且能被广泛理解的符号。某种程度上，我们的文化多样性要求我们模仿历史上伟大的公共场所，这些公共场所是由更全面的文化所创造的，而我们的多元社会正是从这些文化中产生的。遗憾的是，这种借鉴常常加剧了文化上的混乱，比如锡耶纳的坎波广场被用作某个城市市政厅前面的中央公共空间的灵感来源，而该市的主要人口是爱尔兰裔。在最极端的形式中，这种借鉴行为产生了“主题化”环境，通过在该环境中创造异国情调（甚至是熟悉但理想化的环境，如“美国大道”）增加商业吸引力。在这方面，迪士尼是大师。

我们关于良好公共空间的大部分传统和原型都来自欧洲国家。在这些国家，使用者群体直到最近仍具有文化上的同质性。这种同质性允许经济和社

艺术可以为公共空间增添意义。内德·史密斯（Ned Smyth）的“上层屋”，纽约州炮台公园城。（金·德莱恩）

会在相当大的程度上进行融合，因为共享的文化提供了共享的意义和基本的行为准则，甚至跨越了经济上的差异。在我们国家，广泛的种族、文化和经济差异将共同的意义和行为准则降到了可以在近距离接触中产生不安全感和混乱的程度。在技术手段允许的情况下，经济隔离可以降低人们对过多的人类多样性的恐惧和不安。

毫不夸张地说，在过去的几年中，最“成功”的城市公共空间都位于使用者群体相对同质化的城市或城市某一区域内。如果不能满足这一条件，那么公共空间的设计和管理势必要吸引同质化群体、排斥其他使用者。本书中的很多案例均属于这种类型，例如俄勒冈州波特兰的喷泉、旧金山的吉拉德里广场、佛蒙特州伯灵顿的教堂街市场、波士顿的法尼尔厅市场。而一些不太成功的项目，如华盛顿市中心的人民街道，其不太成功至少在一定程度上可以归因于它为跨越不同文化和经济群体所做的努力。

包括公共空间设计师在内的艺术家必须了解他们的目标受众，才能创作出有意义的作品，这不足为奇。最伟大的艺术家能够创作出经得起时间考验的作品，即使这些作品不能立即被接受。显然，它们能够唤起一些更普遍的人类反应，也许是在比文化条件更深的层次进行的创作，或者至少是在跨文化的人类体验的基础上创作的。尽管我们不能期望每个公共空间都能达到这样的高度（或深度），但在我们城市文化日益多样化的背景下，城市公共空间的设计师有必要寻找具有这种更深刻吸引力的主题。

创造有意义的公共空间

创造更深层意义上有意义的环境是公共空间设计的艺术。一处真正满足人们需求的空间，仅凭这一点，就对他们有意义。相比之下，当一个纪念性空间被有意识地设计成令人印象深刻、因而“有意义”时，除了可能会让使用者步行穿过它的时候感到不适之外，很难给使用者带来什么。正如我们所说，要想知道人们在某个特定的地方需要什么，最可靠的方法就是与他们沟通，并在这样的语境下反复探查他们可能的需求以及特定空间满足这些需求的方式。

为了持续满足这些需求，空间必须是可管理的。在某种程度上，这是一个技术和资源的问题：是否有管理人员？是否能够适当地监督并轻松地维护相关的空间？但在此之前，这是一个设计的问题：该空间的设计是否旨在保护个人和群体使用者的权利，并为其提供支持，帮助群体以不产生冲突的方式确立自己的权利？正如我们所见，公共空间的政见可能非常复杂并且难以解决，特别是在同一个小空间内有许多相互冲突的需求时。但与识别和满足需求一样，识别和保证权利的最佳方法也是在施工前让潜在的使用者参与问题讨论，然后确立管理架构和流程，使他们能够继续表达自己的需求和关心。

关注公共空间使用者的需求和权利是使公共空间市民化的一种手段。它产生了基本的文明水平，为文化意义的表达铺平了道路。如果公共空间设计能够满足这些基本的维度，那么场所的连贯性和意义就会大大增强。但除此以外，还需要做出许多选择，这些选择通常被认为是设计师的艺术特权。这些特定形式和材料的选择极大地影响了使用者对由关联产生的意义的体验。它们决定了一个场所如何与使用者的文化期待和渴望产生共鸣，我们认为，这在很大程度上与它能否成为一处随着时间流逝而受到人们喜爱和变得丰富多彩的场所有关。

正如我们所说，我们的多元文化社会提供了许多设计师可以借鉴的与其他时代和场所之间的联系。几乎任何我们可能选择的将环境“主题化”的方式都可能吸引特定群体。然而，这些主题可能对其他人而言毫无意义，甚至令人厌恶，或者仅具有短暂的新奇感。我们相信，为获得更深层次和更持久的意义，要将场所充分融入其所在的语境。它需要汇集并表达使一个区域、一座城市或一个社区独特并赋予其特色的那些环境特质。

这些特质首先来自周围地区独特的自然景观。灵感可以来自地形、特定材料或色彩的丰富性、是否存在水体，以及当地的典型植被。大型的城市中央公园经常会形成这些联系。第二种语境参考可能是历史性的，无论是借鉴该地的典型聚落模式，还是典型环境特征，或是该地点本身的直接历史，比如纽约港的移民纪念碑、自由女神像和埃利斯岛。

洛厄尔和田纳西河滨公园的例子也说明了这一问题。这种方法与迪士尼世界（或购物世界）主题化环境之间的界限明确，但意义重大。后现代主义设计师的“经典语录”是对与普遍受人尊敬的过去建立联系的一种微弱的尝试，但与当今人们的生活几乎没有共鸣。更强大的是整个城市，如新墨西哥州的圣达菲和加利福尼亚州的圣塔芭芭拉，这些城市为自己选择了环境主题，这些主题源自当地早期居民的生活方式、文化形式和建筑技术。

发展我们自己的时空和我们的新兴文化体验所特有的品质和关联意义是最困难、最不成熟并且最具回报潜力的。这类作品一直是艺术家的特殊领域，通常适用于鼓舞人心的宗教语境。在很多情况下，那些后来被视为时代精神的强有力的升华的作品，在创作时并没有人认同这一点，因为它们走在了当前时尚发展的前面。如果我们的社会中也存在此类作品，那么该作品一定是源自人性本身，并从中汲取灵感。它的灵感可能来自对人类精神需求和神话的洞察，也可能来自人类学家的跨文化研究，甚至来自社会生物学家的初步理论。从本质上说，它将超越所提供的信息，创造一种新的综合体，从而吸引广泛的人群。

为公共空间赋予意义是一个涉及使用者、设计师和空间管理者的过程。正如我们之前所提出的，首先，这些空间必须支持有意义的体验，它们必须具有足够的多样性以满足人们的需求，并使人们在使用空间时能够发现乐趣、找到关注点并感到愉悦。这些空间本身必须很好地适应周围环境，并使人们在进入该空间时感到舒适和安全。管理系统应该是民主的，允许文化表达、暂时的领域宣示和改变，使人们觉得空间是他们生活的一部分，是其身份的表达，即便只是在他们使用该空间的时候。为了与某个空间建立联系并关注该空间，一个群体或社区应参与对该空间的管控，并在管理中享有权利和责任。最后，管理者应当在能够与使用者产生共鸣的空间和资源中提供有意义的元素和活动，激发使用者的兴趣，引导使用者使用场地并投入其中，这些品质是意义的基础。

总结

当人们能够在某一地区扎根，当环境成为人们生活的重要组成部分时，就会产生积极的公共空间意义。当空间在物质和社会属性上都非常适合其周围环境时，当它们可以为使用者期望的各种活动提供支持时，当他们能够为人们带来舒适和安全、能够与他人产生关联时，就会发生这种情况。个体的关联以多种方式出现——从个人的生活史到个人经历，从某一地区的使用传统到某一场所发生的特定活动。但是，联系松散或联系紧密的一群人经常使用某一公共空间，也可以与该地点建立关联。自然元素以及暗示与更大宇宙有联系的设计特征，可以加强这些关联。神圣的和礼仪性的场所出于其历史、宗教或宇宙力量将人们聚集在一起，并可以创造与该场所的象征性联系，以及延续、敬畏和关注的感觉。理解意义是如何产生的，可以为公共空间的设计和管理政策提供指导。

第三部分 营造公共空间

在第三部分中，我们将探讨第一部分和第二部分所述历史和社会分析对设计和管理的影响。第二章中提及的公共生活与公共空间之间不断变化的关系，造成了当前公共空间类型的激增（见第三章）。公共空间所服务的需求、提供的权利和传达的意义都随着现代社会的社会环境和技术环境的发展而发展。第四章、第五章和第六章详细描述了这些人性维度，它们植根于历史，以社会研究为依据，是当代公共空间使用和期望的核心。

对公共空间项目的背景和要求进行适当的分析，然后为设计和管理得出有用的结论，这并非简单的任务。我们社会的多元文化性质及其快速变化的速率需要一种系统化的方法，这种方法要具有适应许多特定环境的灵活性。在第七章中，我们描述了该方法的理论和哲学基础，并提供了一些实际案例。

在第八章中，我们分析了设计和管理工作通常是如何进行的，并提出了一套更有效的过程。该过程旨在透过使用者的眼睛了解公共空间的社会和物质环境，从而关注其人性维度。该过程的试金石是现有使用者或潜在使用者有组织地深度参与。

在第九章中，我们预测了未来公共空间发展的长期趋势。这些趋势引发了一系列难题，包括公平问题、公共与私人管控问题，以及意义的共同基础问题。想要公共空间变得更具支持性、更民主、更有意义，就必须正视这些问题。

第七章　使用维度

第二部分所述的公共空间人性维度为我们提供了一种方法，来发现对于空间使用者而言的重要因素。它们有助于定义公共空间项目、指导其设计管理工作以及开展绩效评估。它们之所以是人性维度，是因为它们描述了人与场所之间的关系类型，这些关系在不同程度上对不同文化和所有公共空间都很重要。它们对于根据特定场所的社会环境和物质环境进行设计和管理非常有用。在此语境下，需求、权利和意义可以转化为用于塑造公共空间并指导其进一步发展的工具。如何在我们这个文化多元且不断变化的社会中做到这一点，正是本章所讨论的主题。

挑战

包括环境心理学在内的生态科学告诉我们，我们对物质环境最好的理解是，物质环境不仅仅是对人类行为的静止的支持或约束，还是作为一系列人与场所之间生动的、变化的关系的一部分。正如第二部分中的许多研究所表明的那样，这些关系常常会因场所与使用者之间缺乏契合而受到困扰。一个场所的设计为其使用创建了固有的安排，并为其潜在意义提供了一组线索。这些安排可能是紧凑而具体的，如网球场；也可能是松散且多样的，如一大片平坦的草坪。空间的使用者根据预期或期望中的活动引入他们自己的安排，这些预期或期望中的活动可能是那些固有安排可以容纳的，也可能是无法容纳的。如果空间的固有安排与使用者期望的安排不匹配，那么管理者将面临一个问题：他们要么需要尝试在空间安排的约束范围内控制使用者的行为，这可能会引发冲突；要么可以让使用者尝试根据自己的愿望调整空间，这可能会导致使用者的挫败感或空间的损坏。

空间与用途常常并不匹配。游戏场地作为中场和看台。纽约市英伍德公园。［罗杰·哈特（Roger Hart）］

为了在空间及其使用者之间建立并维持良好的运作关系，设计师和管理者需要事先了解潜在使用者可能对该空间抱有的需求和期望。使用者群体的范围越多样化，越难以制定适当的设计和管理标准。在美国，种族、区域和阶层的巨大差异导致公共空间及其使用者之间的关系复杂。

现代社会的易变性使得理解人们需求和期望的任务愈加困难。在设计和管理空间时，应当充分考虑使用者的安排，并使空间对使用者有用和有意义。随着环境、使用者和行为标准的变化，固有的空间安排可能会过时。无论是由于不同的文化遗产还是不同的生活环境，不同群体，甚至同一群体在不同的时间点，对适合特定环境的行为的需求和期望可能会有很大的不同。管理者可能会尝试进行调整，但由于缺乏理解、原有安排固有的物质限制或缺乏改造资金，调整会受到阻碍。若使用者及其需求的变化与管理政策的适度变化不相适应，可能会加剧冲突，降低使用频率。以前的使用者可能会感到被排斥在外、被安置在他处，这通常会付出额外的代价，并且失去社会连续性和意义。

洛杉矶博览园是 1934 年和 1984 年两次夏季奥运会的举办地，这里有一条正式的草地林荫道通向体育馆的入口。周围社区内的西班牙裔居民认为这条林荫道的宽度正好适合踢足球，由于公园内的其他空间无法满足这一需求，因此他们选择在这里踢球。1983 年，在奥运会召开前夕，公园管理部门在林荫道的中间位置放置了一件“艺术品”作为回应，该艺术品由一排石头组成，这些石头足够大、距离足够近，足以防止这里被用作足球场地。之前的使用者的回应方式是向艺术品上扔瓶子，由此被冠以破坏公物和文化修养低的名声。他们又将踢足球场所转移到公园内另一个“不合适”的位置。结果相关人员提议建造另一件无法破坏的艺术品。从此，一场艺术与生活的斗争便激烈展开来。

林荫道上安放的艺术品。加利福尼亚州洛杉矶博览园的体育馆林荫道。（斯蒂芬·卡尔）

博览园中发生的这一冲突体现了社会环境和环境变迁的影响。公园场地主要被设计用作各种区域性体育和博物馆设施的环境，当时公园周围的社区居民都是白人和中产阶层。当地居民在公园内野餐或散步，与博物馆的游客和谐相处，并能容忍定期涌入的体育迷。公园管理部门认为，将场地用于非正式的体育运动是不合适的，使用者也不要求这样做。现在，周围的人口结构发生了变化，出现了一系列新的需求，而公园并不是为这些需求设计的，狭隘地关注机构需求的管理部门没有对此做出回应。事实上，公园管理部门一直通过扩建机构和修建停车场来减少可用于非正式用途的绿地。这导致了与社区的冲突以及非正式用途的急剧减少，进而导致公园内的毒品交易和犯罪的发生率增加。

我们的社会具有文化多样性和动态性，我们无法为良好的设计和管理工作提供一套简单的规则。美国是一个融合了多元文化的社会，有着自由和繁荣的共同梦想，但价值观和生活方式经常发生冲突。存在已久的神话和仪式已经适应了现有的空间，而不是自己创造空间（例如，圣徒日的意大利街头节日）。为了适应更大的社会，传统习俗可能会被修改或压制。但在少数种族的城市“村庄”以及某些族裔占主导地位的较小社区中，公共生活仍然反映了起源文化（Hall，1966）。其他社会变量，例如年龄和收入，是所有社会公共行为和需求的重要决定因素，这增加了种族多样性的复杂性。尽管人们不能忽视人与公共空间之间可能存在某种普遍的“深层结构”的可能性，但社会科学的大量证据表明，这些关系会因文化而异。此外，正如博览园案例中所呈现的那样，正常的城市迁徙过程，即一个空间区域中的一个群体取代另一群体，可能会导致人与场所之间的关系迅速失去平衡。

因此，一个好的公园、广场或游乐场是没有通用的秘诀或模式的。只有充分了解背景环境和使用者，才能确定恰当的物质空间设计和管理政策，这些设计和政策也只适用于当地公共生活演进过程中的某一特定时期。大多数设计准则都有助于观察人与空间之间的现有关系，但在人们尝试进行归纳时，会受到想法产生的特定语境的限制（Alexander et al.，1977；Gehl，1987；Whyte，1980）。为了纳入文化和时间的变量，需要采用不同的方法。

公共空间设计和管理的理论与实践必须解决以下问题：如何才能最有效地分析一个场所的社会环境和物质环境？如何在此类分析中最好地利用人性维度来制定工作标准？是否可以考虑所有潜在使用者的需求和权利，或者说，我们是否不得已只为大多数使用者进行设计？变化又是怎样的？空间应当如何适应变化，以便使用者的每次变换都不需要重构环境？适应性的空间一定是平淡的吗？同一场所能够对不同的使用者群体有意义吗？最后，考虑到使用者的多样性及其社会构成和需求的变化，一处场所如何随着时间的推移而具有意义？

设计与管理的基础

在创造人类环境并使其适合预期用途的无休止的过程中，设计与管理是其中的关键阶段。它们是塑造和应对人与自然环境之间复杂且不断变化的关系的主要手段。尽管设计和管理可能有着相同的总体目标，但它们是不同的、互补的活动。

当资源被收集起来以便对现有场所进行重大改造时，设计就应运而生了。它的职能是发现改造的目的，组织实施这一变化的适当方法，并指导建设或重建。这是一个相对短暂而密集的创作行为。

管理是控制最终场所使用、维护和调整其形式以满足不断变化的需求的过程。这是一项漫长的工作，其本质是周期性的，也是创造性的。管理工作可能会侧重于简单的场地维护，偶尔开展一些活动来调整“路线”，就像顺风航行；也可能会采取持续的主动干预措施，就像在暴风雨中航行。这取决于场所的性质及其用途。

为了成功地干预人与公共空间之间的动态关系，设计师和管理者需要一个理论参考框架和一种工作方式，帮助他们清楚地了解这些关系，以便有效地管理改变的工作。第二部分所述的公共空间的人性维度旨在提供这样一个框架。该框架关注人与场所之间的关系，而不是抽象的人类需求或场所品质。我们将在本章和第八章中描述的方法和方法论提供了将这些维度具体应用于特定使用者群体和每种背景环境的途径。正如博览园案例所示，同一场所中，持有不同期待和愿望的群体会为需求的维度、权利和意义赋予不同的价值。事实上，“同一场所”对于不同的使用者而言并不完全相同。关键在于，每个群体会采取不同的方式看待它、使用它和思考它。

由于场所的设计是决定人们感知和使用的最重要因素，因此设计师希望能够预测这些反应。管理者则需要读懂并理解人们实际上是如何使用空间以及为什么使用空间的。对于设计师和管理者来说，了解过去和现在的其他空间可以提供关于塑造和管理新空间的可能性的信息。当理解了空间设计与创作空间时的公共生活之间的关系时，这些信息会更有用。然而，与过去的案例相比，更重要的是直接观察使用这个空间的人们，或者如果这个空间还不存在，就观察使用类似空间的人们。这些维度也可以提供一种观察的结构。

本书第二部分中的研究内容和案例研究主要基于这种对人与空间关系的

详细探究。对于类似的背景环境和使用者群体而言，这些研究及其他类似研究可能会提供有用的理解来源。有时,现有空间可能与研究中的情况足够接近，可以提供原型。但由于背景环境与使用者群体之间的差异往往超过空间类型的明显相似之处，因此寻找原型的过程必须谨慎细致。第四章中的波士顿市政厅广场案例就是诸多尝试将意大利原型应用于北美空间的失败案例之一。

某一场所现有或未来使用者的感知、反应和愿景为设计和管理工作提供了最有力的信息来源。如果使用者参与到分析、设计和管理的过程中，则这些信息会通过面对面交流直接进入这些过程。真实人物的图像取代了模糊的想象预测或虚无的统计分析。这些人代表着所有的使用者，他们可以与设计师和管理者进行对话，以激发、塑造、澄清和检验他们的想法。人性维度可以作为讨论的框架,如果对话既开放又有序,那么将会促进这些维度的发展和完善。使用者的参与可以将人性维度转化为设计和管理标准，以适用于环境背景及来自该背景的特定人群。

为了发挥人性维度在此过程中的作用，它们必须首先成为积极的现实，这意味着它们将成为设计师思考设计的词汇表的一部分；成为管理者框架的一部分,用于评估空间工作方式和制定应对策略；成为使用者词汇表的一部分，用于对空间的可能性做出反应或提供信息。设计师和管理者可以通过实践使这些人性维度成为自己的维度，即利用人性维度观察和分析现有空间，思考设计和管理政策，并与客户和使用者讨论这些问题。这一概念框架并不神秘，它涉及的是共同的体验。参与其中的使用者可以很容易地理解和回应它提出的问题。

人性维度与参与其中的使用者之间的关系是互补的。人性维度为组织空间社会效用的想法提供了一个全面的框架。参与其中的使用者提供了生命力和特殊的洞察力，将这些最初抽象的想法带进生活中。例如，舒适性对于所有空间都很重要，我们知晓影响个人舒适或不舒适体验的大多数生物和心理变量。为了解如何在给定背景下最好地创造和维护舒适的环境，需要详细了解一个场所、场所的使用者以及他们想要在那里从事的活动。虽然通过反复考察场地和观察类似环境中的人群可以获得一些见解，但深入理解最好是通过与实际使用者展开对话来获得。如果一块场地位于社区内，那使用者更有可能意识到当前的微气候和社会环境的独特之处。当然，他们也最清楚自己想在那里做什么。

比理解每种维度更重要的是在各个维度之间实现恰当的平衡，这是使用者参与使之成为可能的特定方式。任何设计都是相互竞争的目标与优先级之间的平衡行为。与使用者的讨论会产生关于真实社会多样性的生动意识，这使得设计师和管理者能够构想出这种平衡，决策者能够更好地理解设计和管理政策的社会影响。

通过与具有代表性的使用者进行对话，可以处理不同群体之间潜在的和现有的冲突，在大多数情况下可以解决或管理这些冲突。人们精于和解的艺术，当一个群体在合作完成某项任务时，大多数人都希望达成共识。此外，谨慎的管理也是需要的，保持沟通渠道畅通无阻，确保将分歧暴露出来并以最小的敌意进行争论，避免过早结束沟通。尽管这些争论可能难以解决，但解决难度远低于处理因设计和管理政策对社会多样性不敏感而引起的分歧。

一旦建立了一个由使用者参与讨论的公共场所，它甚至可以帮助解决未来变化涉及的棘手问题。场所使用者可能会比管理者更加了解不同群体关系之间存在的问题。当事情进展不顺利时，管理者可能无法在对空间造成实际伤害或发生公开冲突前发现问题。使用者更有可能了解问题的发展情况，因此他们对管理者非常有帮助。通常情况下，及时改变政策或运营方式可以避免代价高昂的物质维修或重建。

公共空间的设计和管理是在持续存在的环境中寻找一套干预措施的引导性过程，这些干预措施将最好地创造和维持对社会有益的场所。它们以过去的经验为指导，但它们也利用人类思维的创造力来综合新信息和解决复杂问题。在我们所倡导的参与式模式中，设计和管理不仅取决于专业知识和技能，还取决于直接受影响者的创造力和判断力，以及人们通过政治对话达成并维持适当的社会平衡的能力。

曼蒂奥社区和滨水区规划

北卡罗来纳州曼蒂奥

位于市中心区和社区滨水区；由景观设计师小兰道夫·T. 赫斯特（Randolph T. Hester, Jr.）设计，并征询了当地居民的意见；由当地居民建设和管理；于1980年完成规划，1984年建成滨水区；规划区域面积约为41英亩（约16.59公顷），滨水公园长约800英尺（约243.84米）。

曼蒂奥规划是关于社区公共空间规划和设计的公众参与的一个例子。曼蒂奥是北卡罗来纳州海岸的一个海滨社区，该社区历史悠久，但面临着经济问题。该镇需要一项既能满足经济发展需求又能尊重社区价值观和品质的规划。他们聘请了景观设计师兰迪·赫斯特为新的滨水公园制定规划。根据赫斯特的说法，“我们在现场仅花了几天时间便意识到，海滨公园只是一种装点门面的掩饰。由于曼蒂奥的季节性失业率超过20%，计税基数不断下滑，因此曼蒂奥需要一种新经济”（Hester，1985）[11]。赫斯特说服该镇让他在社区中引入更广泛的经济景观和物质景观。

赫斯特采用了一种十二步参与式设计过程来制定社区和滨水区规划（Hester，1984）。十二个步骤分别是：

1. 听取当地人关注的问题和想法；
2. 设定社区目标；
3. 绘制社区资源并列出清单；
4. “将社区介绍给社区自身”；
5. 获得“重要的邻里问题的格式塔”；
6. 绘制预期的活动环境；
7. “让原型和特质启发形式”；
8. “制定概念性标准”；
9. 发展一系列设计方案；
10. 施工前评估方案的成本和收益；
11. 将项目的责任从设计师转移至社区；
12. 施工后评估。

该过程中使用的参与性技术包括正式和非正式的使用者访谈、问卷调查、

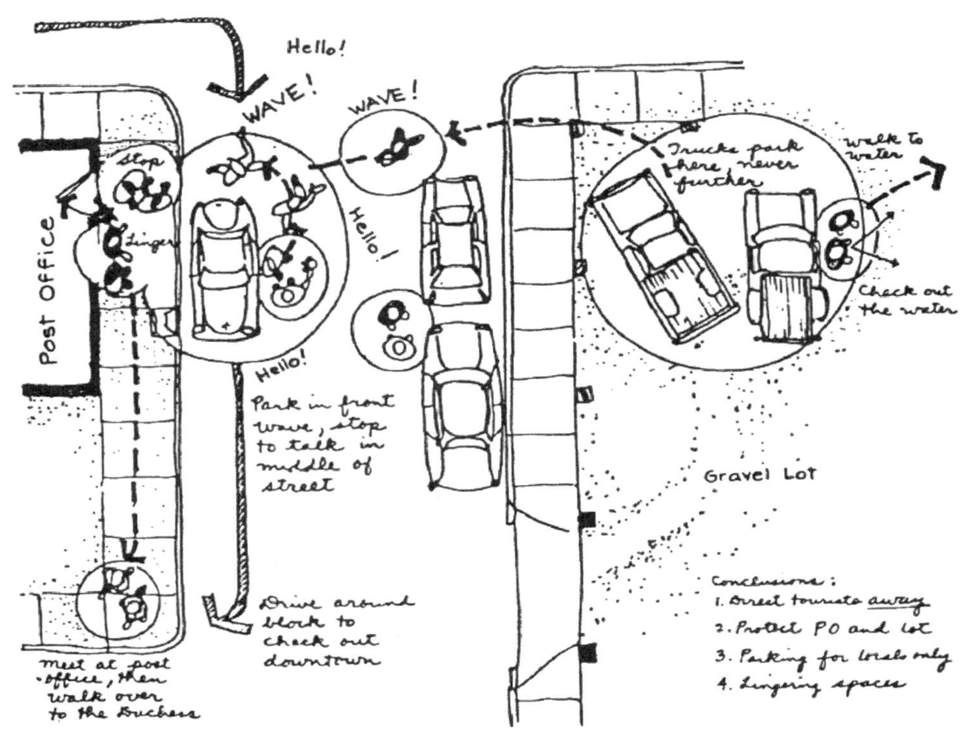

“邮局新闻”——景观设计师兰迪·赫斯特为北卡罗来纳州曼蒂奥制定城镇规划时使用的社区活动分析图。（小兰道夫·T. 赫斯特）

社区调查、观察法、“生态绘图”、社区论坛和会议、角色扮演和头脑风暴。

赫斯特描述了他在曼蒂奥作为社区设计师的角色，即帮助“居民在面对变化时确定并保留其有价值的生活方式和景观”（Hester，1985）[10]。参与过程使社区成员能够确定有价值的场所，并了解变化可能对该镇“神圣”景观产生的影响。对于设计师和社区参与者而言，这是一个学习的过程。

使用者修建的木板人行道，源于北卡罗来纳州曼蒂奥的“神圣结构分析”和参与式设计过程。（小兰道夫·T. 赫斯特）

在绘制社区神圣结构的基础上，赫斯特和当地居民共同制定了改善滨水区公共环境的规划。此次参与过程并没有止步于设计。当地居民负责海滨木板路的实际建造，使用社区发展基金支付材料费用。已竣工的滨水区项目是大型社区设计过程中确定的价值观的物质反映。正如赫斯特所说：“在最近一次吸引了数千名游客的旅游活动中，当地人仍然能够步行到邮局，在海滨捉螃蟹和游泳，并在公爵夫人餐厅为当地人预留的区域悠闲地享用早餐。”（Hester，1985）[21] 如果没有对在参与过程中得到的当地场所和价值的敏感性，这些城镇公共生活的重要方面不可能被保留下来。

相关案例：巴雷托街社区公园、格兰德街滨水公园、煤气厂公园、波士顿滨水公园。

设计的艺术

我们认为，设计的艺术是超越给定信息，为场所创造包容、统一、持久愿景的能力。设计师必须经常在相互冲突的需求和愿望中实现这种创造性的结合。他们带来以往的经验、可视化和图像表达能力、对典型开放空间需求和权利的理解，对某个场所历史、特征及其背景环境的研究，以及对该场所潜在意义的洞察。其他参与者也有他们自己的类似地点的经历和特定观点，但需要依靠设计师的技能和判断来帮助他们形象化地表达并阐明他们的目标。开放、民主的设计过程是相互学习和发现的过程。

为了在这一过程中有效地开展工作，设计师必须学会以舒适的节奏在两种状态之间来回切换直至收尾，这两种状态分别为极端开放并响应他人的需求和愿望，以及自我指导的工作阶段。在包容性的设计过程中，好的倾听者能够听到许多声音，有时是相互矛盾的声音。设计师必须探索如何在一个空间中容纳广泛的不同需求，以实现整体的良好运转。

例如，在人口稠密的城市地区建造一个新的滨水公园，附近有办公区和住宅区，其使用需求可能会相互冲突。有些人只想被动地参与其中——散步、小坐、读书、晒太阳、观察他人和吃午餐。一些家庭可能会希望将其用于其中一些用途，但也希望它能更积极地用于儿童和成人的娱乐活动，尤其是在傍晚、晚间和周末。这可能包括一些占用空间的游戏，如扔飞盘或抛接球。还有一些人希望为儿童或垒球、篮球、手球或网球提供专用的游乐空间。除非公园非常大，否则这些使用者需求将争夺可用的空间。日光浴者的权利可能会与那些想打垒球的人直接冲突。空间设计上的平衡不仅会影响使用者的权利，还会影响公园在他们生活中的意义。

设计师必须能够想象不同群体使用公园的方式和时间，并预测潜在的冲突。如果能够将这些信息清楚地传达给参与的使用者和客户，那么就可以通过适当的设计和管理策略来讨论并避免许多可能的冲突。例如，当空间有限时，大多数环境都可以适合多种用途。这项工作需要经验和想象力，但如果基于对将要使用公园的真实人群的直接了解，那么经验和想象力都会变得更加有效。

这种对话有助于探索和发展设计中的微妙之处，例如意义。通过与使用者的良好讨论，以及来自其他时代和场所的示例，可以揭示出使用者反应最强烈的意义维度。尽管意义会通过体验而加深和改变，但这种演进的基础在于空间的初始设计及其管理政策。某个场所及其大环境之间的共鸣联系必须在场所本身中被发现，再由未来的使用者赋予其个人意义和群体意义。

缅因州刘易斯顿市的居民在看过演示其他地区案例的幻灯片后，讨论他们想要的主街模样。（斯蒂芬·卡尔）

环境设计是一门立足于场所营造技艺的艺术。艺术创作产生于人类大脑的神秘深处，是我们无法探究的。正是这种设计的诗学、自我表达的机会，以及由此表达人类精神的机会，激励人们成为设计师，并使他们在实现设计项目的过程中保持动力。尽管如此，所有艺术家都必须熟悉他们的技艺。

就环境设计而言，这种技艺通常被认为涉及对专业技术和商业技能的掌握。若要以对社会负责的方式实践公共空间设计，则这些技能必须扩展到沟通、社会关系和政治领域。在第八章中，我们将提出组织和实施公共空间设计的方法，使其成为设计师与受益人群之间的真正合作。在这些公共设计过程中，设计师的社交技能将得到提高，将获得许多新的和具有挑战性的信息。

在设计的创造性结合中，这些信息被分类、重组并作为设计假设提出。参与式的过程提供了在空间建成之前对这些假设进行预检和完善的手段。良好的管理为空间建成后的持续调整提供了机制。在这两项工作中，人性维度是组织设计假设和分析备选的空间活动对人的影响的有效手段。为了了解该过程是如何发挥作用的，我们将依次考虑每个维度。

为需求而设计

第四章中讨论的舒适、放松、被动融入、主动融入和探索发现的一般维度，必须由设计师在特定的社会和物质环境中予以具体表达。例如，证据表明，主动融入的需求是人们在几乎任何公共空间都会以某种方式寻求满足的基本需求。但在公园或游乐场中主动融入的机会与市中心广场截然不同，并且不同文化群体之间也有所不同。设计上的挑战在于发现适合特定空间和社会环境的融入类型，并在满足其他需求的同时达到适当的平衡。

为此，设计师可以通过使用者了解人们在空间内可能寻求的融入类型：例如，结识陌生人、与亲朋好友交往，以及主动的娱乐活动。然后，在项目分析的基础上，设计师会考虑各种潜在的使用者，设想最能支持特定群体开展特定活动的环境类型。例如，在滨水公园的案例中，除了用于球场比赛的弹性硬质铺地外，可能还需要一块平坦的大型草坪区域，用于非正式的有组织的运动，例如垒球或足球运动。同一空间经过适当安排后还可用于其他活动，例如在草坪上放松和跳舞、在球场上轮滑，或在团体野餐或烘焙义卖中开展社交活动。通过想象群体、需求和环境之间的关系，设计师可以开始构想环境的具体特质，使空间能够在不同的时间适应不同的用途。每种构想都提供了一种假设，设计师可以通过与参与其中的使用者的讨论来检验其假设。

即使是常规空间也可能需要审视。尽管建造篮球场的尺寸和要求是众所周知的，但讨论的重点包括：是为简单的非正式用途提供半场场地，还是为举行真正的比赛提供完整的场地，以及是否需要安排观看区。设计师应该能够帮助人们了解，如果硬质场地需要具有多种用途，那么两个小的半场场地之间有空间用于打排球、打羽毛球或跳舞，可能比一个完整的场地对更多的人更有用。因为完整的场地可能会被有组织的团队占用，而将其他活动排斥在外。此外，如果球场周围设有分层的座位，则既可以用于非正式的表演，也可以用来打篮球。

由于不同种族、年龄或收入的人群喜好的活动各有不同，而且每个人对空间有特定的需求，因此，很有可能发生冲突或无法满足某些需求。各种活动的分区允许在每个分区中创造合适的环境，在空间允许的情况下，这是一种显而易见的方法。但由于很少有足够的空间为每种活动提供单独且适合的区域，所以创造多用途的环境是更为常见的解决方案。正如刚才给出的例子，这通常会导致提供某些活动（例如半场换全场）时出现一些妥协，需要与使用者进行仔细研究和讨论，以做出最有效的选择。相反，如果忽略了某些主动的使用需求，为一项活动设计的空间可能会被另一项活动占用，从而造成更大的管理问题。一处经过深思熟虑设计的多用途空间不会平淡无奇，而会是一处引人入胜的地方，充满各种可能。

华盛顿特区市中心的画廊广场，中心空地被设计为戏水喷泉、倒影池和节日场地，并配有帐篷固定装置。（斯蒂芬·卡尔）

为国际食品博览会准备的帐篷。（斯蒂芬·卡尔）

设计师不仅要考虑如何支持空间的多种用途，还要考虑这种分时共享会如何影响相邻空间的使用。这些可能性可以通过简单的“气泡图”来研究，尝试在一些位置使用，这有助于仔细思考其含义。但这种方法只给出了粗略的答案，因为设计的细节会产生很大的不同，比如感知到的边界的特征。好的设计师即使在简图阶段也会想象出一些细节。在与使用者讨论这些备选方案时，以易于理解的方式来描述这些边界和缓冲区的作用非常重要。其他现有环境的图片也可用于模拟各种可能性。

在不同群体使用的环境中，适应其他不太主动的需求可能更容易。对于舒适性的要求在很大程度上基于人体解剖学和生理学，因此对所有群体而言都是相似的。在我们的文化中，无靠背的长椅对于所有年龄段的人来说都是不舒适的。但如果没有适当的社会、心理以及身体上的支持，舒适和放松也无法在公共场合实现。重要的是要了解不同群体认为什么是放松，以及他们如何看待彼此。如果一个群体希望在喧嚣声中听音乐或跳舞来放松身心，那么就应该让他们不要紧挨着老年人喜欢聚集的入口附近的休息区。即使音乐并不令人反感，大量活跃的年轻人的出现对于老年人来说也是一种威胁，可能会损害他们的活动能力和身体稳定性。

被动融入和探索发现是可能不会在不同使用者群体之间产生潜在冲突的需求。毕竟，观察他人是被动融入的主要形式。观察他人的差异性和惊人的相似性可以提供令人愉悦的感觉。然而，要享受这些受欢迎的活动，个体必须相对舒适和放松。人们所处的环境必须令他们感到安全，并为观察行为提供避风港，位置应靠近观察对象，但不在其活动范围内。最好的环境，比如罗马的许愿喷泉，提供了不同程度的融入，从可以安全观察整个环境的附近餐馆，到几乎沉浸在水中。纽约公共图书馆的台阶案例（参见第四章）则展示了在不太复杂的环境中如何实现融入。这些不同层级的环境允许人们选择适合自己需要的融入程度和开放程度。

与任何资源分配问题一样，通过公共空间的设计来满足某些人的需求可能会导致忽略或增加其他人的需求。尽管可利用空间这种稀缺资源可以通过多用途设计进行拓展，但这可能会给另一种稀缺资源——良好的管理带来压力。大型公园能够相对容易地满足人们主动娱乐的需求，同时也有充足的空间供人们闲坐或躺在阳光下享受被动休闲的乐趣。随着公园规模的变小，同一块草坪可能必须承担双重责任，这就要求为不兼容的活动安排时间。原则上说，这在社区公园中更为困难，因为空间更小。在实践中，可能只能通过邻居之间的相互迁就来解决。当地的游戏场地实现这样的平衡可能特别困难，因为幼儿游戏会占用空间，球类比赛也有尺寸要求。设计师的聪明才智也许能为老年人提供一处舒适、受庇护的场所，他们可以在那里闲坐，但有时优先考虑一个群体的需求和权利而不是另一个群体的决定是不可避免的。使用者参与的典型过程允许在不同利益方之间的公开讨论中做出此类决定。

保护权利

对于设计和管理而言，在潜在冲突的需求和权利之间实现并保持适当平衡的技能是至关重要的。这基本上是一种政治技能，必须获得代表性使用者的意见和同意，才能成功运用。在任何民主制度中，都必须保护少数群体的权利，使其免遭多数人的暴政。公共空间也不例外。尽管目前并没有针对公共空间使用者的权利法案，但我们认为，第五章中列举的权利为面向各种使用者群体的公共空间的设计和管理中的重要问题提供了非常有用的指南。我们相信，进入权、行动自由、领域宣示、改变和所有权是民主社会的基本权利。并非在所有情况下都需要行使这些权利，但必须始终将其视为可行使的潜在权利。作为市民，我们确实拥有我们的公共空间，如果它们不适合我们，我们有权改变它们，即使我们目前可能不想这样做。

设计中通常不会明确考虑人们在空间中的权利。这在一定程度上导致进入空间与使用空间时产生的冲突可能会成为管理者一项繁重的，有时甚至是压倒性的工作。设计师可能会想当然地认为，如果一个空间满足了人们的需求，那么它就会被使用。但很多案例表明，应当避免提供完全“可用的”空间，因为潜在的使用者会觉得他们在那里没有基本的进入权或行动自由。纽约布莱恩特公园的第四十二街就是典型的例子，那里被毒品交易者所占领。管理部门可能未能提供足够的安全，或者没有恰当地处理好地盘权。像常常发生的那样，这个设计本身无法提供恰当的物质支持和视觉线索来接纳人们的进入和使用。在布莱恩特公园，毒品交易区位于相邻的人行道上方，视线被栏杆和树篱所遮挡。

需求和权利在实践中相互交织。使用轮椅的人可能需要设计合理的坡道，并且没有其他障碍物，以便有权进入某个场所。所有人的行动自由取决于设计出的摆脱生理和心理障碍的自由。某一群体要求短期使用空间的权利可能会使另一个需要该空间用于其他用途的群体受阻。无家可归者“占领”公园就是这一问题的极端形式，他们与周围社区的居民发生了冲突。设计师可以在一个空间内划定有形的分区，通过其规模、形状、设施和边界鼓励或阻止暂时的领域宣示。旨在保护权利的精心设计可以帮助老年人和青少年在同一个公共空间内共存，甚至可以阻止毒品交易，但它无法纠正导致无家可归的社会不平等现象。

永久改变、所有权和支配权似乎不属于设计师要创造或保护的特权范围。在我们的文化中，这些权利往往伴随着对土地的法定控制权，更多地通过管理而不是设计来缓解或挤压。我们可以在设计中为空间暂时改变提供支持，例如为音响系统提供电源插座，或在铺砌区域内为社区活动预留帐篷固定装置。可拆卸的遮蔽物、舞台和看台，可移动的照明和音响系统及其存放点都为短期变化提供了更多的灵活性。当使用者可以随时调整空间以适应其不断变化的需求时，无论其法律效应如何，都会增强他们的归属感。当适应性的空间与响应式的管理手段相结合时，冲突就会减少。

在当代城市广场上，围绕需求与权利的冲突往往比公园更微妙。城市广场几乎一直是交通空间、集会场所和休憩场所。公共活动和表演的聚集需要视觉上的开放区域，最好有倾斜或分层的平面。交通所需的动线通常在场地的对角线上，可能会贯穿整个空间、干扰活动视线或导致那些希望穿过广场的人们绕道而行。带有倾斜或分层侧边的下沉空间会使老年人或使用轮椅的人难以行动。如果下沉得足够多，足以遮挡相邻街道的视线，这些空间也可能变得不安全。想要坐下来休息的人可能会喜欢观察过往的人流，但也会想要一些距离，免受活动的人群的影响。许多人需要阴凉的空间，所以开放的聚集空间便减少了。与公园一样，如果广场面积足够大，则可以在尽量减少侵犯他人权利的情况下满足所有需求。但在大多数情况下，设计师必须在参与其中的使用者的帮助下，在较小的范围内达成谨慎的平衡。为保护权利而开展的设计工作可能成为一个谈判的过程。

俄勒冈州波特兰市的先锋广场，该广场尝试了多用途的解决方案，但大多数时候仍然像是一个空旷的圆形剧场。（斯蒂芬·卡尔）

太多的绿化会扼杀商业生活。萨克拉门托市中心被改造成公交步行街之前的“K”字步行商业街。（马克·弗朗西斯）

市中心的购物街道被改造成步行商业街，会造成更多困境。通行和休憩的愿望经常发生冲突。除咖啡店主外，其他商家通常都希望让人们保持流动——浏览橱窗和经常光顾商店。市中心步行商业街的设计师们可能混淆了这些街道与广场或公园，他们经常在街道中间放置高的花槽和其他构筑物，包括坐的位置、喷泉、遮蔽物、游戏场或舞台。这些设计占据了街道空间，汽车消失后街道可能显得太宽阔、太空旷，但这些设计阻碍了便捷的视觉上的可达性，限制了人们从一家商店穿过街道到另一家商店的自由，尽管实现这种便捷的通行可能是一开始封闭街道的首要原因。

其他冲突通常会发生在街头摊贩或表演者占领了现有零售商家前的街道。在传统的市中心购物街上，设有车行道和人行道，人行道的宽度通常会限制售卖活动。警察会阻止街头摊贩或表演者妨碍行人自由通行或进入商场。在大多数城市中，街头摊贩和表演者必须持有许可证，它通常会对地点的选择有限制，避免与商家发生冲突。在新型的市中心购物中心设计中，由于空间更大，两者都可以兼顾，特别是一些现有商家逐渐明白，街头摊贩和表演者可以在一定限度内活跃街道氛围，避免街道过于空旷。在某些情况下（参见第六章的教堂街市场案例），会有一个市中心管理的实体，由其仔细规范街头摊贩和表演者的类型和位置，通常利用街道中专门设计的环境作为空间定位点。

在某些市中心的购物中心和节日市场中，这些活动已经高度正规化和规范化，有统一的摊贩推车、表演舞台，以及设计好的活动安排和时间表。一些半公共的中庭还设有分时段和受监督的活动，所有活动都管制准入。如第五章所述，这引发了民众抗议，有时民众抗议还会受到公共监管，以确保至少在开放时间内的自由出入。但显而易见，当前的趋势是以迪士尼“世界”为

街头摊贩可以成为公共空间中一道色彩斑斓的点缀。如果能够通过管理摊点位置避免冲突，那么将有助于吸引新的顾客光顾市中心。佛蒙特州伯灵顿。（斯蒂芬·卡尔）

位于巴尔的摩内港的港区已经有了新的开发，但仍基本保持公共属性。（斯蒂芬·卡尔）

先驱，趋向于打造以商业为导向的半公共空间，在这种空间中，游客的体验经过了精心设计，出入自由、行动自由和领域宣示的自由都被放弃了，以获得娱乐的乐趣。

城市滨水区也可能是进入权与使用权冲突的区域。许多城市将过去的工业滨水区开放用于其他活动。滨水区对住宅开发以及某些类型的办公和商业活动特别有吸引力。城市总是渴望新的纳税用途。另一方面，公众也强烈要求自由进出滨水区，获得新的开放空间进行各种各样的娱乐活动。波士顿、费城和旧金山等一些城市成功地兼顾了这两种需求。而底特律等其他城市则饱受困扰，它们迫切需要新的税收，因此允许中产阶层住宅区的栅栏侵占部分滨水区。包括曼哈顿西区在内的其他地方，目前仍在争论是否应该允许在哈得逊滨水区引入更多如炮台公园城那样的私人开发项目，以支付新的公共空间开放准入的费用。西区居民普遍认为，无论这些空间设计得多么出色，只要与豪华开发相关，就永远不会真正地向所有人群开放。炮台公园城的北区公园正在建设中，它专为大规模的社区使用而设计，在社区居民的参与下，北区公园可以用于检验社会环境的限制效应的假设。

即使在社区参与或负责设计的社区开放空间中，如花园、迷你公园或游乐场，也存在与权利相关的重要问题。这些空间即使建在公共土地上，通常仍会设置栅栏，不对非社区成员开放或者每周仅开放几个小时。建造和维护空间的人希望空间主要供自己使用，这是可以理解的。此外，如果公共空间是花园，还有必要防止潜在的故意破坏公物或盗窃农产品的行为。而使用游乐场的外部人员可能会导致建造者承担不必要的责任。通过精心设计，可以允许非社区成员旁观而不是参与其中。但最好的解决方案可能是某种形式的合作所有制，将土地出租或出让给某一群体，由该群体控制其成员的使用权。如果该土地最初是公共的，交换条件可以是要求必须向社区内的所有人开放。

作为公共公园向公众开放的私有财产，必须明确说明相关规定。（马克·弗朗西斯）

为了确立并保护人们在公共空间中的权利，需要密切关注设计和管理两方面。单靠设计是不行的。全面的场地与环境分析、参与式的计划推进可以在项目开始时确定许多可能相互冲突的需求和权利。在制定设计方案时，为保护所有人的权利并将冲突降至最低，需要熟练且经验丰富的设计师和管理者，以及一套参与流程，直至该空间投入使用。相关人员应研究类似案例，探索各种选择，以便了解空间可以容纳什么以及这将如何影响使用者的权利。然而，为了真正理解这一点，并在物质空间设计中建立支持与约束的恰当平衡，应当同时制定管理政策和设计计划。如果能够在设计阶段明确对人们的进入权、使用权、领域宣示权、所有权和支配权的预期影响，则将有一条基线来评估使用中的空间，并随着时间的推移进行必要的调整。

为空间赋予意义

为公共空间赋予意义也是一个涉及使用者、设计师和空间管理者的过程。

首先，空间必须支持有意义的日常体验。它们必须具有足够的多样性以满足人们的需求，并在使用空间时找到乐趣、发现兴趣并享受愉悦。这些空间必须很好地适合周围环境，并使前往那里的人们感到舒适和安全。管理系统应该是民主的，允许文化表达、暂时的领域宣示和改变，使人们觉得空间是他们生活的一部分，是其身份的表达，即便只是在他们使用该空间的时候。为了与一处空间建立联系并关注它，群体或社区应当参与空间的设计和管控工作，并在管理工作中享受权利、承担责任。最后，管理者应当在与使用者文化偏好相呼应的空间与资源中提供有意义的元素和事件，以激发使用者对该场所的兴趣、提高使用频率并增加投入，这些品质都是意义的基础。

如果一个空间能够真正满足人们的需求，仅凭这一点，就对人们有意义。相比之下，有意识地将空间设计成令人印象深刻、因而"有意义"的纪念性空间，除了令人们经过的时候感到不舒服之外，可能不会给使用者带来什么。关注公共空间使用者的需求和权利，为表达文化意义铺平了道路。如果公共空间的设计能够满足这些基本的性能维度，将大大增加场所的意义。人们会反复回到可以满足其重要需求、保护其使用权的空间，这种反复的体验会形成个人依恋，也是产生意义的基础之一。

除了功能之外，还需要做出许多选择，这些选择通常被认为是设计师的艺术特权。这些特定形式和材料的选择，以及它们之间的关系，极大地影响了使用者对关联意义的体验。它们决定了一个场所如何与使用者的文化期待和渴望产生共鸣，并与这个场所是否能够随着时间的流逝而受到喜爱和变得丰富有很大的关系。创造更深层意义上有意义的环境是公共空间设计的最大挑战。

我们的多元文化社会为设计师提供了许多与其他时代和场所之间的潜在联系。正如迪士尼成功证明的那样，几乎任何我们可能选择的创造环境主题的方式都有可能吸引特定群体。对历史的模仿似乎对那些不安定的和漂泊的人群有着特殊的吸引力，即使它只是"伪装"的，例如迪士尼大道或最新的欢乐穹顶购物中心（Henry，1986）。但这种虚假的历史主义对于许多人来说可能毫无意义，甚至令人厌恶，或者仅仅具有短暂的新奇感。某一时刻的历史就像速溶咖啡一样，可能会有刺激作用但不令人满意。

强调一个地点与其背景环境之间的联系是获得更深刻、更持久意义的一种方法。要实现这一点，就需要将背景环境中使一个地区、一座城市或一个社区独一无二的特质收集和表达出来。对于中心空间而言，这些特质可能来自对周边地区自然景观特征的研究（Hough，1990；Norberg-Schulz，1980）。灵感可以来自地形、特定材料或色彩的丰富性、是否存在水体，以及当地的典型植被。大型的城市中央公园经常会形成这些联系，其他类型的空间也可能产生这种联系（参见第六章的教堂街市场）。

另一种环境关联可能是与真实历史的联系，无论是某个地方的典型聚落模式、昔日建筑的典型特征，还是特定的事件。当然，纪念碑通常指代着过去，当纪念真正重要的人或事件时，它们可以在很长一段时期内保留其意义。目前在“后现代”设计师中流行的立柱、山花墙等“古典语录”试图与普遍受人尊重的过去建立联系，但在美国城市中，这些语录往往与背景环境格格不入。新奥尔良的意大利广场是这种公共空间发展趋势中较成功的例子之一，该广场位于一栋办公楼的院子里，但至少可以把附近的意大利裔美国人社区作为托词。新墨西哥州的圣达菲和加利福尼亚州的圣塔芭芭拉等城市选择了环境

加利福尼亚州的圣塔芭芭拉在新旧开发中都保持着西班牙殖民地特征。埃尔帕索。（斯蒂芬·卡尔）

主题，主题源自这些地区早期人们的生活方式、文化形式和建筑技术。这些会引起人们的共鸣，即使往往与现代生活无关。当设计的形式化手段不是创造复制品却能够唤起人们对该地的历史记忆时，它们便可以激发思想。费城的本杰明·富兰克林公园是为了纪念富兰克林的住处和花园，但人们并没有试图重建它们。洛厄尔州立遗产公园的入口广场（参见第六章）令人们回想起当时的火车站，工厂的工人们就是在这里首次进入这座城市；与此同时，这个公园纪念和颂扬了该市独特的运河系统，该系统曾为纺织厂提供动力。

最困难、最不发达、潜在回报最丰厚的将是发展适合我们自己的时代和场所，以及适合我们新兴文化体验的特质和关联意义。过去，这类作品通常是由艺术家在鼓舞人心的宗教语境下创作的。那些后来被视为时代精神有力升华的作品，在建成时往往并没有获得认可，因为它们领先了一步，站在了当前潮流的前方。

在我们这个缺乏精神统一的社会中，有意义的设计可能会从我们对人类发展的理解以及对人类在生物圈中地位日益增加的认识中获得灵感。人们可以从多种空间中看到这一点，例如真正的冒险乐园、社区花园，以及强调利用当地植物和草地代替修剪过的草坪来与自然和谐相处。随着环境运动的发展，树木和森林似乎都变得神圣起来。如果环境管理成为我们的最高使命，那么设计师和管理者都将以完全不同的方式看待他们的角色，而意义将直接来自他们与人和自然的合作方式。

场所的设计可能是建立与某个区域和其中的人的联系的最重要因素。意义的每个组成部分——历史、人、群体、该地区的其他建筑物、自然的和宇宙的力量——都可以通过设计转化为意象。最终形成的意象和氛围感才是使用者的心中所想。它是对某一场所的体验与使用者记忆的结合。在某些情况下，设计可能是对这种联系的直译，比如自由女神像、林肯纪念堂的林肯坐像、唐人街广场上的宝塔、奇卡诺广场的西班牙风格设计。在其他情况下，意象可能是从不太直接的来源中提取出来的——纽约时报旧大楼周边变化的灯光显示了该场地的中心地位，或者被誉为“通往西方的门户”的圣路易斯拱门。所有这些意象最初都是由设计确定的，随后通过多年的使用和体验模式发展而成。这些意象和使用的持续正是环境意义的基本要素。

公共艺术与合作

几千年来，公共场所的创造者们都求助于艺术家，让其提供有意义的符号。从米诺斯壁画，到希腊和罗马关于神灵、皇帝、战争的檐壁和雕像，我们形成了这样一种公共场所艺术作品的传统，即描绘对当时文化有重要影响的人物和事件。在 19 世纪美国的市民广场和公共建筑中，原始商业和工业令人困窘的活力常常被新古典主义的外衣所掩盖，产生了许多标志物，这些标志物除了可以作为权力、繁荣和文化追求的宣言外，对于大多数人而言毫无意义。公园里常常充斥着赞助者的雕像。如果当时的政界人士和商业大亨能够抵挡得住这种诱惑，公园方通常会找一位军事人物居高临下地骑在马背上，再在雕像基座的适当位置刻上公园的名称。公共艺术被视为一种提升大众品味的手段，而不是民主进程的产物。

经典的 19 世纪纪念碑。纽约联合广场。（斯蒂芬·卡尔）

我们尚未摆脱这种特殊的偏见——艺术是由一批合格鉴赏家中的精英挑选出来，然后呈现给公众以供启迪的事物。目前挑选公共艺术作品和艺术家的委员会通常由博物馆馆长、收藏家和经销商组成，偶尔还会象征性地加入社区成员、商人或艺术家。即使在选择过程比通常更民主的马萨诸塞州剑桥市，艺术委员会也成立了两个平行的艺术家评选小组，包括向专家小组提供咨询意见的市民委员会。随后这些专家闭门投票。这种选择结果通常由深奥的价值观决定，通过这种过程选择的公共艺术作品被最终接触到它的人视为毫无意义或更糟，也就不足为奇了。有时，公众的强烈抗议甚至会迫使某件作品被拆除，例如众所周知的那个案例，理查德·塞拉位于纽约联邦广场上的作品《倾斜之弧》。

在我们这个时代，艺术的问题之一可能在于缺乏鼓舞人心的普遍主题，比如宗教。艺术家几乎总是可以创作出令人愉悦的形式和色彩组合，以及出人意料的人物来取悦人们，但美感只是艺术的承诺。最能打动人的现代作品似乎是那些纪念残暴罪行的作品，例如毕加索的《格尔尼卡》、罗马郊区阿尔帖亭洞窟的几位艺术家的作品（纪念第二次世界大战中的大屠杀）、耶路撒冷大屠杀博物馆外唤起人们回忆的雕塑，或者华盛顿特区的越战老兵纪念碑。一些艺术家，如克莱斯·奥登伯格，已经找到了将日常物品如晾衣夹和棒球棍制成易于理解的纪念性标志的方法，在调侃纪念碑的同时提醒我们普通事物在生活中的支配地位。作为对我们时代的文化表达，更有意义的可能是位于洛杉矶东区西班牙裔的“火之墙”，或者其他不为人知的惊人创造，如著名的华兹塔，点缀着我们的风景（Wampler，1977）。当然，它们展现出的往往是“高雅文化”公共艺术中所缺乏的活力和创造力。

然而，被选来承担这项任务的艺术家都面临着与公共空间设计师相同的困难，即发现和表达对多样的和不断变化的使用者群体有意义的想法。一个看似有前景的“新”想法是在设计初期，在艺术家与建筑师或景观设计师之间展开合作。这个想法是建立在希望与应用艺术领域的同业者相比，艺术家们可能会接触到更深层次的创造力源泉；而设计专业人士可以帮助艺术家了解公共空间设计中涉及的实践和技术因素。这种结盟有望打造比通常更美观、更有意义的空间。当艺术家和设计师出于对对方作品的共同兴趣和尊重而互相选择时，结果确实是可以想象的。而当艺术家和设计师被独立选出并被要求合作时，这种“包办婚姻”的结果可能会令人失望。

设计师习惯于掌控设计过程，艺术家则习惯于按照自己的想法独立工作。真正的合作是一项必须学习的技能，在重要的公共委员会中工作对这种学习而言是一种紧张而困难的环境。当艺术家和设计师都决意要控制设计时，结果可能会非常平淡，因为他们几乎无法达成共识。当艺术家占据主导地位时，结果可能会对不符合特定艺术构想的需求和权利不敏感，就像塞拉的《倾斜之弧》。当设计师占据主导地位时，艺术家可能会感到受挫，创作出蹩脚的装饰作品，例如炮台公园城的北湾。而另一边的南湾则是艺术家和设计师在同一开发项目中的另一次合作，融合了很多有趣的元素，令人想起海边的环境。

合作的想法很有希望，特别是如果合作的范围可以扩大到不仅包括艺术家和设计师，还包括空间的管理者和代表性的使用者。由于重要的公共工程需要通过竞选成立委员会，所以在选拔之前可能会组建艺术家和设计师团队；或者因为设计师可能要全面负责项目实施，所以他或她应当参与对艺术家的选择。设计师与艺术家的匹配度对于建立富有成效的工作关系而言至关重要。使用者也应当参与到设计师和艺术家的选择及整个工作过程中。其结果是开放这一过程，使双方合作者都意识到他们工作的真正目的。对人性维度和公共空间使用者的关注可能会创作出对我们这个时代有意义的公共艺术。

纽约市炮台公园城北湾。（斯蒂芬·卡尔）

纽约市炮台公园城南湾。（斯蒂芬·卡尔）

管理的艺术

为了实现空间使用的适当平衡、保护使用者的权利，甚至鼓励意义的发展，要全面准确地理解管理和维护空间的管理系统。公共空间的管理资金往往处于政治需要的市政等级的最底层，远远落后于警察、消防、垃圾处理、道路维护等服务。在许多情况下，管理资金提供持续管理以至充分维护的能力很弱。这种情况给设计工作造成了严重的限制。例如，以使用者需求存在冲突且空间有限的公园为例，只有当现场有娱乐区工作人员管理草坪，草坪可以用来晒太阳、野餐或举行非正式垒球赛，排球场也可以用来打羽毛球时，多用途空间才能解决潜在的冲突。如果无法在可预见的未来保障工作人员充足，那么专用的单一用途的设施更有可能获得成功，尽管这会大大减少空间的可能用途范围。

在设计过程中了解预期的维护水平对于材料的选择工作而言非常重要。日本东京市中心的一个广场，其维护水平通常高于美国。（马克·弗朗西斯）

管理者参与设计过程是了解管理和维护系统局限性和潜力的最佳途径。即便是新项目有专项管理资金，管理者也比设计师更有可能对未来的变化抱有现实的预期。一旦新的空间建成后，这种变化往往是朝着减少可用预算和工作人员的方向进行的。有时，这样的削减可能会非常突然，并产生严重后果，就像华盛顿市中心人民街道案例那样。更为常见的是另一种趋势，即逐渐扩大员工的职责而不增加员工人数，最终成为该城市典型的最低标准。设计师必须经常抵制按照高标准维护和管理进行设计的诱惑，在更适度的期望范围内进行设计工作。我们的公共空间中到处充斥着不再喷水的喷泉、杂草丛生的绿化区，以及大片曾经郁郁葱葱的草坪，由于滥用和缺乏维护而变成了裸露的地面。

华盛顿市中心人民街道

华盛顿特区

位于第七街和第九街之间的F街、第九街和第十街之间的G街，以及E街和F街之间的第八街，覆盖8个城市街区；由阿罗斯特里特公司设计；竣工于1974年；由哥伦比亚特区交通局管理。

到1970年为止，随着华盛顿零售核心区企业倒闭或迁往该市其他零售中心和郊区，华盛顿零售核心区受到重创，零售额不断下降。人民街道项目是重建和复兴这座曾经繁华的城市的宏伟计划的一部分。这项计划的重点是重新设计和管理公共空间，原计划涵盖60个街区。20多年后的今天，仅完成了项目的一期工程。

人民街道项目由该市的土地重建机构赞助，由阿罗斯特里特公司设计，旨在为零售区打造鲜明的特性，提供必要的物质环境改善，以鼓励和支持广泛的公共活动。该计划还包括制定初步的第一年的活动计划，目的是吸引众多使用者前往该地区。

一期工程中，重建的4个街区被设计为步行空间。其他四个街区主要涉及提升车行道中的人行道。该项目的中心和焦点是美术馆广场，该广场位于第七街至第九街之间F街的国家美术馆前，是一个大型的开放广场。这个空间的设计是为了给大型公共集会提供空间，如露天集市和节日聚会。多变的喷泉展示出生机勃勃的空间。与之相邻，介于I街和F街之间的第八街是摊贩市场，它被设想为一条活跃的户外购物街。街道两侧布置了摊贩驻点，驻点提供固定的存储空间和展示空间。美术馆广场和摊贩市场旨在成为该项目区域内正式和非正式活动的中心。

图书馆广场位于马丁·路德·金纪念图书馆前第九街和第十街之间的G

街上，原计划用于截然不同的安排和目的。图书馆广场的设计围绕着一个延伸了整个街区长度、由花岗岩水池和喷泉组成的庞大系统展开，旨在为图书馆使用者和购物者提供一个安静的休息区。它也被认为是马丁·路德·金博士的纪念花园，植物的选择部分是基于盲人对香味和质地的兴趣。

特别令人感兴趣的是编制计划和设计的过程。设计师们组织并开展了广泛的使用者调查，接触了很多该地区的人群。并在一天和一周中不同的时段对F街或G街上出现的人群开展简短的街头访谈。设计师从这份较大的样本

人民街道是华盛顿特区市中心一组新建的雄心勃勃的公共空间。图书馆广场的设计旨在纪念马丁·路德·金，庞大的喷泉系统营造了一片祥和的绿洲。（斯蒂芬·卡尔）

中选取了一部分有代表性的群体担任使用者顾问。他们与设计师进行了为期八周的会面。这些使用者代表最初是按年龄和种族分组的，他们首先分析市中心存在的各种问题，并提出自己的解决方案，最后以混合小组的形式讨论设计师的想法。整个市中心区尤其是建成空间的规划都是通过这一过程制定的，并得到了市中心商业界和土地重建机构的额外指导。最终的设计获得了各方的认可。

第一年，通过一项强有力的支持性活动计划，一期工程作为市中心的新吸引点获得成功。如今，由于管理不善、缺乏维护，而且基本上无人使用，人民街道项目与设计师们设想的生机勃勃的“华盛顿公共区”相去甚远。尽管项目在规划和设计层面投入了广泛参与式的努力，但该项目的现状是由一些未知和不可预见的情况造成的：对项目的成功至关重要的几个关键性假设的失败，管理和维护的安排不到位，不断变化的政治和经济情势。

人民街道项目实施的第一年，节日庆典和节目表演吸引了多样的使用者群体。（斯蒂芬·卡尔）

尽管该市的土地重建机构负责监督该项目的规划和实施，但其权力随着建筑工程的竣工而终止。本以为一家私人企业集团“市中心进程”将继续运营活动计划，并推动良好的公共维护和项目竣工。但随着市中心经济的不断恶化，该组织在一期工程刚刚竣工后就不复存在了。在设计师的敦促下，土地重建机构试图与负责维护华盛顿国家广场的国家公园管理局签约，由管理局运营人民街道项目，但这种安排在最后时刻落空了。这似乎是因为对建立机构并确保现有组织的参与所给予的关注太少，这些组织原本可以发挥更长久的管理作用。

由于没有合适的机构来承担责任，该项目的管理和维护工作就落在了华盛顿特区交通局的肩上，因为这片街道归他们“所有”。但该机构的资金和组织不足以承担高于平均水平的维护，这也不是他们的利益所在。此外，没有人负责安排活动，这对项目第一年的成功至关重要。不仅管理团队未能发展起来，人民街道原本设计的其他几个重建项目要么未能实施，要么影响比预期的要小得多。在尼克松政府的领导下，联邦资金的大幅削减加剧了这些问题，这种情况也发生在一期工程竣工时。由于预算拨款下降、维护和管理不善，零售核心区未能开展大规模重建，最早的人民街道现在处于半荒废状态，喷泉干涸，植被杂草丛生。

人民街道带给我们的教训是，如果一个项目缺乏对一流管理的坚定承诺，即使它拥有最好的意图、巧妙的设计以及公众充分参与的设计过程，也无法取得持久的成功。在另一种经济和政治情势下，这些空间的衰落可能不会如此急剧，但如果缺乏称职的运营人员，仍然会发生这种情况。也许，责任机构及其设计师也高估了他们对当地政治经济的影响力。该项目的一期工程有意识地定位于帮助提升低收入非裔美国人最常使用的市中心尽端，因此缺乏经济支持。就连最近市中心另一端的私人重开发项目，面向中高收入人群的零售和办公用途，也未能加速人民街道区域的更新。

相关案例：教堂街市场、盖基特步行街。

另一方面，如果使用者直接参与其中，他们实际上帮助支持空间的运营，那么空间将更有可能维持高标准。以第六章所述的佛蒙特州伯灵顿教堂街市场为例，这条主街上的商人同意在物业税之外支付额外的费用，用于开展活动，以及在大幅提升公共空间后对街道进行维护。该市政府曾两次否决了在郊区兴建一座区域性购物商场的提案。市中心的收费是强制性的，根据业务规模进行调整，并且就一旦有所改善后的预期销售量增加达成了协议。这一增长已经发生，因此实际上是伯灵顿市民在使用市场时为街头娱乐和市场维护费用买单。市场区域的委员会并没有组织一支庞大的员工队伍，而是将维护工作交给了私人承包商。委员会只有少部分员工，可以直接安排街头表演者、定期举办集市和节日活动，以及管理流动商贩。事实证明，在运营的前十年中，这种安排非常成功且持久。由于伯灵顿的商人和市民都广泛参与了街道的设计，因此毫无疑问，这个中心空间属于该市市民。通过设立一个自筹资金的委员会作为责任经营实体，该市不仅为其市民提供了更好的会面场所，而且

能保留市中心作为主要的零售和商业中心的地位。与此同时，伯灵顿市议会还任命了负责监督市场的专员，没有将这个关键的中心空间的完全控制权交给私营部门。

良好、积极、资金充足的空间使用与维护管理，是佛蒙特州伯灵顿教堂街市场成功的关键。（斯蒂芬·卡尔）

传统公共机构管理的历史经常令人失望，导致私人开发商坚持对其资助或创建的公共空间进行私人管理。私人开发商通过将市中心“节日市场”、室内中庭和商业街廊公共空间的私有化视为良好经营的一个方面来解决运营问题。干净、光线充足、安全的空间，精心维护的植栽、持续流动的喷泉、新颖的旗帜和横幅，以及不断变化的安排好的活动表演，已被证明是郊区购物中心吸引人们的成功因素。一些城市已经接受了这些私人设施出现在以前的公共土地上，并为其提供了大量补贴，以期复兴其衰败的市中心。这一过程也产生了很多争议，例如这些空间究竟属于谁，它们服务于什么目的。

这些商业化管理的空间通常能够满足相对高水平的舒适、安全、被动融入和探索发现的需求。满足这一系列特定的需求支持了他们的总体目标，即将商品和服务消费转化为有利可图的娱乐活动。它们不提供放松，因为其想法是让人们保持兴奋和移动，也不提供除购买行为外的主动融入。它们的物质空间设计和管理政策违背或严重限制了进入权、行动自由以及领域宣示和改变的权利。无论私人管理有什么优势，都应限于空间归私人所有或通过公共监督使其完全负责的情况。

尽管可以在合约基础上有效地开展某些方面的维护和安保工作，但私有化并不是解决公共空间管理问题的灵丹妙药。如果要全方位地满足各种需求和权利，管理工作必须处于公共管控之下，即使它是由私人资助的。纽约市炮台公园城管理局提供了这种混合体的有趣案例。在曼哈顿下城区的一块空地上，管理局正在建设一栋由办公场所和住宅组成的大型综合体，以及一片主要位于哈德逊河畔的广阔的公共空间系统。此次开发工作的基本前提是，各方同意所有公共空间最终将归城市所有，所有正常的进入权与使用权都将得到保障，但城市不必负责空间的维护工作。公园公司负责管理和维护这些空间，其资金来源是土地租赁给开发商的收入，由居民和使用者成立的委员会掌管。

随着这种公共与私人联合开发的趋势持续发展，混合空间的数量似乎会越来越多。无论是公共财产还是私有财产，由公共资金创建、供大众使用的空间，即使由私人管理，也应保证使用者的权利，例如节日市场等。这也应该适用于根据区划奖励条款创建的中庭，就像现在的纽约市一样，该条款允许更高密度的开发作为对提供这些室内“公园”的回报。具体的条例可能会因城市而异，但由于无家可归者希望利用这些空间摆脱寒冷，如果我们的城市继续为大量的无家可归者提供庇护，那么这些条例将饱受争议。这种需求和价值观上的冲突，最好通过公众控制的民主机制来裁决。

与价值观冲突的问题相比，更困难的是改变的问题。一组固定的群体之间可能会达到适当的平衡，但当使用者发生变化时，这种平衡将不复存在。这主要是管理的问题，有时可通过政策的改变来解决，但通常会对维护造成影响。在前面提及的案例中，如果允许足球运动员使用洛杉矶博览园的体育馆林荫道可以避免冲突，但代价是要更加频繁地维护视觉重点区域的草坪。如果存在对话机制，可能会找到或者创建更好的替代场所。当使用者能够参与其中时，通过管理工作适应变化的可能性就会更大。

通常，针对一组特定使用者和需求设计的场所会难以适应其他需求。解决这个问题的各种方法包括：建设过剩的容量以适应未来的变化，但这种方法的代价很高，可能会在短期内造成浪费；创建半围合的子空间，允许在不对整体造成太大影响的情况下改变局部，但这在较小的空间内可能难以实现；尽量减少嵌入式的、特定用途的家具和固定装置。在管理预算允许的情况下，最后一种可能是非常有效的策略。例如，借助可拆卸的挡球网、便携式底座、可移动球门等，公园中的开阔草地可以轮流设置为垒球场或足球场。广场的一部分可以有时成为倒影池，有时用来为食品博览会搭建帐篷，前提是内置了帐篷固定装置。因此，应对未来未知变化的最有效策略是将响应式管理与精心设计相结合，使空间具有适应性。即便如此，由于我们预测未来的能力有限，因此唯一的优势往往是人们的适应能力。

在一个良好的设计、开发和管理过程中，项目建成后将有进一步评估和调整设计的余地。虽然很少有人这样做，但在项目开始时应预留资金，用于除日常管理和维护之外的调整。在购物中心、主题公园和节日市场中，管理者希望做出调整以适应使用者兴趣的不断变化，或纠正最初不起作用的元素。在教堂街市场或炮台公园城的开放空间等混合空间中，私人资金为竣工后的评估和调整提供了一定的余地。而在真正的公共空间中，这种调整通常需要一部分没有得到满足的使用者共同努力，迫使人们认识到问题并采取行动来解决问题。

当政界人士、经营者、管理者和使用者不断讨论空间的运转方式时，管理和维护工作可能会取得更好的效果。这种媒介可以是公共任命但由私人资助的实体，比如伯灵顿的市场委员会，也可以是拥有和管理公园及游乐场的社区组织。介于两者之间的是各种各样的倡议组织和委员会，它们被委任或自行管理一些重要的公共空间资源，如大型的中央公园。这些组织可以非常有效地调动必要的政治支持，以增加预算并提升管理和维护水平：中央公园保护委员会在支持中央公园的管理和修复计划，筹集私人资金以协助随后的物质环境改善、管理实践、政策调整方面发挥了重要作用（Barlow，1987）。

共同愿景的力量

为了随着时间的推移而取得成功，公共空间的设计和管理工作必须由那些倡导、创造、管理和使用公共空间的人的共同愿景来推动。持久的愿景应当是统一而包容的。不同于形式上的几何顺序，即相似部分之间存在明显的一致性，贯穿变化过程中的统一性更像是一个生态系统，在这个生态系统中，许多不同的部分相互依存、相互联系，但也有自己的生命。独特的自然环境——山地、山谷、林地、荒野、沼泽、泻湖和池塘——可以被理解为强有力的整体意象，包含非常复杂的独特部分。许多人类创造的、比我们自己的文化更连贯的文化，似乎表现出一种更深层的、近乎“自然”的秩序感，比如美国西南部的阿纳萨奇悬崖住宅、意大利的山城、日本的寺庙与园林综合体。在公共空间设计中，公园最常达到这种强烈而丰富的意象；但有一些街道和中心空间似乎也实现了这一目标，比如巴塞罗那的兰布拉大街以及佛罗伦萨的西奥尼亚广场。它们不同的部分能够吸引并服务于广泛的使用者。具有这种深度的空间往往对于每一代新的使用者而言都有意义，而过去使用的累积记录又强化了这种意义（Lynch，1972b）。

圣吉米纳诺像自然岩层一样屹立在托斯卡纳风景中。（斯蒂芬·卡尔）

中央公园

纽约州纽约市

位于曼哈顿第五十九大街和教堂公园道、第五大街和中央公园西路之间；由弗雷德里克·劳·奥姆斯特德和卡尔福特·沃克斯（Calvert Vaux）设计；由纽约市公园与娱乐管理局负责管理，并由中央公园保护委员会提供协助；竣工于1858年至1876年之间，此后几经调整；面积为840英亩（约339.94公顷）。

纽约中央公园是我们打造成功的公共空间原则的综合体现。最重要的是，它位于难度大、多元化、要求高的城市中心，成为一处柔和、自然的避风港。（斯蒂芬·卡尔）

如果说在美国有一个单一的空间可以表明统一愿景的力量和持久性，并与它的社会环境和物质环境相适应，那必然是纽约中央公园。中央公园最初是弗雷德里克·劳·奥姆斯特德和他的新合伙人卡尔福特·沃克斯为 1857 年的一场竞赛设计的作品，遭到了当时房地产开发商的强烈反对，许多开发商后来试图占领这里。经过政界人士、管理人员和使用者多年来的抗争和行动，公园的设计和管理得到了发展和完善。在每一次变革中，公园最初的愿景都得以延续，即使面临严峻挑战，后世的纽约人也能重申这一愿景。甚至在 20 世纪 80 年代后期，开放空间的拥护者成功地阻止了在哥伦布圆环附近建造办公塔楼的企图，因为这栋楼的高度足以在公园内投下一片巨大的阴影。

为了理解这种持久力，首先考虑愿景的起源，然后分析公园的人性维度是有用的。中央公园是美国第一个大型公共公园。它与始于 19 世纪初的欧洲城市公园运动密切相关。威廉·卡伦·布莱恩特（William Cullen Bryant）和安德鲁·杰克逊·唐宁（Andrew Jackson Downing）都从欧洲之旅中汲取了灵感，并开始在《纽约邮报》社论和“园艺”栏目中传播关于纽约大型公共公园的构想。伦敦的圣詹姆斯公园、海德公园、肯辛顿花园等首批“风景公园”隶属于皇家财产，通过皇家的慷慨行为进入公共领域。而德国的中央公共公园始于 1824 年马格德堡的弗里德里希·威廉姆斯花园，随后出现在柏林、慕尼黑和法兰克福。唐宁引用这些公园作为原型。从贵族的私人领地到真正的公共公园，这种转变对奥姆斯特德的最初概念产生了非常重要的影响，从他的儿子小弗雷德里克·劳·奥姆斯特德和西奥多·金布尔（Theodore Kimball）主编的、收集了他关于中央公园的论文和其他历史资料的著作中也可以看出这一点（Olmsted, Jr. & Kimball, 1973）。

老奥姆斯特德自己也承认，他当时更像是一个“文学的”而不是一个“实用主义”的人。尽管他已经对公园运动产生了浓厚的兴趣，但在某种程度上，他完成中央公园的创建是出于与一位早期的公园专员之间的友谊，专员鼓励他去争取公园负责人一职。显然，这个主意对他很有吸引力，他渴望得到这个职位。同年晚些时候，当奥姆斯特德担任公园负责人一职时，他还为自己是否适合接受卡尔福特·沃克斯的邀请参加设计竞赛而纠结。毫无疑问，与他参与公园运动一样，奥姆斯特德从一开始就具有强烈的使命感。他的论文展现了一种发自内心的高尚精神。他认为这个公园是一项伟大的民主事业，并对其寄予厚望：“作为我国建造的第一座真正的公园，它具有非常重要的意义——这是一种具有最高意义的民主的发展，在我看来，这个国家的艺术和审美文化的进步很大程度上取决于它的成功。”（Olmsted, Jr. & Kimball, 1973）[45]

奥姆斯特德在付出巨大努力发挥文学家的雄辩和想象力的同时，作为负责人，他也关心管理问题。沃克斯是一名已经很有造诣的设计师，这家羽翼未丰的合作公司需要通过令人信服的图纸来补充奥姆斯特德的雄辩之辞，呈现其对“绿野”的愿景。两位天才的偶然合作，将理论能力、实践关注、民主承诺和艺术完整性结合在了一起。我们相信，正是这种结合才能创造出美好的公共空间。

在与他们获胜的竞赛设计一起提交的描述报告中，奥姆斯特德和沃克斯基于对城市未来发展的准确预见，阐述了公园设计的理论和合理性。他们认为，公园必须与日渐拥挤的城市环境形成对比，以满足普通市民享有纯净、有益健康的空气和风景的需求，这些风景将与街道和房屋形成鲜明对照。他们打算把公园“供应给成千上万疲惫的工人，他们没有机会在乡下避暑，公园是属于他们的上帝的手工艺品的一个样本，花费不多；而在白色山脉或阿迪朗达克山脉待上一两个月代价不菲，更适合那些生活条件比较好的群体”。（Olmsted，Jr. & Kimball，1973）[46] 为此，他们建议公园设计应尽可能地减少对现有“舒适而起伏的轮廓和如画的岩石风景”的干扰，反而要强化这些特征，他们正确地预见到，这些特征将被岛上其他地方密集的城市开发所破坏。

实现这一目标主要有三种方法：第一，在公园周边创造一片“林地”，用来遮挡周边建筑景观［根据奥姆斯特德和沃克斯的说法，这些建筑的高度将是“中国长城的两倍”（Olmsted，Jr. & Kimball，1973）[46]］；第二，将尽可能

公园里田园诗般的风景令人几乎意识不到周围建筑的存在。（斯蒂芬·卡尔）

多的剩余场地用于创造“宁静的、开放的、田园诗般的场景”（Olmsted，Jr. & Kimball，1973）[47]；第三，将剩余高低不平的区域分配给“风景通道，使其在朦胧的深度和如画的细节特征上与开阔景观的柔和简单形成对比”（Olmsted，Jr. & Kimball，1973）[47]。最后，通过巧妙地将交叉路口降为较低等级的道路，并在公园内为马车、骑马的人及“侍从”开辟独立通道，保证了通往开阔区域和风景如画的区域的道路宁静祥和。

尽管没有使用我们的术语进行描述，但奥姆斯特德和沃克斯的中央公园设计理论预见了人们对舒适、放松、被动融入和探索发现的需求。他们采取了坚定的措施来保护所有人的进入权以及对公共所有物的领域宣示权。最重要的是，他们创造了一种充满潜力的景观，将当时的所有意义赋予田园诗般的和自然的乡村景观，作为从城市环境的限制中解脱出来的心理安慰。他们的理念确实体现了精英阶层对下级阶层需求的看法。与“成千上万疲惫的工人”中的一些人进行讨论，可能会导致更强调对有组织比赛的主动融入，关注各种群体行动的自由，他们对某些区域领域宣示甚至是改变这些区域的权利。相反，奥姆斯特德在公园工作的 40 年间，他大体上成功地阻止了将运动场引入他的草地，以及其他可能冲淡最初概念的变化。他尤其反对商业入侵的反复尝试，这场斗争仍在继续。

幸运的是，事实证明，中央公园在某些方面比其创作者的适应能力更强。在 20 世纪初，改革运动寻求并实现了增加公园中有计划的娱乐活动的使用，

中央公园提供了被动融入。（斯蒂芬·卡尔）

将其作为改善贫民命运的一种方式。这些用途一经引入,就呈逐渐递增的趋势,到20世纪20年代，公园成为各种各样的比赛、竞赛、划船赛、聚会、赛马会最受欢迎的场所。在罗伯特·摩西担任公园专员（1934—1960年）期间，通过修建许多专用设施，如棒球场、篮球场、网球场、溜冰场和绿苑酒廊（公园中唯一的商业设施），实现了这些用途的制度化。这些措施给公园带来了更多的娱乐机会，但往往与最初的浪漫概念互相矛盾。在20世纪60年代和70年代，随着越来越多的人群涌入，规则的放松以及维护预算的减少，导致公园物质环境严重恶化。在20世纪80年代，人们为恢复公园付出了巨大的努力，在一定程度上恢复了最初的概念。作为私人企业的中央公园保护委员会与纽约公园管理局共同合作，承担了公园的部分修复和维护工作。

在奥姆斯特德和沃克斯伟大的设计中，他们充分利用现有地形的自然特征来布置他们的项目，例如湖泊、岩石岬角，还有一处特别高低不平的地区作为“漫步区”。公园里铺设了富余的车行道和人行道系统，与穿越公园的交通在水平方向分开，以便提供适当的方式，让人们在沉思和欣赏这幅创造出来的风景时能够四处走动。以精心组织的风景区为代表，它们巧妙地融合了非野生的和“野生的”自然，似乎唤起了各种各样的使用者的满足感。奥姆斯特德本人则试图通过带有相关场景特征的地名来强化和捍卫他的浪漫主义结构。这些名称和它们所暗示的特质代表着已存在的自然景观，这些自然景观在很多情况下并不在公园内，或者说这些场所代表着更大的自然环境

中央公园也提供了主动融入。（斯蒂芬·卡尔）

（或至少是乡村环境），例如“绵羊草坪”“漫步区”“大湖”“峡谷”“大山丘”和“海”。

置身于这片自然风景中，人们也可以看到中央林荫广场和贝塞斯达喷泉广场。这些是最初公园设计中唯一的正式元素，用奥姆斯特德的话来说，是“与公园规模相称的人工结构，应该与私人公园里的宅邸占有同等重要的地位”（Olmsted, Jr. & Kimball, 1973）[222]。人们可以穿着华丽的服饰散步，在大家的“宅邸”——中央林荫广场和喷泉广场欣赏风景，也被别人当作风景欣赏，然后绕过绵羊草坪，甚至冒险在湖边逛一圈。人们在公园里度过的这一天，既可以与宏伟的庄园花园联系起来，也可以与乡村联系在一起。漫步区具有荒野的内涵，可以留给更具冒险精神的人去探索发现。

公园里的兰波尔漫步区营造了一种荒野感。（斯蒂芬·卡尔）

公园的设计为个人提供了许多关联意义的机会，也为不同群体提供了对他们感觉最舒适的区域进行某种程度的领域宣示的机会。当然，这会随着时间的推移而改变。七年间，贝塞斯达喷泉广场从一个安静的中上级阶层的标志（有优雅且受欢迎的咖啡馆，仅于1967年开设），转变为公园内的“活动”中心，包括公开的毒品交易，所有这些活动都在欢快的钢鼓声中进行。在这一时期，中央林荫广场和喷泉广场经常被用于大型聚会，例如节日和食品博览会，而这些用途并不在最初的设计范围内。20世纪60年代，中产阶层青年的政治和社会自我表达导致了对这些正式环境的无序甚至是破坏性使用。现在，喷泉广场已恢复到原来的设计，设有一个低调的咖啡馆，新的管理政策有利于举办精心管控的小型活动，不会吸引大量的人群。尽管这一努力与20世纪70年代末和80年代历史保护的宗旨是一致的，即恢复对创建它们价值体系的物质外壳的表达，但当代的使用者能否调整自己的行为来适应这些原始形式中隐含的价值观，仍有待观察。

贝塞斯达喷泉吸引着年轻人。（斯蒂芬·卡尔）

像中央公园这样大而多样的公共空间可以创造出各种各样的环境，每种环境都有其预期用途和适用人群并有着适当的诗意。的确，这个开放包容的天才设计就在于它的多样性，置身于形成鲜明对比的城市框架内，令人信服地实现了浪漫主义与自然主义主题的统一。公园景观的规模和多样性，加上其广泛且往往富余的路径系统，为多种活动提供了选择，允许使用者和用途的组合不断变化，将冲突降至最低。有趣的是，至少在最近几年，由于人们试图将那些受欢迎的环境用于大型的非正式聚会，因此公园中最正式的部分——中央林荫广场和喷泉广场——造成了最多的冲突。总体而言，公园的规模及其环境范围允许公园附近的居民或远道而来的不同群体对自己的势力范围进行某种程度的领域宣示，而不会产生冲突。对于经常光顾此处的人群而言，这些环境的意义无疑反映了奥姆斯特德的初衷，还会因如今个人与公园的经历以及与重要团体和活动的联系而变得更加丰富。

必须指出的是，中央公园并非没有问题。任何公共空间在某种程度上都反映着周围的社会状况。在我们的社会中，尤其是像纽约这样社会和经济的极端结合在一起的城市，随机的和故意的暴力事件都在增加。中央公园是这些极端现象的汇集地，这本身就是一种威胁。当人头攒动时，它可能是一个光芒四射的地方，但到了晚上，甚至是白天人烟稀少的地方，隐藏的角落都是危险的。公园管理部门通过加强巡逻来响应这一问题以及其他社会冲突，但暴力行为仍在继续，包括最近的强奸和谋杀事件。目前尚不清楚中央公园的犯罪率是否高于该市邻近街道的犯罪率，但鉴于纽约人对这里的强烈感情，公园内发生的人身侵害事件尤其影响他们。

总体而言，中央公园的设计、修复和当前的管理体现了我们在本书中倡导的大多数价值观。中央公园的历史展示了一种非凡的创造和捍卫伟大公共空间的愿景的力量。它还展示了当使用者和用途发生巨大变化时，以这样的愿景为指导的大型公共空间的包容能力。到 20 世纪 70 年代，物质环境和管理方面的变化远远偏离了奥姆斯特德和沃克斯的最初想法，公园的完整性受到了严重威胁，由此引发了一场激烈的社区活动，活动试图将使用的平衡重新转向最初的设计，恢复奥姆斯特德和沃克斯的愿景。尽管中央公园并非没有问题，但它已完成了作为纽约伟大的民主游乐场的文化使命，并通过许多社会和政治变革保留了公园的美观、实用和意义。

一个场所既包容又令人难忘的愿景不会直接从良好的参与过程所产生的丰富信息中显现出来。人性维度为组织信息和发展假设提供了一种手段，但设计师必须超越这些因素，通过反复试验创造出一种新的、往往出人意料的综合体。这就是设计的“魔力”。如何实现统一的愿景并没有规则可循。作为这一愿景基础的关于需求、权利和意义的假设，可以通过与参与者的讨论进行检验。价值观可能存在冲突，而解决冲突将带来更具包容性的愿景。当达成普遍共识，并解决了所有主要的技术和成本问题之后，设计将为最终的施工工作做好准备。通过参与式管理，愿景可以通过使用过程中的不断调整来进一步发展和完善。

设计师和管理者在为统一主题寻求灵感时，往往会从古老的文化中寻找原型。因为我们自己的社会是受不同区域文化影响的混合体，所以在东北部地区重新解读英国主题，在遥远的西部重新解读亚洲和西班牙元素，或在西南部重新解读西班牙或美洲原住民形式，并非完全不恰当。另一方面，在我们的大城市中，日益增加的社会多样性和变化率似乎要求具有广泛吸引力的设计主题，以及能对不断变化的用途和使用者做出响应的管理。大型城市公园在提供一系列适应各种用途的环境的同时，还能传达在城市中一片“乡村”的关联力量，唤起乡村体验的环境似乎令大多数人满意。（Kaplan & Kaplan,

1989）在较大的公园里，管理者通常可以处理各种社会群体存在潜在冲突的价值观和使用需求。

在较小的空间中，如当地公园或广场，要唤起人们的回忆和共鸣会更加困难。最有用的原型通常是一些简单的空间，这些空间已经演化为满足人们日常需求的空间。这些形式以基本的人类需求和权利为基础，因此与被作为装饰物设计的庆祝社会特殊性的宏大场所相比，这些形式在不同文化之间更为相似。

锡耶纳的坎波广场是一个强大且令人回味的中心广场，通过设计和管理来关注并改善城市的公共生活。（斯蒂芬·卡尔）

如第三章所述，中心广场和购物街都有古老的市场街和公共广场的原型，这些原型可以追溯到城市的起源，并且几乎可以在所有文化群体中找到表达。中心广场已成为公共生活的场所。它们是社区生活的焦点，是偶然相遇、例行散步、举行仪式和庆典、起义和处决的场所。在大城市中，这些空间通常都是正式而宏伟的，前面是纪念性建筑，带有雕像、喷泉或方尖碑，以及美观的人行道，在资源和权力充足的地方，还有统一的建筑环境。然而，它们的基本形式仍然是一种简单的围合，带有平整的铺装，人们可以聚集在那里。市场街和广场传统上很简单，很少修饰，它们的特色来自商业用途，通过组织多姿多彩的商业活动吸引潜在的顾客。

总结

我们倡导的公共空间设计和管理方法是将工作带出工作室和办公室，进入人群和场所的真实世界。我们试图展示人性维度如何为指导详细的设计和管理工作提供框架。在用创造和维持一个生动而持久的地方所必需的信息来填充这一框架时，需要一种分析和融入其物质环境和社会环境的方法。虽然这并不像听起来那么简单，但在我们的社会中，做到这一点的最佳方式是让空间的使用者参与这一过程。这种方式既赋予了使用者权力，也使他们对最适合特定空间的人性维度有了更深刻的理解。这是一种有效的方法，可以让人们获得深刻的见解，并将其体现在像中央公园这样的强有力的指导愿景中。人们可以通过多种方式参与公共环境的创造，从像在曼蒂奥一样构建空间自身，到加入委员会监督公共空间的设计、建设和使用。在第八章中，我们将详细描述如何使一般的设计和管理过程更具包容性、启发性和有效性。

第八章　过程

公共空间是由赞助方、设计师、建设者、管理者和使用者之间漫长而复杂的互动过程创造和维护的。这是收集、评估、分类信息并将其转化为设计和管理策略的方法。它是一种考虑备选方案、做出决策、采取行动塑造空间并决定其用途的工具。在本章中，过程是指根据场所的社会环境和物质环境，关注该场所的人性维度，探索设计和管理工作取得成功的关键要素。我们将这种方法与“标准”过程进行对比，“标准”过程通常不涉及环境，因此不会揭示成功的维度。如第七章所述，改善的关键在于需要开放空间的使用者代表创造性地参与其中。

标准过程

与任何其他经常性活动一样，在我们的社会中，公共空间的设计和管理通常会遵循一系列步骤。此标准过程决定了如何定义设计问题以及如何开展设计工作。它还会影响如何选择设计师，限制参与该过程的人员，以及参与者对相关空间设计和管理的态度。为了有利于集中控制，以及达到假定的效率和经济性，该过程倾向于把一些人排除在外，而他们的想法和回应可能是最有帮助的。空间的潜在使用者通常被排除在外，直到最后需要举行公开听证会时，他们才会被邀请出席。

项目的赞助方自然希望对设计过程保持严密的集中控制。公职人员对公共资金的使用负有适当的责任。他们对任命他们的政界人士负责，并最终对选民负责。公共管理人员很容易认为，他们充分代表着公共利益，因此严格限制他人过多参与是有效率的。通常情况下，政府之外唯一参与的人员是那些有直接经济利益或其他“特殊利益”的人，其中一些人可能有助于推动项目，因此坚持就项目的设计发表意见，例如银行家、业主、市中心购物中心沿线的商家、对公园感兴趣的环保主义者或者社区游乐场的附近住户。

通过更仔细地观察典型的过程及其通常的参与者，我们可以更好地理解如何进行重大改进。如果不考虑这些典型情况，那么在设计和管理方面进行改进的解决方案就没有什么价值。我们首先要了解项目的启动方式，然后考虑设计师和设计方面的限制因素，最后讨论建设和管理过程的典型制约因素。

问题的开始

创造或改造公共开放空间的想法可能来自政府内部或外部，也可能来自有各种目的——从保护荒野到改善商业环境——的个人或团体。通常，开放空间本身被视为是一种物品，但有时也会被认为是解决问题的良方。例如，城市生活被认为是不健康的，而开放空间则因能够接触自然元素——阳光、空气、草地、树木和水域，提供锻炼和放松的空间，产生有益的影响，而受到推崇。儿童需要游乐场来发展运动技能和社交技能。由于人们会被吸引到水边，滨水区的公共可达被认为是无可争辩的福利。规划师使用的标准以“每千人所需英亩数”来描述开放空间需求，通常提及的主要好处在于缓解城市拥堵。近年来，美国的城市领导层已转向更“欧洲化”的公共生活意象，至少在市中心是这样。因此，广场和市场的规划不是为了缓解拥堵，而是要将大量人群聚集在一起“摩肩接踵”。

在过去的 10 年中，这些社会目标已成为排在经济动机之后的次要目标。即使开放空间提案的发起者心中有社会目标，他们也必须与其他对稀缺公共资源的需求展开竞争，“推销”自己的提案。19 世纪，公园倡导者援引的是公园对工人健康和生产力的有益影响，顺便提到公园对房地产价格的有益影响。在我们这个时代，公共空间的改善往往与促进私人开发直接相关，与通过鼓励此类开发来增加房地产税收的公共目的间接相关。开放空间提案通常是更

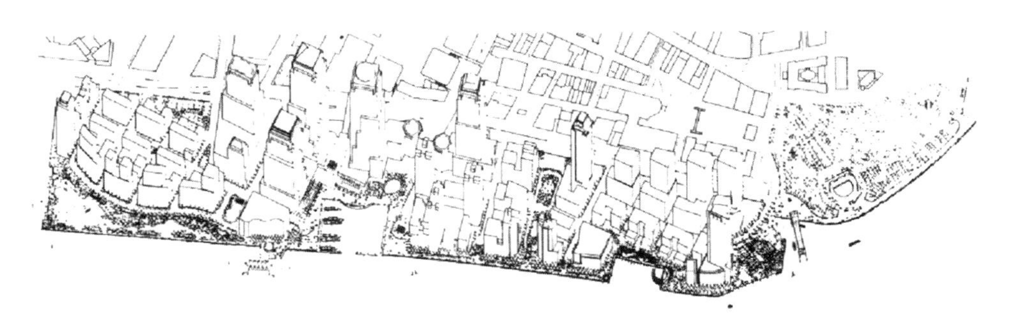

纽约炮台公园城的开放空间体系就是一个典型的例子，表明公共空间被用来鼓励开发，同时又得到开发的支持。［詹姆斯·桑德尔和朱丽·巴格曼（James Sandell & Julie Bargman）绘制］

新计划的一部分,其作用是帮助改变城市形象,并提供鼓励私人开发所需的“公共基础设施”。

象征价值也非常重要。统治者和政界人士一直都很注意良好的公共环境所传达的令人印象深刻的意象。建设新的公共空间是政府关心人民福祉的象征,这种象征既非常显眼又相对廉价。为了说服市长或市议会,倡导者们会强调拟建空间的直接可见影响,以及可能的使用者数量和潜在的经济利益。政界人士可能不清楚公共空间项目的长期影响。他们希望看到空间在其任期内建成,但他们可能不会对长期结果负责。资金通常会分配给设计和施工环节,而管理、维护和安保部门的预算不会相应增加。因此,在问题陈述或设计过程中,维护和管理问题很少会被恰当地强调。管理者可能也不在设计团队中。设计师没有特别的动机去认真考虑未来的管理,甚至可能不了解预期的管理水平和类型。

通常情况下,公共设计过程有严格的时间和资金限制。因此必须在资金支持的最后期限前,或者说必须在政界人士的任期内完成项目。公共项目的资金通常很少。标准的费用和紧凑的项目进度计划似乎并没有为组织和管理使用者需求调研,或为使用者大范围参与其中预留足够的时间。支持项目投资的政界人士通常会觉得自己了解公众的需求,或者有权代表选民决定设计方向。压力重重的公共管理人员也不愿让工作人员花时间努力接触潜在的使用者。

因此,一个公共项目通常会直接进行设计,而很少或根本没有制定设计计划。负责的机构会向设计师发送需求建议书。这种由工作人员撰写的需求建议书可能是在选择设计师之前,唯一能够将项目的总体目标发展为更具体的指导方针的机会。但由于大多数项目启动的政治途径、使用理由,以及进度和预算的限制,关于使用者需求的信息通常无法用于指导项目制定。这就是问题的开始。

设计师与设计方面的限制

一些限制也制约了设计师的选择和开放空间的设计。一旦项目主体决定建造公园或其他空间,并获得资金保障,就会选择设计师。由于这是公共工程,因此必须通过竞争过程进行选择,这也可能是“政治性的”。选拔委员会可以由政府任命,其成员来自发起该项目的人,以及将为该项目提供资金的规划人员或开发人员。监督施工和管理的机构代表,如公共工程和公园部门的工作人员也可能包括在内。尽管这些委员会成员中的一些人可能是规划设施的未来使用者,但实际使用者通常被视为在设计师的选择过程之外。由于对中央行政和政治权力机构的响应能力是选拔委员会成员资格的关键，因此这也可能成为潜在设计师所追求的品质。

设计师的选择要综合考虑其声誉、资历、他们在面试中留下的印象以及他们对这项工作的具体建议。“声誉”有时可能包括之前与选拔委员会成员的个人关系。资历通常是根据过去完成的同类项目来评判的，提案和面试中设计师会以图片的形式展示其最大优势。没有研究报告可以证明照片中正在微笑的人是否对长期服务于他们的空间感到满意。选拔委员会很少花时间考察已竣工的项目，即使这些项目就在附近。委员会可能会查看参考项目，但这些项目通常来自赞助组织，而不是使用者。

除非提供赞助的客户有明确要求，否则设计师的提案可能会排除或尽量减少使用者参与。客户通常不愿让使用者参与其中，因为他们并不清楚这种做法的优势。他们认为，这会大幅增加设计成本，并担心失去控制。设计师也有同样的担忧，此外，他们也不太可能在参与式环境中接受工作训练。

的确，在同一个人身上，成功的设计师所需的素质很难与良好的参与性工作所需的素质相协调。要在时间和金钱的严格限制下成功地完成任何设计和施工过程，需要有强大的意志力来控制或影响许多不同个体的行为。即使是制定设计愿景，也需要专心致志的热情来创造一个统一的愿景。要将这一愿景贯彻到建设中，需要不懈地关注细节，保证质量不受持续削弱趋势的影响。另一方面，与使用者合作意味着成为一名好的提问者和倾听者，并为其他人提供空间和支持，以表达他们的需求和发展他们自己的想法。成功的参与式工作所需的开放性和灵活性会使设计工作很难收尾。

从设计教育一直到实践工作，设计师们被期望做出“强有力的设计陈述”，然后为其辩护并证明它是正确的。在设计期刊和同行眼中，明显原创的形式创意会被优先考虑，但一个与使用者需求和偏好非常匹配的设计却不太可能成为形式上的杰作。通过赞助方、设计师、管理者和使用者之间公开交换意见过程发展而来的设计，追求的是生活的包容性和连续性，而不是简单的形式统一。形式上的统一看上去可能会非常“强烈”，但却忽略了人类使用的许多关键维度（参见第六章中的自由广场案例以及其他许多案例）。在一个开放的过程中，设计师遵循中世纪建筑师的传统，负责协调他人的创造性努力，而不是成为像文艺复兴时期艺术家那样的英雄式的造型师。目前的训练和专业奖励体系通常并不支持前者的角色。

标准的设计过程通常是孤立和排他的。如果客户和设计师都不了解使用者参与的潜在好处，那么他们都可能会担心产生争议、增加额外的时间和金钱成本。设计师及其客户可能会发现，他们并没有找到一种富有成效的方式来鼓励市民参与，而是在设法限制公众参与，以便他们“好好干活”。真正的工作被视为是在设计师办公室和与客户会面中完成的事情，而在必要时与市民的会面被视为是远离工作的痛苦过程。

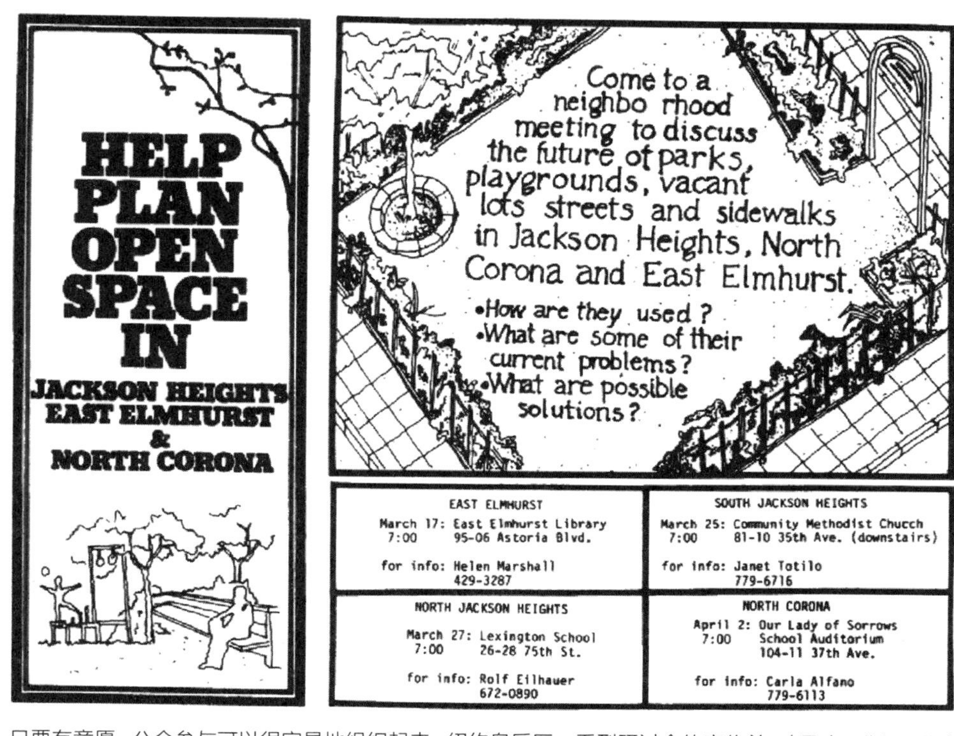

只要有意愿，公众参与可以很容易地组织起来。纽约皇后区一系列研讨会的宣传单。（马克·弗朗西斯）

根据本书中引用的许多案例，我们可以很容易地理解这种孤立的工作可能会产生不适用和难以管理的空间。在第七章中，我们认为，提高使用者的参与度有益于设计和管理工作，有助于使得人性维度对空间的社会环境和物质环境做出响应。我们所面临的挑战是，如何在设计师和设计过程的实际限制范围内找到一种能够有效地完成这一任务的方法。

建设与管理方面的限制

公共空间项目的建设和管理系统也限制了响应能力。由于通常会涉及公共资金，因此需要建筑承包商进行竞争性投标。为赢得竞标，设计师必须在施工前完全确定设计方案，制作出详尽的施工图纸和说明书，尽量减少解释的空间。通常，设计师会将60%～70%的时间和预算用于文件制作和工程监督，以确保其设计被遵循。随着空间逐步成形，元素之间的关系可以得到充分理解，但设计师没有建筑师那样进行现场调整的权力。尽管可以在不涉及额外成本的情况下做一些小的权衡，但任何重大变更都可能代价高昂，对各方来说都很困难。

公共空间建设往往会破坏现有活动，这使得中途调整变得更加困难。威斯康星州麦迪逊市正在建设中的步行商业街。（马克・弗朗西斯）

管理和维护的预算也很少允许对物质空间进行持续调整。运营资金总是紧缺的，但公共空间项目的构思、资助和设计工作通常并没有对可能的运营需求和预算进行任何分析。没有人会在未进行相关计算的情况下开发商业建筑，但这种明显的疏忽却常见于公共空间项目，其原因在于发起机构并不负责空间维护。即使粗略地看一下我们财政困难城市里的公园系统，也能发现充足的运营资金的重要性。当空间缺乏管理和维护时，就会经常被误用和滥用。此外，设计师无法从一开始就预测到未来的所有用途，也无法嵌入所有必需的物质支持。公园等公共空间必须对不断变化的社会娱乐观念做出响应，甚至是响应不断变化的游乐设备样式。伟大的空间会随着使用情况和使用观念的变化而变化（参见第七章的中央公园案例）。过分强调初始资本投资，再加上后期相对无法进行调整，造成了一种严重的僵化。

公共空间建设项目竣工后，通常由公共工程部门、公园管理部门或交通（街道）部门负责管理。如果运营机构没有参与项目的启动或设计工作，尤其是如果它没有得到额外的资金来承担增加的责任，它就不太可能有见识或有热情承担起管理职责。有时运营机构会缺乏适当的定位或专业知识，比如交通机构被要求承担管理由以前的机动道路改建的步行空间的责任，因为它“拥有”这些街道（参见第七章人民街道案例）。当运营机构既有管理意愿又有资金支持时，也可能由于缺乏适当的技能而无法组织广泛的活动，管理各物质系统，而这些也是市中心公共空间网络或公园系统的组成部分。即使所有这些要素都满足，运营机构可以很好地完成这项工作，他们也可能没有可靠的方法来监测和评估使用者的反应，没有资金进行空间性能的微调。

随着在公共空间内开展的活动变得更加复杂，对可用的管理系统提出的要求也更多（Vernez-Moudon，1987）。直到最近，公共空间管理还意味着保证汽车在街道安全行驶，行人在人行道上安全行走，提供传统形式的主动娱乐和被动娱乐，以及偶尔举办大型节日聚会或政治集会，此外还有保洁、割草、除雪和标准维护工作。现在，公共空间中可以举办种类繁多的有计划和无计划的活动，包括娱乐、商业贩卖、各种庆典活动，还能容纳越来越多的无家可归者。要管理好这些用途，需要具备类似外交官、公共关系专家、剧院管理者和社会工作者的技能，同时还应了解如何管控人群。而大多数负责公共空间管理的机构都缺乏此类专业知识。

尽管这些对响应能力的限制不会轻易消除，但有人认为，建成空间中持续出现的问题将不可避免地导致一点一点地重新制定流程。当然，在全国范围内推动市民更多参与开发问题的工作中有迹象表明，这种情况可能正在发

优秀的公共空间管理者必须具备安排活动、策划事件和管控人群的技能。波士顿的“夏日之旅”节目。（斯蒂芬·卡尔）

生。我们所描述的内在问题旨在帮助将这些改革的尝试置于现实的背景下。了解了当前参与公共空间设计和管理工作的人员的动机、态度、习惯和局限性，就有可能通过解决他们面临的问题和担忧的方式改进过程，最终改进产品。

另一种方式

创造更好的公共空间需要另一种工作方式。设计和管理过程的每一个步骤都必须变得更加包容和有效，并具备政治务实和财务务实精神。对于设计师和管理者而言，这种方法可以带来全新的理解，使他们的工作更轻松、更令人满意。对于使用者而言，这可能意味着有机会塑造环境，以满足他们的需求。管理人员可以期望获得更多的公众认可，减少运营问题。即使从期望连任的政界人士必然的短期观点来看，其收益也可以超过成本。有时，政界人士或公共管理人员最初不愿考虑更具包容性的过程，是因为担心它会引起争议；但公共空间一旦建成，通常会存在很多年，在设计阶段就出现争议，远比完工后处理一系列管理问题要好得多。

如第七章所述，公共空间的人性维度可以为理解给定空间与其社会背景之间的关系提供基础。设计和管理过程可以成为理解背景环境的手段。通过邀请空间使用者参与其中，设计师和决策者将了解人们过去的经历和愿望将如何影响他们对于未来场所的期望和使用。这为一般的人性维度赋予了场所和使用者特定意义。通过在竣工后与使用者继续讨论，管理者可以了解如何组织活动，以及可能需要进行哪些调整以保持空间正常运行。另一方面，使用者拓宽了他们对可能性的理解以响应设计师的愿景。当这一过程进展顺利时，它就是一种相互学习从而激发集体创造力的过程。

这一过程是通用的，但在应用中，可能会存在很多细节上的差异。为了有助于根据手头的具体项目制定设计和管理过程，我们提供以下九项指导原则。

最基本的原则是**包容性**。通过借鉴其他类似空间的经验，结合对环境的人口统计分析，可以预测使用者的范围和类型。由此得到的使用者资料是决定谁应该参与该过程的基础之一，但潜在使用者必须由赞助方、创始人、监管者和管理者代表进行补充。

第二项原则是**代表性**。由于不可能所有潜在的使用者都被识别出来或参与其中，因此应选择具有代表性的人群，并将其组织成易于管理的小组。对于一个小型的当地游乐场来说，可能只需要邀请 6～12 人碰面几次。而对于大型的中心空间或公园来说，可能需要 25～50 人甚至更多的人参与其中，参与过程也会更长，以获取所有使用者群体合理的代表性信息。本章将在后续内容中详细介绍如何有效地完成这一工作。

第三项原则为**自由裁量权**。每组参与者都必须用最恰当的方式表达自己的真实感受和最佳观点。某些决策者，例如政界人士，可能需要一对一地接触，并迅速进入正题。公共管理人员可组成一个审查小组，可能需要相当正式的信息汇报。使用者则最好划分为 7～10 人的讨论小组，因为小组形式非常适合吸引所有参与者，且无须以一两个人为主导。

第四项原则是让人们**积极主动**，而不是简单地被动应对。有很多方法可以实现这一点。让人们参与场地和其他类似项目的分析，帮助他们展现其想象中的理想特征清单，或者做出理想的设计，这些都非常有效。尤其在早期阶段，通过此类工作，参与者可以更好地了解自己对项目的需求。

第五项原则是**相互性**。尽管设计师应该在开始时保留自己对项目的信念和观点，但为了鼓励其他人提出自己的想法，设计师也必须展示自己的观点。这一过程需要相互学习才能充分发挥创造力，这只能发生在对话中。

第六项原则是这个过程必须超越意见交换，创建一个精心组织且内在一致的**计划安排**，该安排要说明所需空间的质量和数量。在此，人性维度在提供一种综合的方式来组织与空间相关的社会背景信息方面特别有效。编写计划安排的工作将迅速揭示人们对一处地方的愿望中的矛盾和对立之处，促使这些矛盾得到解决，或者至少通过设计成为创新性管理的重点。环境计划为所有参与者提供了第一个现实测试。

第七项原则是通过设计和研究**替代方案**，可以更好地继续对话。由于设计问题很少（如有）只有一个好的解决方案，因此对替代方案的分析提供了一种方法，可以进一步了解使用者的需求以及赞助方、设计师和管理者满足这些需求的能力。

第八项原则是讨论替代方案能够使人们的观点变得清晰，并为通过设计发展对首选替代方案进行持续**审查**做好准备。这些进展审查本身可能是为了考虑更加详细的替代方案。回顾项目的计划安排及其特定的人性维度很有裨益，这应该成为项目的指导原则。

最后一项原则是**持续调整**。在最好的世界里，人们可能会直接建造自己的空间，并根据情况进行调整。有时这种情况也会发生，但在像我们这样功能高度专业化的社会里，这是一种罕见的乐趣。由于财政监督的原因，一旦公共建设进程开始，进行干预就非常困难，而且成本很高。但如果使用者持续参与管理过程，则干预就容易得多，如果组织合理，就可以根据需要进行评估、调整，甚至重新设计。

这种改进的过程是通用的，但必须根据任务进行调整。在应用中，某些细节也会存在差异。在接下来的解决方案中，我们假设了一个中到大型规模的项目，该项目会对很多人产生影响，并且资金充足，足以提供综合性解决方案。例如一个占地5英亩（约2.02公顷）或以上的公园、一个中心广场、一个新建的滨水休闲区，或者供步行者使用的市中心街道提升项目。与“标准的”非参与式方法相比，此处建议的设计过程略微增加了时间成本和设计成本，但是与公共空间的预期寿命、原始成本和运营成本相比，额外的时间和投资微不足道。对于大型项目而言，使用者参与导致的设计过程延长通常不会超过1～2个月，增加的成本不到施工预算的2%。还有一些其他建议，例如组建技术咨询委员会，实际上可以通过将相关人员召集到一起来缩短工作和审核时间。通过将相同的指导原则和对应阶段应用于适当规模的工作中，此处详细描述的建议过程同样可以适用于小型项目。

乡村之家社区游乐场

加利福尼亚州戴维斯

位于阿林顿和罗素林荫大道的乡村之家社区；由景观设计师马克·弗朗西斯设计，由加利福尼亚大学戴维斯分校的风景园林专业学生提供协助；由乡村之家业主协会负责管理；竣工于1983年；面积约为0.25英亩（约0.10公顷）。

1981年春，加利福尼亚州戴维斯市乡村之家社区的儿童家长们请求帮助他们设计一个新的游乐场（Francis，1988b）。一群社区的家长们已经花费了一年多的时间筹集资金并举行会议，但还需要专业知识将他们的想法转化为可建造的方案。

该项目是在一些条件下进行的，后来证明这些条件对项目的成功至关重要。首先，需要家长小组支持对整个社区进行初步研究。此项研究旨在获取有关乡村之家社区居民的现有态度以及儿童行为的信息，并且要求儿童和成人都参与设计过程。家长们同意这些条件，但有一个附加条件——他们希望在研究和设计过程开始后的几个月内开始动工。

乡村之家为参与式设计和行为设计方法提供了理想的环境。该社区是国际知名的太阳能示范社区，社区的规划和开发工作考虑了居民的参与和互动。社区中的许多公共区域和绿地都是由社区居民设计和建造的。家长小组希望游乐场的设计本着同样的参与精神，以便产品能够反映乡村之家居民的需求和想法。

首先，开展研究为编制计划提供信息，了解孩子们在现有开放空间中的活动，他们重视社区中的哪些地方，以及父母和孩子对游乐场有什么想法和担忧。这种方法受到了早期儿童自然主义研究的影响（Hart，1978）。为了跟上紧张的夏季施工进度，这个阶段必须在两周内完成。

然后，为了评估儿童活动，在整个社区内进行了为期一周的行为观察。使用简明的行为导图表格记录活动，包括使用者的年龄和性别，以及是否使用工具（例如自行车）。这些信息被汇总在地图上，显示出儿童们玩耍的地方以及其他经常活动的地点。这些地图在设计过程中非常有价值，因为它们表明了社区中哪些现有活动最受欢迎。

最后，设计和研究团队与社区中的 41 名儿童合作，邀请他们直接参与设计过程。在获得他们的信任后，一种简单的方法被用来激发孩子们的设计兴趣。孩子们被要求带队步行游览他们最喜欢的地方，描述他们重视的地方并说明原因。最受欢迎的地方是社区北部的建筑施工现场。孩子们可以在这里收集废弃材料，在空地上建造自己的“房屋”。这后来成为游乐场的重要设计元素之一，因为它表明孩子们想要自己建造。另一种被证明有用的方法是让孩子们聚集在社区游泳池，在泳池平台上展开的大幅新闻用纸上绘制“理想的”游乐场设计。

加利福尼亚州戴维斯乡村之家游乐场的设计过程是从观察儿童对社区现有开放空间的使用情况开始的。（马克 · 弗朗西斯）

由于游乐场的使用者并不是只有儿童，因此家长和其他社区居民也受邀参与了研究和设计过程。这里使用了其他方法。事实证明，与一些家长的结

当时让孩子们在乡村之家的社区游泳池绘制理想的游乐环境。（马克·弗朗西斯）

构化访谈有助于针对他们的想法和担忧展开讨论。然后，设计师设计了一份简明的调查问卷，发放给社区中所有的175户居民，要求居民填写人口统计信息，例如他们有多少个孩子，对包括设计元素和材料等级在内的游乐场设计的偏好，以及对未来的担忧。这种方法也有助于将设计项目告知更大的社区。

研究结果被归纳在一份报告中，成为发展设计方案和备选设计的基础。设计利用了这些研究结果。项目开始6周后，研究人员召集了一场社区会议审查备选设计，100多名家长和儿童参加了此次会议。如果没有广泛的参与和研究过程，不可能有这么多人参与会议。大家对设计的回应是积极的，并要求尽快开始施工。研究人员还召开了另外一次会议，制定了一项共识计划，该计划确定了第一阶段的施工内容。

这种参与性方法并没有止步于此，而是延续到了施工和评估阶段。由于该项目将由当地居民建造，因此设计师必须确定材料清单、成本估算，以及志愿者可以处理的细节。乡村之家的开发商迈克尔·科贝特（Michael Corbett）对场地进行了清理和分级。在某个星期六，他们在这里举行了一场动工派对，配有摇滚乐队、茶歇和报社记者。

初期建设选择了可以快速完成的项目，其中包括用工厂输送机滚轮和连杆制成的滚轮滑梯，以及用于滑轮车的平台。整个夏天还在星期六和晚上举行了几次工作会议以继续施工。一座树屋完工了，一个非正式的儿童建筑区在场地上拔地而起。社区工程队在滑梯和儿童区种植了植物，安装了灌溉设施。如今的游乐场已成为一处使用良好的社区游乐空间。

游乐场的建设始于父母和孩子们建造的一个位于中心的游戏构筑物。（马克·弗朗西斯）

乡村之家设计方法的一个独特之处在于，承诺在建造和使用游乐场时对其进行评估和重新设计。此类社区项目的进步特征是允许实际使用的已建成元素为未来元素的设计提供信息（Francis，1987c）。例如，设计之初并未将在游乐场内骑自行车列为主要活动，因为社区中的其他区域似乎有足够的自行车骑行区。但对第一阶段施工完成后使用情况的观察显示，在游乐场中一个较大的土丘上骑自行车是一项受欢迎的活动。因此，后续设计进行了调整，以适应这项活动。

经过夏季和秋季的先期建设，相关人员系统观察了游乐场中的各项活动。通过一种类似于在社区行为总体评估中使用的行为导图技术，记录已使用和未使用的设计功能。基于对第一阶段施工情况的评估，制定了更长期的规划，以响应所观察到的场所使用情况和评估结果。社区已开始针对该规划筹集资金和组织进一步的工作小组，以继续完成游乐场的后续施工。

相关案例：特拉尼海腾冒险乐园、巴雷托街社区公园。

过程中的角色

客户与提供建议的专家必须互相认同，并且必须在性格和组织工作方面适合这项任务。尽管当客户群体规模较小且协调一致时，对于设计者而言似乎更加容易，但如果客户群体中包含所有相关方，则对最终结果来说是最好的。范围广泛的客户更有可能发现相关问题、充分检验规划和设计假设。根据项目规模及其社会和政治背景，可以通过多种方式组织客户开展设计。考虑到需要将代表性与快速决策相结合，通常最可行的方法是使参与者参与到不同层级中。这里概述了一种有效的组织方法。

政策与决策

可以由负责的政府部门任命的成员小组来制定总体政策和设计决策。5～8人是较科学的规模，既可有效决策，又有足够的广度。该小组应代表各种相关的社区利益，并向任命它的机构——市长、市议会、机构负责人或社区组织——汇报。对于大型项目而言，可以设置一个委员会或者机构，其法律责任不仅包括做出设计决策，还包括资金管理和施工过程监管。更多情况下，会组建一个专门的工作组负责管理规划和设计，然后将项目移交给行业机构进行建设。在这种情况下，从该机构中选出一名高层员工作为代表参加工作组是十分必要的，通常依据职权担任无投票权的角色。

伟大的设计需要伟大的客户，这是不言而喻的。作为个人，决策小组成员应该对使用者和其他受影响方的意见和关心的事持开放态度。同时，决策小组还必须能够基于对其获取的冲突信息的平衡判断及时做出决策。尽管设计师的工作是向客户群体提供决策所需的构思和信息，但该小组成员的素质和响应能力与设计师的技能和创造力一样重要。

技术审查

此外，还应与公职人员，包括施工、运营和监管机构的工作人员共同审核该项目。对于社区影响力广的大型项目而言，任命一个由这些机构的负责人或高级工作人员组成的咨询机构可能是有效的，可以包括规划部门、公共工程部门、公园和娱乐部门、街道和交通部门以及各种公用事业部门。这样一个团队的专业知识和专长可以为设计提供直接帮助。该团队还可以起到预警作用，在法律、施工或运营问题发生之前对其进行标记。通过加入这样的团队，那些负有实施和管理责任的人将充分了解项目的性质和目标，从而更好地做好承担长期角色的准备。如果项目需要增加运营预算或工作人员，他们也会收到预警。单独的跟进会议通常也是必要的，可用于讨论某一机构特别感兴趣的问题。

市民咨询

受项目直接和间接影响的利益相关方应被赋予参与项目设计和管理的便利。他们本身可能就是一个范围广泛的群体，需要精心组织。在任何情况下，均应知会直接相邻的业主并给予他们提建议的机会，包括可能受影响的建筑物或潜在施工现场的业主，附近企业、机构和住户。除此以外，还有一些人也许会受到一些不那么直接的影响，包括空间可能产生的交通问题，或由此产生的长期变化的影响。在城市范围内引入的大型项目中，也会有对某些方面——从园艺到自行车道——特别感兴趣的人群，他们如果及早参与，可能会有所帮助，反之则可能造成破坏。在项目开发过程中，项目所在区选举产生的官员可能是另一个需要咨询的群体。

市民咨询小组是这类参与的一种良好机制。由于该小组将参与到广泛的社区领导中，所以必须谨慎选择小组成员，这项任务具有一定的政治敏感性。设计师和编制计划者应征询公共管理人员和熟悉这些人的其他人的意见，但在政策委员会审核并批准名单之前，不得进行招募。

使用者参与

在项目计划推进和设计阶段，应确定潜在的使用者并使其参与进来。有时使用者是谁是很明显的，也可能有现有的组织代表他们，比如社区公园就是这样。在其他情况下，识别使用者将是项目计划推进的一部分。无论他们是如何挑选和招募的，具有代表性的使用者都是使空间真正适合其社会和物质环境的关键参与者。我们将在本章的后面部分描述识别、招募使用者，及与使用者有效合作的已验证的技术。

顾问遴选

无论顾问的帮助是否仅限于设计或编制计划方面，都应由政策和决策工作组选择顾问。相关机构的工作人员、使用者代表和其他直接受影响的人可以为顾问的选择提供建议，但必须由决策者做出最终选择。应要求潜在的顾问对项目提出的问题做出回应，并描述他们的相关经验。还应在征集提案中说明需要在参与式环境中具备的管理能力和工作能力。顾问以专业的方式对此做出回应的能力，加上他们在参与式工作中的成功纪录，将是一种很好的考察指标。

社区研讨会，例如西雅图的社区花园规划会议，是鼓励使用者参与的好方法。（P-patch 社区花园，西雅图）

当然，对于设计师来说，创造力和成功处理技术问题的能力都是必要的。考察已竣工的项目、与使用者对话，以及先前客户的推荐，都对遴选委员会有益。此外，设计师与组成遴选委员会的利益相关方建立关系的能力，可以表明其是否适合该项任务。

如果设计师也被选中从事项目计划推进工作，那么他对公共空间现有研究的深入了解以及他的社会研究技能将非常重要。少数设计师会具备这方面的知识，但大多数设计师并不具备这样的能力，在此情况下，一位受过环境心理学或相关领域培训的专门顾问将为团队提供额外的帮助。在某些州——例如马萨诸塞州——腐败的历史促成了一项政策，即禁止从事计划研究的设计师承担实际设计工作。这一点十分不幸，因为通过分析问题以及与使用者的初始交流获得的理解远比从书面计划中收集到的要深刻得多。

环境计划

为一处空间编写环境计划似乎是一项逻辑步骤，介于确定并组织客户和顾问与开展设计之间。实际上，编制计划必须回答的问题将有助于确定一些关键客户群体，尤其是使用者。与设计一样，计划必须适合社会和物质环境。实现这一目标的最佳方式是让使用者和其他关键角色参与编制计划的过程，这意味着他们必须首先被识别出来并参与进来。在描述如何执行此项工作之前，我们将考虑计划必须涵盖哪些内容。

明确目标

应尽可能明确项目目标，包括政治和经济目标，以及该项目拟服务的广泛社会目标。在可能的情况下从赞助方开始，就这一点向可能的使用者征求意见，并观察他们在其他地方的行为。根据对类似地方的了解，想象一下这些社会目标可能是什么，然后对照一小部分代表性使用者的观点检验这些假设。

列出具体需求

针对这样的群体和目标，设计必须满足哪些使用者需求？第四章会有助于解决这个问题，但编制计划者必须根据人口和背景环境的特质调整需求清单。对于上班族在午餐时间使用的空间来说，舒适、放松和被动融入可能是最重要的；而一处专供年轻人使用的空间则可能会强调积极融入和探索发现。但即使“游乐场”也需要为父母提供被动融入的社交空间。分析或设计各种空间的经验有助于做出这些判断，但除了最简单的空间和使用者档案外，所有空间都需要与使用者代表沟通。

界定空间权利

对于使用该空间的人群而言，自由和管控的关键问题是什么？尽管在设计过程中，尤其是当使用者参与时，这一点也会变得更加明确，但重要的是从一开始就尝试界定这些权利，以便在设计过程中考虑它们。尤为重要的是，要事先考虑到可能发生的非预期活动，以及如何在不限制使用者太多自由的情况下对其进行管控。例如，是否需要设计斜坡上的小路来阻止滑板运动，还是说为滑板运动预留一块区域？市中心广场的僻静区域如何在鼓励放松的同时避免危险？使用者咨询尤其有助于理解这些问题，而在赞助方或设计师的心目中，这些问题很少是首要考虑的。

提出意义

在某种程度上，这一步可以追溯到开始阶段——意义源自目标。意义也源自设计所服务的需求和权利。例如，伦敦海德公园的“演讲角”，由于人们在此地点反复行使其言论自由权，因此获得了社会意义。尽管意义只会随着时间的流逝而出现在现实环境和使用过程中，但从一开始就考虑潜在的意义可以极大地刺激设计过程。正如我们试图在有关该主题的章节中所描述的那样，公共空间的深远意义来自其在人类进化和文化发展中的作用，及其周边环境的历史和特征。例如，一处邻里空间能否像前工业化社会中井边的聚集地那样象征着社区？优秀的设计师或艺术家通常会以令人惊讶的方式利用所有这些资源，而优秀的编制计划者可以通过挑战设计师来明确这些意义，启动创意引擎。同样，也可以并且应当直接征询使用者他们希望看到的意义。

描述预期活动和环境

这是介于学习如何将公共空间的人性维度应用于手头项目与实际做设计之间的一项步骤。该步骤是对特定需求、权利、意义所需的活动和环境类型以及设计必须满足的性能标准的一般描述。所需活动的清单应包括一份文字说明，陈述这些活动将如何满足使用者的需求，以及如何设计或管理这些活动以避免冲突；为一定范围内的活动指定拟建环境，并说明需要保护的权利和需要促进的意义。我们收集到的研究结果应该是有用的，但一如往常，这些概括性结论必须根据具体情况加以调整。

描述预期的管理系统

谁将最终拥有并控制该场地，以及将如何制定政策？是否有机会让使用者发表评论和调整空间以满足不断变化的使用者需求？是否需要为策划活动预留支持系统，例如电源插座或供水系统？规定管理要求应当是设计过程的一部分。要做到这一点，设计师必须从一开始就知悉赞助机构的意图，以及现有技能和资源的限制。有意识的努力通常可以改变这些技能和资源，但是对管理能力的一厢情愿则是一种危险。

尽管前面的章节提供了关于如何回答这些计划问题的线索，但每个案例和背景都是独一无二的。仔细深入地研究一个或多个类似案例是良好的开端。要想制定一套真正有助于组织和激发优秀设计灵感的计划，既需要广泛了解其他类似的空间，也需要研究具体的场所及其历史和背景。最好由设计师、管理者和社会科学家与赞助方、使用者和受影响的第三方代表展开对话，共同合作完成这项工作。具体方法可能包括人口统计学和历史研究、观察性研究、个人访谈以及深度聚焦的小组讨论。编写好的环境计划并不存在公式或唯一的方法。对于社会同质化环境中的简单空间，可以主要基于观察和先例来制定可行的计划。然而，解决小型项目的所有关键问题与解决大型项目的所有关键问题同样重要。这种方法，尤其是参与的使用者可以限定为一小群代表，与项目规模相匹配，将成本维持在适度的水平。需要注意的是，项目计划的推进并不是一个单独的阶段，而是贯穿于整个设计过程。设计探索是确定场所潜力的最佳方式之一。

根据我们的经验，即使是大型项目，编制计划的成本通常也不到建设成本的1%。为了开发一处完全有用、可管理且有意义的空间，设定一套正确的设计过程，其代价是微乎其微的。这样的结果将实现政界人士所寻求的早期成功，以及使公共管理人员的生活更轻松的长期成功。

北区公园

纽约州纽约市

位于炮台公园城的钱伯斯街和西街附近；由卡尔、林奇、哈克和桑德尔设计公司设计，由欧姆·范·瑞典事务所担任绿化顾问，由琼森（Johansson）和沃克威基（Walcavage）担任儿童游乐区顾问，由炮台公园城公园公司负责管理；竣工于1992年；面积为7.5英亩（约3.04公顷）。

北区公园是曼哈顿下城哈德逊河畔炮台公园城垃圾填埋场项目开发的一部分，在由滨水散步道、广场、小型公园和绿树成荫的街道所组成的典范系统中，北区公园是最大的公共空间。它的设计旨在服务于广泛的使用者：炮台公园城的两万名富裕居民、曼哈顿下城不同收入的居民、世界金融中心和世界贸易中心的上班族、距离该场地一个街区的新建的蒂文森高中的学生，还有距离该场地两个街区的曼哈顿社区大学的不同阶层的学生。该项目以公共空间的人性维度作为组织概念，提供了一个参与式编制计划和设计过程的扩展案例。

除设计师外，主要参与者还包括炮台公园城管理局及其公园公司（管理实体），以及代表曼哈顿下城区和炮台公园城居民的第一社区委员会。为了方便管理该过程，人们假定当局工作人员能够充分代表上班族的利益，当局

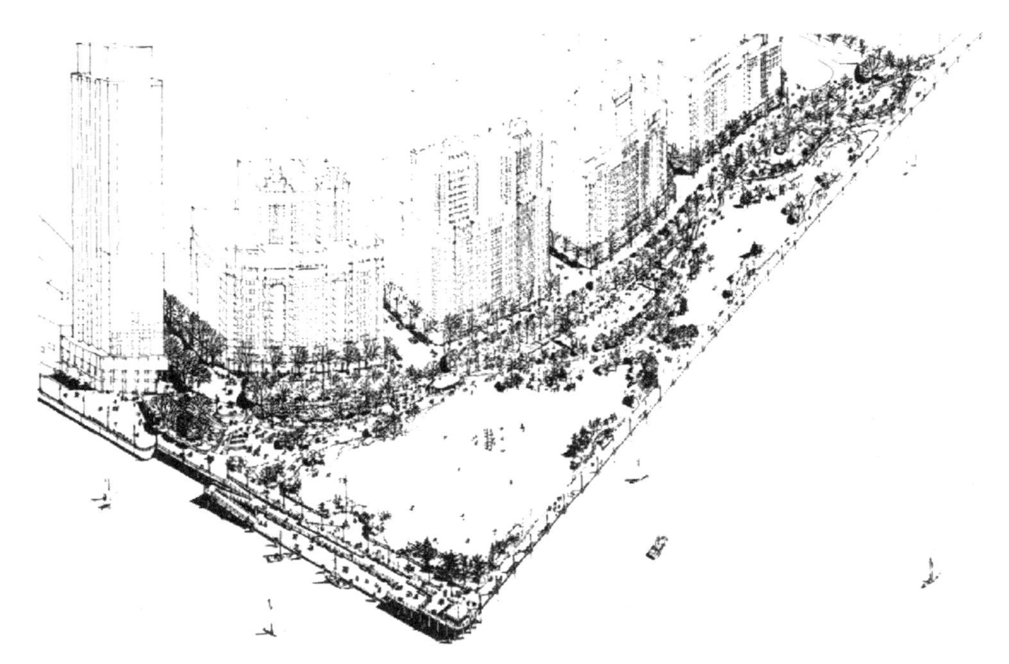

纽约市北区公园全景。（卡尔、林奇、哈克和桑德尔设计公司）

北区公园上班族入口处的喷泉和睡莲池。（卡尔、林奇、哈克和桑德尔设计公司）

许多工作人员每两个月与设计师举行一次会谈。蒂文森高中的学生和社区大学生接受了密切观察和非正式访谈，以了解他们在场所附近使用开放空间的情况，但他们没有直接参与这一过程。此外，社区委员会申请并获得当局拨款，用于聘请自己的联络顾问，即景观设计师安东尼·沃尔姆斯利（Anthony Walmsley）。

这个项目的历史具有启发性。该公园最初是在设计开始前大约十年，作为北部社区总体规划的一部分定位的。随着设计时间的临近，社区确信当局忽视了社区居民对积极娱乐的需求，意欲为其住宅开发建设一处绿色、被动的“前院”。在社区的敦促下，当局聘请了一名顾问进行“使用者调查和社区需求分析”。这项研究证实了该地区年轻家庭对于积极娱乐空间的需求，但同时也记录了在北部社区规划所确定的公园形状和规模范围内提供专用体育设施的困难。在绘制了各种设施在空间内是否可以容纳的图表后，经分析得出结论，即需要一种多用途、管理密集型的方法来为广泛的积极活动的使用者提供服务，同时营造出当局所寻求的无处不在的田园诗般的品质。在这项研究的基础上，社区委员会针对需要提供的软质地面和硬质地面的最低数量，协商了一套基于数字的但仍然是通用的计划要求。这些都被编入了纽约市财政预算委员会的决议。此外，当局同意通过杜绝学校体育活动来保障社区使用，并提供一名全职的娱乐区工作人员来管理设施的灵活使用。

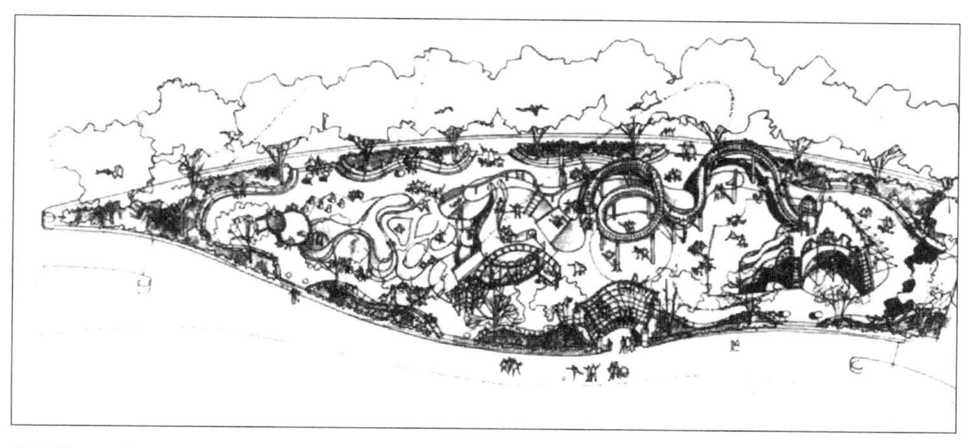

儿童游乐区的初始设计，之后根据参与者的意见进行修改。（卡尔、林奇、哈克和桑德尔设计公司）

游乐区经修改后的最终设计，可以满足当局对维护和更换元件的关注。游乐场的基本构思得以保留。（卡尔、林奇、哈克和桑德尔设计公司）

达成一致意见后，设计过程中共举行了四次重要会议。随后详细审核了具体的设计元素，如儿童游乐场和绿化方案。设计师们每两周与当局工作人员会面一次，每个月与社区成员会面一次，对设计构思进行审查。社区会议依次是构思研讨会、备选方案评估、首选方案审核、方案设计审查和批准。构思研讨会以之前的计划分析和一致意见为基础，考虑使用模拟幻灯片的方式展示各种可能性，最后列出社区愿望清单，列出希望包含的各项要素，从特定类型的游乐场和球场到模糊的概念，如“艺术即游戏”。

设计师基于量化的计划分析、来自社区的想法以及与当局工作人员的讨论，为公园制定了详细的定性计划。该计划以“人性维度”为组织框架。事实证明，这对当局和社区都是有效的，因此我们将其列在下文中作为一个例子（参见表 8.1）。

表 8.1　北区公园设计计划

目标和要求

1. 北区公园应该是一个以绿色为主的、田园诗般的公园，面向阳光、天空和河流景观。
2. 公园必须在其 7 英亩（约 2.83 公顷）面积范围内，在软质铺地和硬质铺地上，满足尽可能多的主动和被动使用需求。财政预算委员会的决议中规定了主动娱乐活动的最低要求：
   · 115 000 平方英尺（约 10 683.85 平方米）的开放式草坪；
   · 20 000 平方英尺（约 1 858.06 平方米）的硬质铺地；
   · 希望在该场地或北部社区的另一个区域中另外增加 10 000 平方英尺（929.03 平方米）的硬质铺地；
   · 5 000 平方英尺（约 464.52 平方米）的软质铺地。
3. 公园应被视为一种区域设施，向所有人开放，而不是仅针对任何一组潜在的使用者。它必须欢迎可及范围内的所有人，包括：
   · 炮台公园城的居民，他们住得最近；
   · 翠贝卡和曼哈顿下城附近社区的居民；
   · 炮台公园城和华尔街地区的上班族；
   · 蒂文森高中和曼哈顿社区大学的学生；
   · 其他居民和外地游客，尤其在周末时段。
4. 北区公园应具有自己的特定特征，同时包含与炮台公园城系统中其他开放空间一致的元素。
5. 尽管公园容纳了多种用途和使用者，但公园必须高度统一和美观。它应当是哈德逊河滨水区其他地方可以实现的原型。

设计导则

在追求这些总体目标和要求时，我们将遵循一些设计导则。导则可分为以下四个类别：

· 应满足的人类**需求**；
· 应受到保护的使用的**权利**；
· 可以传达的**意义**；
· **维护**要求。

其中许多导则必须通过设定更具体的活动或数量来进一步界定。随着方案设计进入最后阶段，我们将与炮台公园城的工作人员和第一社区委员会协商完成。具体导则如下：

1. 需求

1）舒适

A. 微气候

a. 从上午晚些时候到傍晚，阳光下的开阔草坪区和滨水散步道的边缘要有荫蔽处。

b. 从上午晚些时候到下午三时左右，硬质地面的球场和儿童游乐区有少许荫蔽处。
c. 防风，尤其适用于儿童游乐区、阴凉处的休息区、桌游区、球场和垒球场附近的观众区。
d. 一处好的观察点至少有一个避雨处。

B. 座位
a. 沿着小路和滨水散步道设置多个面向阳光和河景的长椅。
b. 长椅的放置有各种选择，朝前、朝后、朝向侧面、成组摆放、单独摆放、在阳光下以及在阴凉处。
c. 在所有草坪、游乐区硬质和软质铺地的视线范围内有足够的座位。
d. 身体上的舒适——带靠背的木质座椅。

C. 便利设施
a. 至少在三处地方设饮水喷泉。
b. 垃圾桶位于所有休息区 50 英尺（约 15.24 米）范围内。

D. 小路、坡度变化和表面
a. 小路宽度应足以供两对并排行走的人通过，并在需要的地方加装长椅。
b. 小路的设计应确保服务车辆可以使用小路进行维护。
c. 水平面变化应尽可能使用平缓的坡道代替台阶，以便轮椅通行。
d. 步行的地面应防滑、平整，适用于婴儿车、闲逛者、三轮车、滑板和慢跑者。
e. 墙面有利于倚靠和就座（或坐靠）。

E. 照明
a. 所有小路和休息区的平均照度至少为 1.5 英尺（约 0.46 米）烛光（垂直），均匀度比为 0.5 [小路上没有小于 0.25 英尺（约 7.62 厘米）烛光的区域]。
b. 游乐区硬质铺地的照明在其就位后由居民决定。这些区域可能用于照明的电线应一开始就布设好。
c. 使用特殊照明标记进入公园的入口、其他关键节点和道路交叉口。

F. 公园小筑
a. 单一结构，位于中心位置，靠近儿童游戏区和主动娱乐活动的硬质铺地区域。
b. 包含：工作人员可以看见入口的公共卫生间，容纳两名工作人员的办公室，存放娱乐设备和公共柜台的贮藏空间，大型割草机、软管、耙子、泥炭藓维护设备的贮藏空间，工作间。
c. 水、电气控制装置和各种泵设备计量的位置。
d. 该建筑的位置应能很好地监控公园的大部分区域，并方便进入其余区域。
e. 该建筑的形式和材料应适合其娱乐环境，并与公园的总体设计保持一致。

2）放松

A. 与环境的关系
a. 与河流阶地上的车辆交通有隔离的感觉。
b. 开阔感（天空、风景、阳光）与有着高墙、封闭和有阴影的街道形成对比。
c. 柔和、色彩丰富的植物与坚实、内敛的建筑形成对比。

B. 公园环境
a. 远离城市的田园静修之所——与河流、自然、风声、水的联系。
b. 草地上有充足的坡地供人们坐下或躺下休息，避免步行交通干扰。
c. 为隐私和亲密行为提供机会（考虑可移动座椅），避免高度活跃活动的干扰。

C. 安全性
a. 从河流阶地上可以监控到公园里的所有区域。
b. 从公园小筑可以观察到公园的大部分美景。
c. 安保人员保持在场并可见。
d. 在关键地点设置报警亭。

3）被动融入

A. 观察

a. 观看过往风景和人们的好地方。
b. 有充足的地方观看体育比赛，照看孩子们。
c. 入口附近及周边设有保护区，供老年人就座。
B. 观景
a. 全景，精心设计的景观。
b. 沿着街道、穿过公园通往水域的景观具有连续性。
c. 观看艺术品的机会。
d. 观看表演者的好地方。
C. 融入大自然
a. 有机会靠近植物（而不是隔着栅栏）。
b. 接触水域（河流、池塘、喷水池），在北边较低的平台（可能是浮动平台）上靠近水面的特别机会。
c. 观鸟的机会。
4）积极融入
A. 穿过公园
a. 可步行和慢跑的环形路。
b. 为小孩们提供骑三轮车穿过整个公园的机会。
c. 滑板和轮滑的好路线。
B. 沟通
a. 入口广场用于会面以及面对面交流。
b. 儿童游戏区在父母社交空间的视线范围内。
c. 办公室工作人员（和其他人）集体吃午餐 / 聊天（有些设有桌子）的社交空间。
C. 仪式、庆典、节日
a. 用于公共聚会、野餐、跳舞的空间。
b. 用于非正式音乐会、剧场的空间。
c. 举行婚礼和其他大型家庭聚会的好地方。
D. 儿童游戏
a. 为受到监管的幼儿（1～6 岁）提供保护场所，包括玩沙子、戏水、简单的步行和攀缘挑战。
b. 更开放的铺砌区域，供受监管较少的大孩子四处奔跑，包括用于主动玩耍的装备（可能用于建造的可移动元素）——可能成为艺术家们被委托的题材。
c. 适合儿童游戏的草坪区，例如捉人游戏或球赛。
d. 设有“街头游戏”标记和规则的铺装区域。
e. 青少年篮球场。
f. 闪避球运动区。
E. 青少年和成年人游乐
a. 两个足够大的草坪区，可以搭建非正式的垒球场，带有可拆卸的挡球网。
b. 足够踢美式足球或六人制足球的平坦区域。
c. 两个半场的篮球场。
d. 排球场。
e. 一个或多个手球场和网球练习场。
f. 两个羽毛球场。
g. 游戏桌。
5）探索发现
A. 小路
a. 观察人们在任何小路上所做的所有不同事情的机会。
b. 从小路上可以看到空间的多样性带来的不断变化的景观，因此公园不是从单一视角就能够展现的。
c. 组织视域以提供神秘感和惊喜，同时不失安全感。
B. 细节

a. 在墙壁、铺地和围栏上提及历史和环境。
b. 植物戏剧性的季节变化。

2. 使用的权利
1）可达性
A. 靠近或使用时避免物质上的障碍
a. 河流阶地的交叉口有明显标志，两侧设有轮椅坡道。
b. 每条进入道路的端头都有宽敞的入口、眺望区，包括将钱伯斯街尽端的一个特别庄严舒适的入口作为主入口。
c. 公园的所有活动区域都通过便于使用且平坦的道路连接起来。
d. 台阶平缓，且总是伴有坡道。
e. 所有道路均允许应急车辆通行。
B. 避免视觉障碍
a. 从入口道路看公园是开放的——没有高墙、栅栏或茂密的植物遮挡看向公园的视线。
b. 靠近入口、道路的区域具有良好的视觉可达性——可以观察到没有抢劫者、毒品交易者等。
c. 公园内没有隐蔽区域——可以看到休息区和卫生间的入口。
C. 公园入口处能看到对所有群体开放的标志
a. 单项活动或单一群体不会占据入口道路。
b. 父母可以看到要带小孩去的地方。
c. 老年人可以看到安全、安静的地方，远离球类运动、自行车骑行或其他存在潜在危险的活动。
2）行动的自由
A. 强调空间的多用途
a. 提供几处不同规模的平坦开阔的草坪区域，供不同群体使用。
b. 铺砌区域保持平整，尽可能不设围栏。
c. 尽量减少每次仅供几个人使用的活动区域。
B. 划分活动区
a. 嘈杂的主动活动区与安静的被动活动区分开。
b. 球类运动分组，以便灵活使用。
c. 区分较大儿童区和较小儿童区，但二者的位置应相邻，这样父母们就可以照看几个年龄段的儿童。
C. 保护特殊群体
a. 供老年人使用的安全区域（尤其是清晨和午后）——靠近交通流，但不在交通流中。
b. 为小孩及其父母提供有围栏的游乐区。
c. 为身体残疾人士提供舒适的场所——靠近人流交通，但不在人流中。
3）领域宣示
A. 公园提供一些明确的子空间，个人和群体可以暂时占有
a. 大大小小的草坪空间。
b. 小型的划分较好的休息区。
c. 群体可以占有的座位（可能是可移动的）。
d. 清晰且可穿越的分区边界。
B. 编制计划并积极监督，以促进各种群体的使用，并避免任何人独占领域
a. 分时共享空间（例如在草地上进行野餐、垒球、足球、排球活动）。
b. 球类场地用于特定聚会、活动和自由游戏。
4）改变
A. 短期
a. 为政治集会、重要演讲、庆典活动或音乐会等大型集会提供空间。
b. 为野餐等团体活动提供看似分隔的空间。

c. 为特定游戏或特定用途提供设备。

B. 长期

a. 随着时间的推移，可能添加艺术品的位置。

b. 增加儿童游乐设备的空间。

c. 可供不同游戏涂绘的表面。

d. 绿植的改变——多年生植物和一年生植物的区域。

e. 表达关切或要求改变的方式，以及达成这些所需的资金。

3. 意义

1）可识别性

A. 简单明了、连接良好的路径系统。

B. 路径交汇处的社会交往节点。

C. 清晰的分区，每个分区都有适合自己的特征。

D. 公园边缘和不同区域之间有明确但可渗透的边界。

E. 公园关键位置尽端的地标。

2）关联

A. 使用者的文化规范与场所特征之间的一致性。

B. 公园的形式特质与炮台公园城的其他开放空间和北部社区兼容。

C. 公园的设计和管理传达对使用者积极、关怀的态度。

D. 子空间的命名反映背景环境。

3）个体的关联

A. 提供建立个体依恋的定位点（如位置独特的长椅、特定植物、私密空间）。

B. 儿童游戏元素具有象征性或叙述性内容（如中央公园的爱丽丝梦游仙境雕塑）。

C. 重要个体事件的场所——家庭出游、求婚、婚礼。

D. 宜人的漫步路线，沿途可以结合聚会场所创建常用的路线。

E. 哺育空间——用餐场所、共享空间。

4）群体的关联

A. 良好的社会交往空间，使松散的关联群体（如上班族、监管孩子的父母、老人）能够反复接触。

B. 种族聚会或俱乐部聚会的好地方。

C. 团体运动的空间。

D. 具有特定群体意义的艺术作品。

5）与更大社会的关联

A. “神圣”的场所。

B. 历史延续性的象征（如老的滨水区）。

6）生物和心理的关联

A. 与自然世界的关联（如关于哈德逊河的生态绿植、河岸草地和陡岸）。

B. 公园应该有一个“头部”景观——统领周围的景观。

C. 应设有柔软、封闭和保护性的场所，特别是对儿童而言。

7）与其他世界的关联

A. 将哈德逊河视为与西方和更广阔世界的关联，如何使其变得更加强大?

B. 与太阳和恒星建立宇宙关联——可能是太阳时钟、星图。

4. 维护

1）编制计划

A. 为不同位置的空间使用编制计划，以尽量减少磨损。

B. 制定规则，禁止娱乐区工作人员在雨季和雨天主动使用软质地面区域。

C. 软质地面上不设扣件。

D. 工作人员可以通过定量供应设备来限制硬质地面区域的使用。

续表

2）材料 A. 经久耐用，人们能够触摸而不会受伤。 B. 在磨损或损坏时易于更换。 C. 可轻松更换照明元件和其他关键元件。 D. 纽约以及炮台公园城其他地区常见的材料。 E. 适度维护的天然材料。 3）灌溉与排水 A. 所有种植池配备灌溉系统。 B. 周边洒水装置可以为运动场洒水。 C. 运动场各方向排水良好，尽量减少运动场上的积水。 D. 配备安全格栅或其他装置，尽量降低伤害。

该计划由当局和第一社区委员会审核，为三种备选方案提供了基础。这三种方案在软硬地面的相对量、林木植被的数量和分布、球类场地的类型和配置以及路径结构方面各有不同。针对这些备选方案的优缺点，当局工作人员和社区团体在顾问的协助下进行了讨论。每个人都发表了一长串的评论，陈述自己的喜好，并要求设计师进行综合。尽管这些评论反映了每名支持者最初的偏好，但有很多重叠之处。

通过查看项目说明和备选方案，社区团体发现，当局及其设计师的确希望在空间允许的情况下，创建一个服务于所有人群和各种趣味的公园。当局发现，社区团体非常希望得到一处美丽的田园诗般的公园，而不仅仅是一系列专用的体育设施。主要的分歧在于网球场，当局和设计师认为网球场太大、侵入性太强、服务的人太少，不应该占据这个小公园的宝贵面积。

设计师们在一个月内制订了一项综合规划，平衡了各种所需要素和品质。该设计如第 279 页的平面图和草图所示，南侧的喷泉和睡莲池可以满足上班族对安静的交通环境的需求；有一处儿童游戏区，分别为 3～5 岁和 6～9 岁的儿童提供适当的挑战；有一个供大龄儿童和年轻人游戏的平台，包括秋千、大型绳索攀爬、手球或网球练习场以及一个大型的多功能空间，该空间可用作半场篮球区、排球区、羽毛球区或轮式曲棍球区。位于北侧的另一个平台是安静的休息区，摆放着游戏桌以及艺术家汤姆·奥特尼斯（Tom Otterness）的作品——一组分散的、有趣的青铜雕塑，以表现幼儿的奇幻生活为主题。

这些平台靠近公园边界的弯曲街道，由一道矮墙和植物隔开。由于街道位于滨水广场的水平面之上，并从北向南升高，因此平台在街道下方、草坪上方能够俯瞰草坪的区域形成了一处可开展硬质地面活动的中间地带。

草坪的形状尺寸适合进行非正式比赛（垒球、英式足球、美式足球和排球），在河边形成了一处开放、流动的田园诗般的风景。它们以落叶乔木和常绿乔木为界，被河岸边大量的多年生植物、玫瑰、低矮的常绿植物和水边的观赏草所包围。总的来说，种植方案包括从平台上的喜荫物种的林地到滨海地带的喜阳品种。睡莲池内遍布水生植物，供社区园艺地块使用，是公园北侧主入口台阶脚下的大型多彩阳光花园的一部分。

在平台和草坪之间有一条蜿蜒起伏的道路，连接着公园内的所有元素。连接这条道路的每条道路都有一处眺望区与入口的结合，并总是设有方便轮椅进出的坡道。在钱伯斯街尽头的主入口处，有一段大阶梯，可作为观看小型表演的非正式座位。另一个入口眺望区有个亭子，亭子兼作演奏台，表演者可在台上为坐在草坪上的人群表演。平台中央是公园小筑，为娱乐区工作人员和维护人员、公共卫生间、工作区和储藏区提供空间。

北区公园编制计划和设计的过程是渐进式的，从广泛的概念到常规的备选方案，再到首选方案每个功能的详细设计逐步发展。社区委员会成员、当局工作人员和未来公园管理者的深入参与促成了综合设计，理论上，该综合设计是全面且易于管理的。参与其中的社区成员有理由认为，他们对结果产生了很大的影响，因此会产生一种主人翁的感觉，进而转化为对该公园的特殊依恋。

拟建的公园小筑符合田园诗般公园的传统。（卡尔、林奇、哈克和桑德尔设计公司）

设计师及其客户认为，北区公园将会是一个成功且备受人们喜爱的社区公园，其吸引力和用途要比之前未经历这一包容性过程的情况乐观得多。一旦公园建成并投入使用两三年后，良好的使用后评估将表明该设计是否符合其承诺。

相关案例：波士顿滨水公园、乡村之家社区游乐场。

识别和吸引使用者

对于编制计划、设计以及后期的管理而言，识别和吸引使用者是过程中必不可少但往往很困难的步骤（Hester，1990）。尽管根据定义，公共空间应该向所有人开放，但实际上使用者的范围窄得多。对于给定的城市，可以根据空间的选址、规模和总体用途来预测其使用者。对于邻里公园、大多数袖珍公园和市中心广场、住宅区街道、游乐场以及所有社区创建的空间而言，其主要使用者来自附近的居民或上班族。而对于其他空间，如中央公园、公地或广场、市场、主要购物街上的步行商业街、大多数滨水区或城镇小径，其目的可能是吸引更大区域内的使用者，甚至是整个城市的人。事实上，某些群体比其他群体更有可能使用这些中心的空间，但这也是可以预见的。例如，在市中心使用新空间的群体的收入水平或种族可能会受到该地区传统购物模式、邻近公共交通或附近环境中其他特征的强烈影响。对于某些类型的空间，如专门的体育公园、中庭等公共的私有空间或旅游景点空间，可以更容易地界定可能的使用者。

对于大多数非当地意义的空间而言，仔细分析现有情况并根据其他城市类似空间的经验进行判断,有助于预测空间的使用情况。经济顾问通过分析“可比数据”来估计拟议商业开发项目的市场。本书中的案例研究为补充对当地情况的研究提供了一些指导。潜在使用者中各类群体的可达性是问题的关键，对于除邻里空间以外的其他公共空间而言，需要同时考虑步行距离、公共空间在街道上的选址以及公共交通网络。一处大型公园在地理位置上可能靠近城市中心，但它不是全部人口的中心，除非可以在晚上和周末等最有可能使用公共交通的时候提供服务。如果公园有停车位，它的实际使用可能仅限于那些会开车的人，或者居住或工作在附近、可步行到达的群体。

近邻环境的特征对使用也很重要。在一项获得某建筑杂志城市设计奖的内城办公楼开发项目中，提出建造一处被称为“公地”的绿色空间，供居住在周围的工人阶层社区的人们使用。但该空间由办公楼所界定，是所在办公楼的前院，并由开发商进行管理。无论从其特征还是管理政策来看，它都不太可能友好地对待带着年幼孩子的父母、青少年或老年居民，而他们是社区公园的典型使用者。

使用者识别的问题不仅仅是预测的问题，也是解决方案的问题。需要什么样的使用者？目的是什么？当公共空间足够大且位于战略位置时，它们确实有一定的能力影响社区中不断发生的物质变迁和社会变革过程。近年来，美国许多城市都建造了公园和其他休闲景点，以帮助复苏那些随着当地经济变革而被废弃或未被充分利用的地区。在这些案例中，对使用者的预测和解决方案是更大型规划和再开发计划的职能，开放空间是其中的一部分。在任何这样的项目中，规划者都有责任考虑该地区的居民和商家，并帮助他们以积极的方式应对变革。在与设计师共同合作设计开放空间、识别使用者时，需要注意使用者不仅包括这些现有的居民和工作者，还包括未来的使用者。

如果要从比周边环境更大的区域内吸引使用者，那么应结合项目目标、人口统计分析、交通效率、环境分析以及基于类似空间在其他地方的使用情况进行判断，预测特定的人群数量或“市场”。对于大多数社区空间来说，人们可以分析步行距离范围内该地区的人口普查数据，确定潜在的使用者群体。空间规模及其所提供设施的种类将进一步表明这些人群中实际使用该空间的特定群体。对于中央公园或滨水区而言，原理是相同的，但如果设施很独特，则必须调整预计使用者的数量，以反映可以通过公共交通或私家车轻松到达此地的人群。还必须考虑可能在午餐时间或下班后短暂使用公园的附近上班族和外地游客。

对于其他类型的市中心空间，如步行商业街或市场，识别和吸引使用者的最佳起点是对当前在那里的人进行街头调查，并根据其他城市的经验调整人口统计结果。此外，交通可达性、附近地区现有人口的主要收入和族裔也将成为关键因素。由于人们很容易一厢情愿地认为公共空间的改善能够改变一个地区的形象，吸引新的人口，因此仔细研究其他地方的经验非常重要。在这样做的过程中，有必要找到人口相似、市中心竞争力可比的城市。

对于广场、袖珍公园、中庭等更专门的空间，通常更容易预测其用户群体——主要以附近的上班族为基础，辅以游客，以及根据地理位置的不同，还有一些购物者和附近居民。这些空间通常为无家可归者提供庇护所，也为毒品交易者提供诱人的市场。在附近上班族中展开的问卷调查有助于我们了解基本人群及其可能的空间使用情况，但不应忽略其他潜在的常客。如果该空间具有商业基础，如节日市场，开发商通常会进行市场分析，取得可预期的上班族、游客和居民的特定平衡。

联系和招募使用者参与编制计划和设计工作的方式取决于项目的性质和可用资源。在最简单的情况下，比如社区游乐场或小型公园，编制计划者和设计师通常可以通过现有组织接触到最有可能成为使用者的群体，他们会是组织成员的朋友和邻居。个人利益通常会是强烈的自愿参与动机，而当地的教堂或学校将提供会面空间。设计者必须小心，避免在附近地区开展的人口普查分析忽略了当前未在组织中出现的任何重要群体。大多数社区组织都有

在华盛顿市中心的人民街道项目中，通过随机的街头调查确定并招募了一批具有代表性的使用者。（斯蒂芬·卡尔）

兴趣吸引自己的成员，通常会通过传单、电话或挨家挨户拉票的方式开展一些外联活动。在资源允许的情况下，最有效的方法是面向整个社区邮寄一份简短的调查问卷，询问基本的人口统计信息及其是否有兴趣参与。

对于市中心的空间，通过向上班族发放调查问卷或采用街头调查的方式，可以询问受访者是否愿意参加几次会议来讨论拟议的空间。然后根据有代表性的人口特征，联系一小部分受访者，邀请他们参与讨论。在这种情况下，利己主义思想可能并不足以使得所有人全部参与其中，尤其是对经济困难的受访者而言。最起码，受访人员可能希望获得婴儿看护费用或交通费用。最好的办法可能是向参与者支付一笔适度的“使用者顾问”津贴，这种做法类似于让人们有偿参与营销研究重点小组。这可能会保证典型人群更具代表性，并能更好地参与一系列会议。

对于规模更大的项目，比如海滨的填海工程或大型中央公园，需要多种联系使用者的方法。像往常一样，最好从附近的社区开始，联系邻近社区内的现有组织，并要求他们招募与该项目的人口统计分析相对应的参与者代表。全市范围的市民组织可以代表更广泛的使用者群体。如果缺乏强有力的组织，可以通过电话拉票或街头联系的方式进行直接招募。在大多数情况下，参与者对这类开发的兴趣应该足够强烈并自愿参与其中，如果不是这样，可为参与者提供报酬。

参与式设计过程

一旦确定并组织好所有客户群体、选定设计师，并准备好初步计划，就可以开始真正的设计过程。参与式设计过程的结构，包括我们所描述的群体，可以与从概念到施工的常规设计阶段联系在一起。尽管该过程会随着项目的规模及其重要性而变化，但它可能包含本节概述的各类要素。

与关键参与者会面

通常情况下，在发起或资助一个项目时，最好是单独接触政界人士、商界领导和其他“关键参与者”。在项目进行过程中，可能还需要向市议会、商会等进行汇报，但这些媒体经常出席的公共会议很少适合开放讨论。在一对一会议中，即使是简短的会议，设计师也有机会探讨并解决每个人的想法和兴趣。公共设计过程必须协调那些有权力或有影响力做决策或能强烈影响决策的人的利益与实际使用该空间的人所表达的需求。只有理解这些利益，才能取得适当的平衡。公共设计通常在一定程度上是一种外交活动。

决策会议

与工作组或其他直接客户群体的会议通常按月安排，是召开最频繁的。设计师必须从个人和整体两方面充分了解这个群体及其观点。因此，在一开始时就与每个小组成员进行单独讨论是很明智的。这样一个群体的平衡能力、领导力和活力对项目的成功至关重要。

技术咨询

对于公共管理人员而言，除非对提议的内容存在重大分歧，否则通常仅在项目开始时召开一次会议征求各方意见，然后在每个工作阶段接近尾声时汇报就足够了。如果管理人员可以组成一个“技术咨询委员会”，审查过程将更加高效和富有成效，因为这种形式允许各部门之间进行交流。无论如何，在这个过程中必须分配足够的时间，以便在采取下一步行动之前，官员们可以对图纸和报告进行更详细的审核并表达意见。为解决特定问题，尤其是在与负责管理和维护的人员（通常来自公共工程或公园部门）讨论设计时，还有可能需要单独召开会议。设计师越了解他们的程序和限制条件，就越便于管理。

市民咨询

如果存在一个市民咨询委员会代表各种支持组织的观点和利益，那么它可以像技术咨询小组一样按计划召开会议。即使该群体中的个人无须承担长期责任，他们也可能具备特定的知识和想法为项目做出贡献。他们可能是环保主义者、健身专家、艺术活动家、历史保护主义者、自行车爱好者或金融专家，每个人都在自己感兴趣的领域为项目提供专业知识指导。如果因委员会成员兴趣广泛而难以组织大型会议，那么将委员会拆分为几个下属委员会可能会更有效。

使用者参与

使用者和非使用者参与的机制通常是公开听证会，但这种形式并没有充分的代表性（Hester，1990）。由于听证会通常在这个过程中出现得太晚，因此许多可能有兴趣的人并未听说过听证会，这不利于开展知情讨论。作为这些听证会的补充，法律往往要求在项目的每个设计阶段举行一系列非正式会议或“研讨会”。可以组织小型的团体进行讨论，然后向更大的团体进行汇报。对于较大的项目，在研讨会之前可以与小团体举行一系列会议，让参与者深入了解问题。

由于人们在与他们觉得有共同目标的人聚在一起时会更加开放，因此，一旦人员集合完毕，按年龄、种族或收入组织人们进行小组讨论效果可能更好。根据项目的不同，也可以根据特定兴趣或地理位置组织小组成员。在某些情况下，在开始阶段将不同的人群混合在一起会有价值，因为问题的不同方面会呈现出来，但如果群体中的社会阶层或年龄差异太大，那么人们可能会难以表达自己的想法。在这个过程的后期，人们可以聚合为较大的混合群体，分享自己的想法。无论如何组织，在人数控制在7～10人的会议上，人们似乎最愿意提出问题和发表意见。大型小组汇报之后可以开展小型小组讨论。在这些小型小组中，每名参与者都能获得足够的“陈述时间”，并且可以在设计师、管理者和使用者之间展开富有成效的讨论。

可以按照与公职人员和市民委员会相同的时间表安排使用者咨询，但互动方式将有所不同。公职人员通常不愿在会议上发表意见，但会要求有时间与他们的员工一起审核问题。市民咨询小组的成员通常有他们所代表的特定问题或观点。按人口统计数据选择的用户参与者可能更愿意进行对话，包括学习和自由发表意见。与任何小组讨论过程一样，如果形式不受控制，那么少数健谈的人就会占据主导地位。虽然将参与者划分为几个小组可以缓解这一问题，但推进讨论的设计师必须注意提取所有在场人员的观点。小组过程顾问非常有助于会议的顺利进行，并确保每种声音都能被听到。

用户参与者小组通常不会撰写后续的书面意见。在设计会议议程时，最好是在会议上可以了解所有需要的内容，并由主持人记录下来，以备下次会议时使用。在大便笺本上记录会议结论就是一种有效的方式，这样小组成员可以在当时核实或纠正记录的内容。如果需要对某些关键问题有定量的认识，那么有时在会议结束时投票或让人们填写一份简单的问卷会很有帮助。

社区讨论过程最好从按地区、年龄和种族组织的小型团体开始。（卡尔、林奇事务所）

在设计过程的每个阶段，均应安排与政策小组、技术咨询和市民咨询小组以及使用者的会议。每组参与者都可以为分析现有条件、制定设计和管理计划、考虑替选概念与方案设计，以及审查最终设计和管理计划提供帮助。

该过程必须事先仔细规划，清楚地了解各个参与者的角色和责任。每名参与者都应了解由谁来做决策，以及每个工作阶段将做出什么决策。指导这一过程的专业人士需要在每次会议上说明到目前为止已决策了什么，当前对参与者的要求是什么，以及谁将根据接收到的信息采取行动。尤为重要的是，指导该过程的工作人员应及时报告所听到的信息以及如何采取行动。很少有参与者会期望他们所有的想法都能被接受，但他们会希望这些想法能得到认真考虑。

在开始的时候，与使用者一起参观场地和类似于拟建空间的现有空间，可能是非常有用的。人们可以用相机记录他们的印象，也可以与该场所的使

之后，随着人们的想法和感受变得清晰，不同群体之间的交流可能会富有成效。（斯蒂芬·卡尔）

用者、设计师和编制计划者讨论他们所观察到的。在观察结果在记忆中消失之前，立即召开后续会议进行讨论是很重要的。同时查看其他相关空间的幻灯片图像，可以人们激发进一步的见解。在此过程中，设计师和编制计划者不仅要了解参与者的初始偏好和感知需求，还需对他们产生同理心。这样的共同经历可以使之后对未来空间的描绘——无论是通过照片类比、图纸还是文字图片的形式——更容易理解、更容易分析和讨论。

在下一次会议开始之前，这些最初的看法可以成为待讨论的特定计划的备选方案。同样，可以通过类似场所的模拟幻灯片、简单的草图意象以及展示各计划要素在空间中如何布置的简图为对话提供帮助。计划的构思可能来自项目赞助方、市民咨询小组、使用者调查、设计师和编制计划者。如果参与者们能够在场地地图上来回移动纸板做的街区，这些街区已根据各种活动进行了缩放，那么有时会有助于参与者们理解场地可以容纳什么。使用者绘制的"理想"设计也有助于激发关于目标和愿望的讨论。设计师和编制计划者可以为讨论过程提供指导，将重点放在计划要素和安排可以解决的需求、权利和意义上。专业人士应坦率说明他们在场地中看到的机遇和限制，以及由于赞助方的财力、技术现实或法律现实而产生的限制。在这些会议结束后，如前所述，可以撰写一份提案计划供各方审查。在发展这个计划时，设计师和编制计划者需要进一步检验首选方案，分析方案与场地以及方案之间的契合度，同时牢记赞助方的目标和使用者的感受。这便是设计的开始。

有时设计会议可以在现场举行。一个星期六上午，在戴维斯中央公园举行的中央公园总体规划研讨会。（联合设计公司）

赞助方的决策小组通过一项总体策划后，很有可能会为项目的某些部分提供一些备选方案，这一过程将贯穿设计的各个阶段。使用者的角色自此变得不那么积极主动，而是多了一些被动反应。尽管存在很多由使用者设计和建造的社区空间，如花园和游乐场，但在大多数情况下，设计师需要具备一定的技能和经验，才能根据策划信息和标准提出可行的解决方案。

在细化的每一个阶段，设计师都可以提出可供选择的备选方案，并说明其含义。引导式讨论的重点在于每个备选方案，无论是它的整体还是局部，如何满足人们的需求，保护人们的权利，并传达策划目标中期望的意义。设计师面临的挑战是使人们畅所欲言，表达自己的真实感受，而不是“推销”个人喜欢的方案。由于设计师往往会热衷于自己的想法，因此这并不是一项简单的任务。小组工作过程专家可以帮助设计师摆脱这种困境，但自信的设计师能够拒绝自己喜欢的想法，并从中汲取优点，给出更好的设计。

随着设计师不断推进整个过程直至收尾，最难解决的问题之一可能是如何在同一空间内容纳多元化的使用者群体。为了在各种相互竞争的使用者需求和权利之间达到适当平衡，设计师和管理者必须能够正确地想象可能使用该空间的不同类型的个人和群体，以及他们彼此之间如何相互关联。对场所中的活动进行可视化会非常有帮助，可以帮助设计师与最终使用它的使用者代表进行合作。设计师有责任找到解决方案或替代方案，以解决同一空间内各项需求相互竞争的问题。如果这些替代方案的结果能被适当地展示出来，那么使用者就可以讨论哪种方案对他们来说是最好的平衡。使用者的这些反应可以让决策者在选择替代方案时感到宽慰。

在抽象的讨论中，这个过程似乎令人望而生畏。开会的次数可能很多，因此产生分歧和冲突的机会也许会成倍增加。然而在我们这个多元化的社会中，任何重要的公共空间新方案都必然涉及因对空间存在不同愿望和需求而产生的争议。如果这些差异在一开始没有被正视，那么它们将在空间日后的实际使用中出现。这就是为什么设计竞赛是一种特别糟糕的设计方法，波士顿的科普利广场已经两次证明了这一点。任何公共设计项目都会涉及许多会议，会议数量还会随着各种团体的不断加入和各抒己见而迅速增多。这里提出的是一个有序和系统的过程，可用于收集相关信息，披露并创造性地处理各种差异，并确保需要参与的人员可以在适当的时间以适当的方式参与进来，贡献他们的知识和观点。通过应用开头所述的原则,这个过程可以按比例缩减，以适合较小的项目。通过这样一个过程，设计可以得出结论，这些结论将被受影响的各方所接受，并将经得起长期使用的考验。

更好的管理

我们的一些实例和案例研究表明了这样一种趋势，即公共空间管理朝着更全面的公共空间环境管理方向发展。通常，这是公共与私人合作创建空间的结果,但有时则源于相关市民团体的行动,就像中央公园那样。从长远来看,良好的空间管理与良好的设计在决定使用者满意度方面同等重要。良好的管理必须从充分理解场所的设计目的、预期使用者或实际使用者、使用者在此处的需求、权利及其寻求的意义开始。

对于新建空间而言，管理计划应对预期活动、管理和维护工作做出规定。在此基础上，可以更新初始环境计划，以反映设计过程中发生的学习过程和最终设计的具体意图。该管理计划应由设计师在施工阶段结束时制定，并提交管理者审查。该计划应描述设想的活动，以及环境是如何被设计以适应这些活动的，包括为改变用途所做的准备。还应明确潜在的冲突，并说明设计和管理如何保障个人和群体的权利。管理计划可以表明良好的管理将如何通过保持场所安全、清洁和舒适，以及鼓励具有公共和艺术意义的活动来增强意义。

最重要的是，管理计划应根据场所的预期用途描述这个空间随时间推移良好运行所需的管理和维护水平，还应包括建议的工作人员和预算。同时建议制定对该计划进行年度重新评估和更新的程序。如果该过程的结构合理，则编写计划的设计师将提前与负责的管理实体制定出一般要求。

如果一位知识渊博的公共空间管理者能够参与到设计过程中，那这将是理想的选择。如果尚未为该空间聘请未来的管理者，则可聘请其他管理者担任团队顾问。同时设计空间和管理计划将产生最佳结果。

公共空间管理者也应该具备良好的公共空间设计师所需的许多相同的素质（Whyte，1980，1988）。了解人们如何使用空间，与掌握管理和维护程序的技术同样重要。接触使用者并吸引他们参与管理过程的能力也很重要。良好的管理者应当能与许多不同类型的人一起工作，并能理解他们的愿望和问题。

专业技术知识对管理者而言越来越重要。存在许多新的策略来安排和管理公共空间中的活动，并使公共空间得到良好的关照。这是一个正在发展中的领域，需要特定的培训计划。也许当前最熟练的专业人员会出现在区域性购物商场、市中心节日市场、商业街廊等半公共场所，或者迪士尼世界等景点。但目前也有一些优秀的管理者在公园部门工作，负责管理市中心的街道。尽管这些部门的薪资普遍低于私营部门，但如果对这项任务及其评估和奖励手段有明确的公开承诺，那么公共空间的管理工作仍然可以吸引有能力的人。

尽管公共场所几乎无法为建设过程本身提供更多的弹性，但仍应尽一切可能确保可观的运营预算，以便在运营中提供弹性。对于中央公园等备受喜爱的空间而言，私人资金已被筹集用于补充稀缺的公共资金。一些公共融资策略通常用于保障建设资金，也可用来为持续运营和维护提供资金。其中包括税收增额融资，特别评估区、相关开发项目的土地租金和使用费用，以及通常来自城市一般税收收入的支持（越来越难获得）。

由作为设计方案客户的工作组或委员会继续监督管理，将有助于获得和维持管理资金。佛蒙特州伯灵顿的教堂街市场委员会就是这样一个例子（参见第六章）。施工完成后，这一群体的构成通常会发生变化，因为项目往往会在那时失去魅力。那些愿意继续服务的人可能在该场所享有直接的个人利益，例如步行购物中心的商户或公园附近的邻里。而管理实体通常由市长或市议会任命，因此往往会邀请拥有更广泛利益和影响力的个人作为当地人的补充。

如果不存在专门的运营实体，则可由市民咨询小组作为传统城市机构分级管理的补充。咨询小组可以从参与了广泛的设计过程的同一批人中抽取。咨询小组与场所成功息息相关，并且对设计目的和可能的管理问题非常敏感。随着时间的推移、空间的发展和用途的变化，市民小组可以协助重新评估使用者需求和空间性能，形成客户群体的关键要素，将其用于重新设计和政策变更。

如果他们对空间有责任感，他们会持续向政界人士施加压力，要求政界人士提供必要的资金。咨询小组的持续存在非常符合管理者的利益。

市民咨询委员会并不属于官僚机构，且倡导空间的平稳运行，因此可以

佛蒙特州伯灵顿市教堂街市场的管理允许商业用户不断调整空间，同时也保护公共用途。（斯蒂芬·卡尔）

保持客观，而不断受到烦扰的管理者则很难做到这一点。市民咨询小组可以在必要时开展或寻求独立评估。通过与管理部门紧密合作，咨询委员会逐渐了解系统的局限性，更有可能看到需要克服的问题，而不是“失败”。从管理者的角度来说，咨询委员会可以保留对形势的看法，并在需要改变时给予建设性的批评和支持。从参与者的角度来说，他们有机会为日常生活中重要公共场所的发展做出贡献。

在小型社区空间中，管理和监督可以结合起来。在城市中，公园或游乐场的使用者越来越多地被授予对空间的管控权，而维护工作往往是通过与私人供应商或公共机构签订合同进行的。当核心工作组以外的公众人士被拒之门外时，这可能会被诟病，但更多时候，这只会增加人们关注空间的可能性，并缩短实现所需改进的途径。此类监督工作由于通常在自愿的基础上进行，因此会由不同的成员轮流承担责任。一个非常成功的例子是曼哈顿下城区的华盛顿市场公园，与许多这样的公园一样，它是社区为获得急需的开放空间而长期努力的结果（Francis，Cashdan，& Paxson，1984）。来之不易的空间通

常会受到珍惜和精心维护。

当市民咨询委员会成员也是某一空间的使用者时（这是一种非常常见的情况），他们将为问题提供早期预警系统，并对空间的新用途或物质上的改进有自己的想法。如果公众知道他们的存在，会将其视为投诉和建议的渠道。在极端困难的情况下，例如当一处公共公园被“不受欢迎的”团体占领时，咨询委员会可以召开公开会议讨论如何处理该问题并提出建议，然后组建特别工作组与公职人员保持联系，开展游说活动，确保建议得以落实。波士顿一项市民倡议活动的结果是任命了一名新的公园专员，对该市公园的状况、维修和维护需求开展了全面研究，并得到市长增加资金和运营预算的承诺。

评估与调整

若不时地对场所及其管理的有效性进行使用后评估，则有助于管理工作（Cooper Marcus & Francis，1990；Francis，1987c）。将观察研究与问卷调查或结构化访谈相结合的全面、客观的方法可以提供最完整的信息。简单的评估方法也可以很有用。如果一名良好的管理者考虑到这里阐明的维度，那么他或她将能从日常的工作经验中了解很多。现场娱乐区工作人员和维护人员可以对场所使用情况进行系统观察，结合使用者的一些简单问题，能够提供很好的建议。如果有一个包括使用者在内的持续存在的咨询委员会，那么其反馈很可能是持续的。与缺乏信息相比，缺乏资源通常是改进工作的更大障碍。

当一处空间不能良好运行，并且由于误用或疏忽导致物质环境下降时，就需要制定改进计划。改进计划最好由管理者、设计师和环境研究人员组成的团队共同制定。这个团队应向市民特别工作组和负责的公共管理人员进行汇报。该团队不仅必须评估现有状况以及修复它们需要做什么，还必须评估现有的用途及其与设施的当前设计和管理的关系。人性维度可用作性能评估的度量系统。所提建议可能包括改变空间、改变管理政策和运营程序，以及这样做的预算和人员配置。纽约市的中央公园管理和修复计划（Barlow，1987）就是一个很好的例子。

有时，针对使用现状和使用不足之处的研究及市民行动可能会促进对空间进行实质性的重新设计。在波士顿，科普利广场附近的一群公司职员开始关注该空间的用途和特征。科普利广场曾是 1964 年全国设计竞赛的主题。获奖的设计包括一处环绕喷泉的大面积区域，这个区域低于相邻主街约 8 英尺（约 2.44 米）。沿着该空间边缘的墙脚成为街头人士最喜欢的去处，因为过往的人们看不到这个位置。这些公司职员还认为，该空间的设计采用棱角分明

在许多波士顿人看来，第一届科普利广场设计竞赛获胜者设计的棱角分明的混凝土形式与周围优美的地标建筑格格不入。（斯蒂芬 · 卡尔）

第二届竞赛后，如今的波士顿科普利广场变得平淡无奇。（斯蒂芬 · 卡尔）

的形式，并用劣质材料建造，并不适合其所在环境。来自麻省理工学院的一个小组参与了空间分析工作，并为其重新设计准备了详细的计划。遗憾的是，一场新的竞赛替代了参与式的设计过程，但这次设计师被要求紧扣该计划。

企业赞助方与该市分担了重建成本。重建工作目前已完成，正在等待新一轮的评估。初步的评价并不乐观，科普利广场可能会成为一座丰碑，纪念竞赛作为设计重要空间的工具所承担的责任。

总结

在本章中，我们主张对公共空间编制计划、设计和管理过程进行一些适度的改革。总的来说，我们的解决方案是在每一步都要有更大的包容性。正如我们在整本书中所主张的，要关注公共空间的所有人性维度，因此我们认为最好的设计和管理是通过与所有对空间负责并受其影响的人们合作来实现的。

我们提供了一些具体的想法，诸如客户群体中应包括哪些人，如何选择设计师和编制计划者，如何推进计划，如何确定和招募参与者，以及如何组织和实施有效且高效的参与过程。我们并不认为这是开展此项工作和创造良好空间的唯一途径。然而，从我们的集体经验和对规划设计实践的观察来看，我们认为这是一种行之有效的方法，似乎对创造易共鸣的、民主的和有意义的公共空间非常有帮助。对于那些已经适应了包容性设计过程优势的人来说，这些渐进式改变的建议不会彻底背离他们自身的实践。

我们的过程推荐着眼于公共空间设计的社会基础——有些人会说是伦理基础，但无意抑制艺术中更具个性和趣味性的方面。这种形式上的趣味是设计的乐趣之一，它可以通过给日常生活带来惊喜和乐趣，以另一种形式服务于使用者。但我们的确相信，空间是所有决策者、设计师、维护人员和使用者的集体产品，持久的美不仅仅是表面上的美，更是从那些不断演进的空间中散发出的最强烈的光芒。

第九章　公共空间的未来

起初，我们注意到致力于人类使用和享受的新公共空间正在不断激增。在许多老城市中，现有开放空间也在得到翻新和改善。尽管一些社会评论家，如森内特谴责了“公共人的衰落”（Sennett，1977），但这场运动表明了另一件事：美国人正在创造一种新的公共空间文化。

公共空间与公共生活的关系是动态变化、相辅相成的。新形式的公共生活需要新的空间，例如当前对慢跑小径和自行车道的需求。当新的空间不仅仅是企业的标志或机构的象征时，它们就会为增加公共生活创造机会。随着两者的共同发展，公共空间文化也在逐渐演进。

在本章中，我们推测了美国公共空间的未来以及随之而来的公共生活的未来。我们通过自身价值观的框架来展望未来，并通过询问公共空间和公共生活如何能够变得更易共鸣、更民主和更有意义来结束本章。我们研究了三个阻碍发展的关键问题：公平、管控和文化多样性。

公共空间的文化使命

每一个新的公共空间都会对公共文化产生直接影响。一些大型干预措施会对城市的生活和发展产生巨大影响，例如奥斯曼的巴黎林荫大道、纽约中央公园、奥姆斯特德设计的波士顿“翡翠项链”。社区建造的花园或游乐场可以极大地丰富社区的社会生活。当公共空间按照我们所倡导的方式取得成功时，它们将增加人们参与公共活动的机会。这种公开的社会交往促进了公共生活的发展，而贫民区和郊区的社会隔绝阻碍了公共生活的发展。在我们城市的公园、广场、市场、滨水区和自然区域，来自不同文化群体的人们可以在支持共享的环境中聚在一起。随着这些体验的不断重复，公共空间成为承载积极公共意义的容器。

在纽约曼哈顿的克林顿社区花园，人们聚在一起感谢彼此的努力并开展社交活动。（公共土地信托机构）

在良好的公共空间里，人们可以从积极的文化层面看待社会环境和其他个人。在日常生活中经常充满压力的地方，包括在设计和管理不善的公共空间中，人们会在自己周围竖起自我保护的盾牌，这会聚焦并缩小他们的认知范围。功利主义目的和自我保护在决定一个人如何回应他人时变得至关重要。刻板印象似乎是简化复杂且具有威胁性的社会环境的有效手段，它会将整个群体置于人们不需要或不想与之接触的“他者”阶层中。而在精心设计且管理良好的公共空间中，我们可以部分脱去日常生活中的盔甲，把他人视为完整的人。看到与自己不同的人以相似的方式对同一环境做出反应，就会与其产生一种暂时的联系，可能会有自发的微笑交流，也许还有对话。即使没有直接的交流，良好的公共空间也支持发展心理学家所说的和平的并行活动：个体可以追求自己的兴趣，女性不会受到骚扰，大一点的孩子允许小孩子一起玩，老年人不会受到打扰等等。这样的空间鼓励跨群体的社会化与宽容，用迈克尔·沃尔泽（Michael Walzer）的话说，可以认为这样的空间是“开放包容的”（Walzer，1986）。

从这个角度来看，公共空间的设计和管理担负着文化使命。我们的公园、广场和主街可以成为宝贵的社会纽带，有助于创造并维系一种连贯和包容的公共文化。运转良好的公共空间提供了比我们通常所体验的社会更平等的生动例子。当人们希望表明他们对更大自由和平等的拥护时，他们总是选择一处中央公共空间作为最合适的环境并聚在一起，表达自己的感受。周日的中央公园或任何一个大公园都会提供观察的机会，人们可以观察其他人的家庭生活和共享的乐趣。他们的文化历史和环境也许不同，但与自己可能有很多共同之处。社区游乐场也可以是很好的公地。即使存在很多差异，人们也可以和平共处。这些体验培养了一种整体的社会意识，增强了跨越我们社会的经济与社会距离对待文化规范的宽容度。通过这些方式，公共空间运动可以成为提升公共文化的一股力量。

创造新空间

如果公共空间在塑造和维护公共文化方面发挥如此重要的作用，那么在我们城市的未来发展中如何才能完成这一使命？在乌托邦式的愿景中，比如埃比尼泽·霍华德（Ebenezer Howard）极具影响力的《明日的田园城市》（Howard，1945）中，区域性开放空间系统被视为城市发展的关键平衡和限制，通常会被详细描述。在区域规划师的梦想中，开放空间一直占据着突出的位置。"绿带"塑造和界定了规划者对未来城市的描绘，绿色公园则合理地分布其中。在我们未来的城市中，区域性开放空间系统的前景如何？

在一些地方，区域性机构实际上已经被授权去实现规划者的梦想，而其他大多数城市也有着开发区域性开放空间的潜力。波士顿大都会区委员会创建并管理了数千公顷的各类开放空间，且其清单仍在增加。只要有政治意愿，区域性开放空间机构就可以成为应对大都市压力增长、保护和创建开放空间的重要工具。区域内的其他机构，如州交通运输部门、公共交通部门和港务局，通常会将创造"风景"空间作为其主要职责的辅助。如果他们能将此项工作视为自己职责的一部分，他们就有能力做更多的事情。洛杉矶拥有大约400英里（约643.74千米）的高速公路，公路两侧通常是景观绿地。与其将这些空间仅仅当作宜人的道路环境，不如将其（在某些地方仍然可以）设计成可以容纳步行者和骑自行车的人，并扩展到为当地社区服务。相比之下，波士顿的马萨诸塞湾交通管理局在其最新扩建的公共交通系统的上方和旁边建设了带状公园，通过区域性行动满足当地的需求。纽约州交通部门即将把以前高架的西区高速公路改建为城市林荫大道。作为该道路工程的一部分，纽约市和纽约州正在合作建设长4.5英里（约7.24千米）的哈德逊河滨水公园（West Side Waterfront Panel，1990）。在开放空间和环境运动的压力下，这些区域性机构将成为在大城市开发新的开放空间的重要途径。尽管他们的行为不会形成连贯的区域性开放空间系统，但有助于将局部地区连接起来，而不是像过去那样经常将它们割裂开来。

待改造的纽约哈德逊河滨水区，图为西村地区。（卡尔、林奇、哈克和桑德尔设计公司）

拟建的位于纽约市西村的哈德逊河滨水公园。（卡尔、林奇、哈克和桑德尔设计公司）

在大多数情况下，公共空间的创建和管理将继续由大都市区的地方管辖部门负责。除公园部门外，城市里还有其他开发机构有能力创建公共空间以刺激私人开发。在市场开发力量强大的地区，私人开发商会被要求创建公共空间，以此作为获得开发权的**交换条件**。办公楼和轻工业开发项目现在通常会创建公园式的环境，并以大型雕塑或其他艺术作品进行装饰，未来这些“公园”将为注重健康的员工提供健身课程和运动场，并在周末时段向附近居民开放。城市里的混合功能开发项目将继续打造必要的公众可达的室内外焦点空间，并仔细美化其面向的街道。新的滨水区开发项目将被要求建设舒适的公众可达的空间和有益的水上公共空间。

借助于这些公共和私人的机构及行动，城市之间当下的竞争是基于它们提供的“生活品质”。州际公路系统的建成、当地航空服务的普遍改善，以及现代电信的出现，使得企业在选择区域办事处或制造工厂的新投资地点时可以“无拘无束”。一个城市对管理者和专业人士的吸引力极大地影响着人们的选择。对于这一关键经济群体而言，理想的城市总体上是绿色宜人的，拥有价格合理的近郊住宅、广泛的以运动为导向的公园系统、丰富的文化娱乐设施以及与之相关的城市开放空间。

主要来自该群体的成员或与之合作过的政府和商界领导正在为未来25年的城市发展，包括为公共空间的发展制定议程。为了吸引具有经济增长优势的知识密集型产业和相关服务行业，这些领导们试图以对该行业决策者有吸引力的方式进一步改造或发展城市。那些有可能引起人们对城市的关注并改善城市形象的项目将备受青睐，比如拥有充足公共空间的大型滨水区开发项目。由于人们仍在寻求舒适，可步行，拥有零售活动、文化机会和生动娱乐的市中心，因此将继续努力致力于复兴或重建这些古老的中心，特别是市中心的住宅区。市民群体将抓住这一机遇，通过社区参与规划，将这些城市改善工程转化为地方用途。城市还将制定协调公共与私人行动的战略，通常是通过新的准公共实体来促进预期发展。查塔努加市的河城公司产生于广泛的社区规划过程，它是这种趋势 的最新例证。该公司负责开发田纳西河沿岸20英里（约32.19千米）长的河滨公园，因为它流经查塔努加（Carr，Lynch Associates，1985）。

城市滨水区将继续成为创造新的开放空间的沃土，这些开放空间既能增强社区功能又能为社区服务。只要位于中心地带，且未充分利用的滨水区土地仍然存在，美国和加拿大滨水区的成功开发就会促进未来更多的滨水区开发。水体和水道曾被认为是需要克服的障碍或者供工业利用的资源，现在则被视为休闲娱乐的机会和对新城市开发极具吸引力的环境。受波士顿、巴尔的摩、圣安东尼奥和旧金山等成功案例的影响，其他城市，包括费城、纽约、匹兹堡、华盛顿、底特律、印第安纳波利斯、多伦多、明尼阿波利斯–圣保罗、俄勒冈州波特兰、西雅图、孟菲斯和查塔努加等，都在努力恢复和改造它们的滨水区。

有时，这些滨水区将提供保护自然区域的机会，但在更多的时候，它们将成为具有全市吸引力的新建大型开放空间场所，可与19世纪的大型中央公园相媲美。强大的公众压力会迫使公众不断进入滨水地区。通常沿着水边或其附近会有一条滨水大道或小径，供人散步、慢跑和休息。骑自行车甚至骑马通常需要一条单独的小路。这里将有一个或多个田园诗般的公共公园，有草地供人们休闲和日常玩耍，还有树木繁茂的区域和特别的花园。这里将有供人戏水、钓鱼的码头和游船码头。还可能会有活跃的城市广场，尤其是在重要街道的尽头。每年的节日还会举行庆典，庆祝这些滨水地区的再利用。

城市滨水区将继续成为创造新公共空间的沃土。不列颠哥伦比亚省温哥华福溪的滨水步道。[加里 · 哈克（Gary Hack）]

与现在的纽约一样，关于将滨水区土地用于私人用途的争论会越来越多，比如用于办公和零售开发、住房和机构。在某些情况下，需要借助私人开发的力量将人们带到滨水地区，供公众安全使用。波士顿、巴尔的摩和圣安东尼奥都有很好的案例表明，可以通过商业和机构开发来保护甚至是改善公众进入公共空间的权利。在其他许多情况下，可以断言需要项目开发来支付建设新公共空间的费用，且因为开放性最宝贵，所以滨水区是否应该私人开发争论激烈。无论取得怎样的成就，我们所寻求的都是在新公共空间中活动与水上活动之间的平衡，这可以让各类人群聚集在一起，在和平开放的环境中相互交流和尽情享受。

不愿意将现有滨水区建成大型活动场所的城市可能会试图创造公共空间或利用更有限的机会（Girot，1988）。得克萨斯州的圣安东尼奥市和奥斯汀市通过防洪和公共工程项目，将无关紧要但偶尔会泛滥的水道转变为对城市非常重要的休闲水体。达拉斯和菲尼克斯正试图效仿它们的做法，在基本干涸的河床上修建城镇湖泊。菲尼克斯拟建的里约－萨拉多项目可能是同类项目中最雄心勃勃的一个，它计划在索尔特河的河床上建设一个长达15英里（约24.14千米）的线性水上公园（Carr，Lynch Associates，1984）。从理论上讲，位于菲尼克斯沙漠中的新公园和湖泊会吸引足够多的私人开发商到它们周围，能够通过新的税收来支付公共空间的费用；但启动基础设施的成本高昂。即使在没有河流的环境中，城市也在寻找被忽视的排水系统来创造绿道、公园和开发的机会，同时解决洪水问题。俄克拉荷马城以及加利福尼亚州的戴维斯和圣何塞就是这样的例子。

与此同时，无论是否与滨水区开发相关，城市都将继续努力复兴其中心区。作为对郊区商业兴起和人口迁移的初步回应，许多城市采取了公共与私人的联合行动，将过宽的、以汽车为导向的市中心购物街改造为更具吸引力和竞争力的郊区购物中心。城市规划者和商人希望能吸引郊区居民返回市中心。一些气候较冷或较热的大城市建造了由“空中通道”或地下通道组成的二级系统，将街道上方或下方的商业活动连接起来，允许人们在不受天气影响的情况下四处走动。许多中小型城市直接模仿郊区建造停车场或停车建筑，然

现在的亚利桑那州坦佩（菲尼克斯）的索尔特河。（卡尔、林奇、哈克和桑德尔设计公司）

里约－萨拉多项目的愿景是一连串镶缀的湖泊。（卡尔、林奇、哈克和桑德尔设计公司）

后将汽车排除在中央购物街之外，取而代之的是景观化的购物中心，设计者希望这些购物中心吸引步行的人们。大多数这些努力仅在抵制中产阶层住房与工作场所分散化的大趋势方面取得了些许成功。许多市中心已经成为市中心工人和附近居民的本地购物区，他们往往是收入有限的少数群体。

将来，市中心公共空间的改善将成为更加综合性的战略的一部分。这类战略的典型特征是支持专业零售、娱乐和文化机构，同时努力增加市中心的中高收入阶层住房。通过增加树木和建设小型公园来绿化市中心将继续是这些复兴尝试的关键特征之一。完全步行的市中心购物中心很可能会被购物街所取代。这些购物街仍然承载着交通，但有更宽的人行道，绿树成荫，有节日的灯饰，并以小型活动空间为特色。一些老的购物中心已经在按照这些方法重新开发。私人开发商将继续在市中心兴建室内购物商场，并通过在办公楼内提供封闭式中庭而非开放式广场来增加可出租的底层空间。我们将继续努力保护这些半公共空间中所有使用者的权利。

其他更强大的力量有助于很多中心城市再次转变。郊区新建住房价格的上涨使得老中心城区的住房更具吸引力。随着夫妻都进入职场，工作路程已成为决定居住地点的一个更重要的变量。在城里工作的人往往想住在城里。由此促进的市中心附近一些老社区的绅士化，催生了对中心开放空间的新需求。该群体对未加工食品的兴趣还促进了绿色市场的复兴。幸运的是，像西雅图派克市场这样真正的公共市场将取代“节日市场”而蓬勃发展。随着郊

加利福尼亚州的圣克鲁斯购物中心是成功整合零售用途与步行空间、绿植与行车空间的典范，于 1989 年被一场地震摧毁。（斯蒂芬·卡尔）

区本身变得更加密集和城市化，为运动和自然体验保留或建设空间的压力将越来越大。无论是在市中心还是郊区，随着利用电脑、电话线和电缆的居家工作逐渐增加，人们可能都会对附近的休闲开放空间产生新的需求。

在老的中产阶层社区，新住户准备与不那么富裕的邻居结成联盟，向城市施压，要求其恢复老公园、游乐场和其他中心的空间，并使它们再次发挥作用。渴望吸引和容纳中产阶级居民的城市将更有可能致力于这些社区的绿化、公园和游乐场的改善，而不是其他社区。在资金短缺的地方，通常情况下，城市将制定计划，允许居民购买树木。在私人空间稀缺或不存在的高密度地区，新老居民将共同合作，在当地人获得或占用的空地上持续建设社区花园和游乐场。随着新的开发项目进驻这些社区，社区园艺将有越来越多的机会融入新的住宅综合体。

作为这些趋势和反趋势的结果，一种新的公共空间形式——既不是“城市”也不是“郊区”——将在美国和加拿大发展。这种新的组合形式将公园的景观品质与传统欧洲广场或步行街的景观品质融为一体。这种融合可以根据要适应的用途选择不同的侧重点。市中心的购物街和市民广场上有越来越多的树木和其他植物；而郊区的工业开发和办公楼开发项目开始修建真正的公园，用于休闲娱乐。植物与建筑和铺地等城市景观的结合可能会满足北美人的特殊需求，使城市变得柔和，让我们想起这种结合源于小城镇和乡村。

它也可以被视为更大范围的城市绿化运动的一部分，该运动在欧洲和其他较发达国家逐渐发展壮大，也必然成为加速应对全球变暖趋势的一种方式。随着大城市发展成多个分散的密集活动中心，人口形成分层又部分重新融合，“城市”“郊区”和“乡村”之间的原有区别将逐渐失去意义。这些绿色空间，尤其是城市中复兴的中心区，将再次成为各种人群的聚集地。

我们可以预见，环境运动将在很多方面加强这些趋势，并为美国城市公共空间的增长做出巨大贡献。长期以来，公共空间一直因其对城市居民的健康有益而得到推广，可以让居民们获得新鲜空气、阳光、从事体育运动的场地和宁静的环境（Kaplan & Kaplan，1989）。这些目标仍非常重要，但人们将看到，开放空间在其他方面对于城市而言也至关重要。开放空间的保护、创建和设计可以提高饮用水质量，提供新的废物处理方案，缓和高层建筑造成的风效应，减少城市街道上的空气污染。这样可以减少侵蚀，增加野生生物的数量。安妮·惠斯顿·斯本（Anne Whiston Spirn）在其美好而有影响力的著作《花岗岩花园：城市自然与人性化设计》（Sprin，1984）中，以及迈克尔·霍夫（Michael Hough）在其佳作《城市形态与自然过程》（Hough，1984）中，概述了这些收益和其他收益，同时提出这样的观点：尽管城市作为一个整体是我们最伟大的杰作，但它始终是大自然的一部分。

人们对发展给我们的供水、空气质量、废物处理和生物圈整体健康问题带来的后果有了全新的认识。尽管最近在持续的斗争中遇到了挫折，但联邦和州环境法为事前审查过程提供了框架，该过程有时可以防止或“减轻”拟开发项目的最负面后果，至少是对物质环境的负面后果。未来，规划师和设计师不仅会试图保护环境，还会通过自然过程来改善环境。目前，郊区的开发项目中不仅保留甚至设计了绿色空间，以提供就地蓄水，创造出不仅有吸引力而且有实际效用的水景。许多郊区办公楼开发项目曾经会从铺砌的停车场产生大量径流，并可能设法掩埋现场排水系统，而现在它们围绕着景观蓄水池和自然排水渠进行设计，并以此作为该场地的主要特征，为工作者和野生动物庇护所营造了更加舒适的环境。一些企业甚至结合花园种植花卉和蔬菜，以替代需要大量灌溉、成本高昂的企业景观（Francis，1989b）。甚至是对废水的三级处理——将其暴露在空气和阳光下——也可能成为有吸引力的景观特征。斯本描述了圣达菲附近的度假胜地景观中建造的一系列水池和瀑布，这个案例为处理用于灌溉的废水提供了参考。

沿袭荷兰悠久的传统，美国对“自然公园”的兴趣将与日俱增。人们不再种植通常需要高度维护的观赏植物，而是利用本土植物，并允许其自然演替。简单来说，我们可以在自然保护区、公共机构环境、社区边缘或道路沿线等不

“自然公园”和绿道往往利用流域和原有城市荒地提供接触自然元素的途径。加利福尼亚州圣路易斯－奥比斯波的米逊溪。（马克·弗朗西斯）

太可能被人类密集使用的区域种植野花草地，而不是修剪草坪。与观赏植物相比，这种植物所需的维护较少（尽管它们并非免于维护），并且可以比修剪整齐的公园更直接地有助于恢复城市的自然感。同时，包括植物园在内的教育性公共花园将得到更多支持。

当然，将城市附近迅速消失的乡村纳入公有制的努力由来已久。在北卡罗来纳州罗利市、丹佛市和加利福尼亚州戴维斯市（Dawson，Francis，& Jones，1990），一些团体目前正在努力创建公共土地的综合“绿道”系统（Little，1990）。现在，随着开放的乡村在开发过程中逐渐消失，新的价值被赋予了剩余的空间，即真正的荒地。这些空间通常与天然河床或尚未铺设管道和掩埋的排水系统相关。尽管有垃圾场以及来自城市径流的石油、铅和其他污染物，但人们仍在这里发现了努力生存的生态系统的残余。这些城市荒野位于空地、湿地或过于陡峭无法建设的山坡上，作为城市里的自然资源和栖息地，已经越来越受到重视，尤其是在城市难以筹集资金购置土地和新建公园的情况下。保存和保护这些土地，特别是湿地，已在许多地区通过立法，并将在未来变得更加普遍。如果可以的话，儿童将广泛使用这些区域，它们对于儿童的成长而言非常重要。如果这些荒野可供其他非破坏性的人群使用，那么这些荒野将有助于保持城市居民与自然的联系，并提醒我们城市确实仍然是大自然的一部分。

一个著名的城市荒野项目是纽约市斯塔顿岛一块高度工业化的 6 平方英里（约 1 553.99 公顷）的区域，该区域以湿地为主。自“清洁水法案”通过以来，该区域的水质逐步回升，这些湿地已成为水鸟在东北部主要城市的筑巢地和繁殖地之一，其中包括苍鹭、白鹭和朱鹭。公共土地信托机构和纽约市奥杜邦协会利用这些鸟类作为城市自然区域再生的重要标志，正带头保护和恢复斯塔顿岛湿地——被称为“湾鹭野生动物保护区”。

与历史保护一样，对未开发土地的保护也可能达到极致。自然环境保护主义者往往会强烈反对任何有助于人类利用这类土地的措施，即使是用于自然漫步。尽管可以说，这些地区本身就具有作为残余生态系统的价值，仅仅出于这个原因就应予以保护，但人类的使用并不一定会造成破坏。事实上，对于这些通常很强健的动植物群落而言，其成员不仅能很好地适应场地的特定条件和当地气候，而且能够很好地适应周边城市使用的条件。一般的公共步道的选址和设计都是为了保护湿地和河岸等较脆弱的环境，与新建公园相比，可以以非常低的成本为公众创造就近享受自然的机会。西雅图的煤气厂公园就是一个著名的例子，公园将一片荒地和废弃的煤气厂改造成了兼具自然与历史价值的有用场所（参见第四章）。

我们试图根据当前趋势预测公共空间的未来，并试图将这种未来与城市环境以及推动公共空间朝着特定方向发展的文化和公共生活的变化联系起来。我们举例说明了一些成功的案例，以此作为这一发展的范本。我们发现一种新的公共空间整体形式正在出现——它越来越多地结合了曾被认为是城市或郊区的特质，就像我们的城市整体一样。这是文化适应过程的一部分，有助于跨越我们社会中的许多社会和经济距离而创造出一种综合性的城市文化。

在我们看来，大多数城市中的典型城市开放空间包括：大型线性系统，主要位于交通路径和水道沿线；小型开放空间网络，位于零售和办公等功能区内，甚至是一些工业区内；焦点空间，承载并重新诠释中心广场、市场和公园的悠久传统；社区空间，包括居民区易于到达的小型公园、游乐场和社区花园；昔日的城市荒地，成为有价值和受保护的偶然形成的空间；一些特殊的景点，比如公共市场，位于容易到达的地点，旨在吸引人们关注其产品的质量，获得乐趣和利润。这些反复出现的公共空间类型会有很多变化，反映不同区域和地方的差异，能够通过参与式设计和管理发现。

像其他任何预测未来的尝试一样，我们只是纯粹的猜测。所有趋势线都可能会在明显的连续性中突然中断。我们有选择地把重点放在我们新兴的城市社会中一些最明显和最吸引人的特征上，但走出这幅画面、进入框架的边缘才是更加棘手的问题，这些问题才刚刚开始得到解决。其中最重要、最紧迫的是公平与社会正义、公共管控与私人管控以及寻求共同意义等问题。这些都是二十世纪大多数社会的基本问题。如果能得到解决，也是在公共空间以外的其他领域得到解决。但是，除非这些问题在这里像在其他地方一样得以解决，否则我们将无法营造出易共鸣的、民主的和有意义的公共环境。

公共空间中的公平

创造未来公共空间的决策将成为政治经济的一种表现，它支配着美国城市的整体发展。这种政治经济环境所面临的越来越大的挑战是公平问题。二十世纪城市的总体历史是一部居住与工作场所日益隔离的历史。在美国，这种隔离最引人注目的方面是经济和种族问题。尽管公立学校与公共设施公开隔离的问题在很大程度上得到了解决，被排斥的少数族裔获得了投票权，但这只是为创造一体化社会铺平了道路。到目前为止，只有少数非裔美国人和西班牙裔能够融入经济和社会“主流”。与这些少数人的成功相对应的是，社会未能充分培养和教育贫民，尤其是有色人种少数群体，并为他们提供工作机会。在我们这个日趋技术化的社会中，我们正在创造一个主要由几乎无

美国无家可归者的困境最令人痛心的莫过于在华盛顿特区。（马克·弗朗西斯）

法就业的城市人口构成的庞大的“下级阶层”。我们的经济和政治制度会造成或加剧无家可归、营养不良、吸毒和犯罪等骇人听闻的问题，这些在不久的将来必将成为城市和国家政治的核心问题。如果不在其他地方解决这些问题，这些问题在公共空间中会变得非常明显，导致日常在恰当使用公共空间方面的冲突。

不足为奇的是，在城市公共空间的发展中也可以看到同样的忽视模式。为中产阶级和富人服务的空间类型一直在增加，而为工人阶层和贫民服务的空间类型却在不断减少。疏于照管的社区公园、破败的游乐场和枯死的行道树遍布美国的内城区。对于那些已经因缺乏合适的就业、适当的住房、学校和其他社会支持而感到受压迫和压抑的群体来说，现有公园、运动场和游乐场的数量有限且条件恶劣，而这只构成了社会大多数人并不关心的信息之一。

这对年幼的儿童和青年来说是特别有害的信息，这些设施对于他们而言最为重要。市中心年轻人经常被指责“破坏公物”，这至少在一定程度上是对少数现有空间争夺的结果，而且往往是对城市开放空间供应、管理和维护不足的明确抗议。

一些问题最严重的老城，包括纽约和波士顿，已经开始为真正的改善做出适度努力。在未来的二十年里，城市是否会将大量资源转向建设新的公园和游乐场，以及是否能够修缮和维护贫困社区的现有公园和游乐场，仍有待观察。答案可能与增加保障性住房供应的更迫切的需求相关，尤其是对家庭而言。随着新住房的建设成本越来越高，单套面积受到更多限制，人们对方便易用的公园和游乐场的需求将越来越大。老社区住房的修复也将以最低的空间标准进行，以控制成本。经济适用房开发项目将需要额外的公共资金来建设或提升项目内部或者附近的开放空间。

通常情况下，改善公共空间是因为它们能够稳定或“升级”社区。稳定可能意味着留住在社区里长大但现在寻求更好环境的年轻人。“升级”通常意味着吸引较高收入的年轻人，这一政策被称为“绅士化”。无论是两种情况中的哪一种，我们都对现有的低收入居民负有相应的责任，因为他们可能会被赶出不断上涨的房地产市场。因此，不仅需要了解新兴中产阶级对公共空间的需求和期望，无论他们是否是土著；还要了解这些有抱负的年轻家庭如何与年长且贫穷的居民共存。无论是老社区还是整个城市，包容性的公共空间政策将使计划编制、设计和管理复杂化。但排他性政策和设计的代价将是助长群体间的冲突和敌意，而公共空间则成为这些冲突和敌意的战场。

依靠参与式设计过程，使社区空间的潜在使用者充分和有代表性地参与其中，确保较不富裕居民的利益得到考虑。由于较富裕的参与者可能会更畅所欲言地表达自己的需求，并且可能在政治上更具影响力，因此需要做出特别的努力来确定并保护少数群体的权利。这种保护在任何有效的民主制度中都是必要的，也是一个关心人民的政府的标志。

自助自立也很重要。解决贫困社区需求的部分办法可能在于扩大社区花园运动，使其具有经济和营养效益。城市可以通过提供简单的景观材料、栅栏和路障，以及工作人员的帮助和适度的资金，更直接地支持社区的自助努力，在空地上建造小型公园和游乐场，或者创造当地的游戏街道。

仅靠自助自立无法创造出多样而丰富的开放空间和管理计划，也无法弥补因多年受到忽视而被破坏的现有公园系统。在较不富裕的社区内投入大量的公共资源是有必要的。这很可能是新一轮政治运动的一部分，旨在解决更大的社会不平等问题，开放空间不足便是其中一个症状。

自助自立也是一种解决办法。加利福尼亚州奥克兰丛林山，社区的人们在为城市绿化植树种草。（公共土地信托机构）

公共与私人

与公平问题相关的第二个主要问题是在开放空间的创建和管理方面，私人控制与公共控制之间的对比。增加私人控制往往会把注意力集中在有钱消费的人身上，而忽视或排斥贫民，因为私人控制倾向于将空间交到那些将物质环境视为创造利润手段的人们手中。出于同样的原因，到目前为止，主要关心利润也不利于环境保护。尽管如此，似乎可以肯定的是，公共空间的未来发展需要增加私人的参与，既要为公共空间的创建提供政治理由，也要确保充足的资金和充分的管理。城市和开发商将为了他们的共同利益展开合作，控制设计与管理的机制将至关重要。

随着企业和中产阶层离开老城前往郊区，财政收入下降、服务成本上升，导致了更高的房产税。政界人士被迫发起反对增加税收的运动，从而对他们自己的执政能力构成威胁。随着城市日益成为政治影响力有限的贫民和少数群体的避难所，各州和联邦政府可以放心地停止提供支持。推迟维护基础设施、学校、公园和其他公共设施，也很少建设新的设施。人们对公共部门提供服务的总体预期水平大幅下降。一些城市，尤其是纽约，正在破产的边缘摇摇欲坠。

在加拿大多伦多，最初对开放滨水区非常重要的私人开发项目，现在却有占领滨水区的危险。（加里·哈克）

圣安东尼奥的帕塞欧·迪尔·里约滨水步道提供了一个良好的平衡案例，商业用途为公共空间增加了活跃的氛围，却不会占据主导地位。（斯蒂芬·卡尔）

因此，城市开始对开发商和房地产开发采取新的态度。“公私合作关系”诞生了，它与绅士化现象密切相关。对年轻的双职工中产阶层夫妇仍有吸引力的城市开始越来越像企业。城市雇用了有创业精神的管理者，要求他们为企业创造良好的条件。城市可以利用诸如城市更新、土地征用、机构担保等方式收购房产、修建街道和广场，并以其他方式支持那些能够为白领提供就业机会、扭转衰退形象、吸引年轻中产阶级和“空巢族”的城市发展类型。这些公共行为通常是与私人企业签订的“开发契约”的一部分，该契约往往涉及对使用公共资金建造空间的私人管理。这种安排减轻了公共合作伙伴的持续成本,并保证了私人合作伙伴能够切实执行管理工作。这是许多项目的开发模式，如节日市场；但也适用于高成本的经营项目，比如曼哈顿下城的炮台公园城。在大多数阳光地带的新城，人们一直认为，地方政府的中心目标是为商业创造有利条件，但由于这些城市对商业支持公共改善的需求较少，因此这种“合作关系”更具片面性。

尽管这些安排对于寻求发展的城市来说是可取的，可以增加其税基并吸引中产阶层居民，但它们可能会限制或扭曲其他重要的公共权力。积极讨好开发商的城市不太可能充分保护居民免于承受开发带来的负面后果。蔓延的绅士化现象推高了房地产的价值，使得受到影响的住房超出了贫民的购买力。密集发展形成的交通对社区街道的破坏降低了这些街道作为家庭生活、社交和儿童游戏场所的能力。当一座城市创建了一处公共空间，然后将其管理权交给开发商以免除自己的责任时，它在约束开发商将“不受欢迎的”人们排除在外方面就会处于弱势。当开发商创建空间作为办公楼和酒店的环境时，它们的设计不太可能是为了欢迎附近社区的居民或者满足居民的需求。在开发商追求盈利的目标与公共空间的公共性之间，通常存在着明显的冲突，而且往往是真实的冲突。

这种私人参与创建公共环境的想法其实并不新鲜。在 19 世纪，就有通过向附近业主征收特殊受益税，使私人参与一些大型中央公园创建的现象，不过城市对私人主动创建公共环境的依赖程度可能正在达到新的高度。从中世纪开始，有钱有势的人就在他们的宫殿前面建设了公共空间，以加强自己的统治地位。在我们这个时代，公园大道上利华大厦和西格拉姆大厦的建设复兴了这一传统，并开始了一种将广场打造成空旷姿态的趋势。最近，在纽约和其他地方，开发商通过建造广场，换取获得区划允许的建筑面积的奖励。其中许多广场的选址和设计都不适合公共用途，需要严密的公共审查，以防止它们成为空旷、多风的地方。

现在，我们发现，特定的公共机构，甚至私人公司都是通过公共倡议成立的，通过与私人企业充分合作，创造必要的公共空间和条件，促进某些地区的发展，或者吸引人们重返城市。随着这种合作战略的发展，同时结合不同城市特定的政治现实和条件，将出现许多不同形式的“合作关系”。从我们的角度来看，为确保设计和管理能解决公共空间问题的关键维度，同时考虑到社会公平和环境敏感性的特殊问题，最好是私人的主动权仍处于公共控制之下。公共机构用公共资金建设和管理空间是最容易做到的，这不仅是为了创造更好的发展环境，也是为了服务于更广泛的社会目标和公众客户。由炮台公园城管理局建造的北区公园就是一个例子，该空间旨在为北部社区的发展提供一个有吸引力的环境，同时也是为了服务曼哈顿下城的居民，以及使附近的社区直接参与其中（参见第八章的案例）。

在其他情况下，如果没有公共资金，或者无法通过开发产生公共资金，比如炮台公园城就是这样，那么公共控制将更难实现。这在很大程度上取决于这座城市对发展的渴望程度以及市民的政治意愿。资金来源至关重要。当通过私人贡献的资金或劳动力或二者兼而有之来创造新的空间时，那些投资人会希望保持控制权。正如第五章所述，这导致一些社区花园和公园的可达性出现了问题，即使它们是建在公共的土地上。这些问题在节日市场等大型私人开发项目中会成倍增加。无论如何，大多数城市将有足够的公共资金参与，需要建立一种通过设计和管理持续进行公共监督的机制。城市公园部门或公共空间委员会的积极参与可以实现这个重要目标，即使土地是它们唯一的公共贡献。

意义

上述两个问题都必须通过全市性的政策予以解决，但对于设计师来说，最大的挑战之一是学会如何在我们多元化和细分的文化中创造有意义的空间。意义来自使用者对于某一场所的解释。该场所本身可以为设计师想要表达的意图提供清晰明了的线索，也可以在视觉上保持沉默和混乱。第六章和第七章中的案例描述了公共空间具有意义的一些方式，以及如何传达这些意义。然而，比如何传达意义更重要的是传达什么意义的问题。

在这一章中，我们建议我们社会中的公共空间设计可以并且也应该具有文化目标。我们认为，公共空间的首要任务应该是帮助创造自由民主的公共生活。要做到这一点，设计和管理就应该在使用者的参与下开展，并考虑人性维度。由此产生的空间将为实际使用者提供使用的自由，同时保护个人和少数群体的权利。当以这种方式进行空间设计时，空间对使用者也将变得有意义。这种意义将是空间取得社会性成功的直接结果。使用中的环境将表达自由和民主的文化价值观。

公共空间设计的艺术不仅要为这些价值观提供基本的物质支撑，更重要的是使这些价值观得以显现，增强其表现力。在这里，形式上的视觉语言变得非常重要。使用新古典主义形式词汇的设计，即使这些词汇被异想天开地使用，也会让人想起过去旨在巩固专治社会管控的环境。昔日景观中的轴线、小径、凯旋门、环绕的柱廊、严格对称的植被，以及精心控制的视景，生动地表达了人类对统治的幻想。完全决定此类空间意义的不仅仅是物质支持，如长椅和遮阳棚，还有积极响应的管理手段。尽管这些因素是必不可少的，但它们仅能提供行动的基本框架。赋予这些元素的具体形式创造了一种联想模式，可以使一个地方看起来民主自由或者专横僵化。回归建筑和风景园林的古典传统，正如它们目前正在重新流行的那样，是适得其反的，因为它们是在为专制统治服务的过程中发展起来的，并承载着这一传统的情感负担。这不仅仅是历史内涵的问题。这些形式本身是僵化的和限制性的，会迫使生物，无论是人还是植物，陷入绘图员用丁字尺和三角板绘制的直线。自然和人性都将被置于理性的控制之下，并在更高的权威面前走上谦卑和敬畏的正确道路。如今，在企业总部的广场和花园中，最常见的就是这种形式上的手法，这绝非偶然。

另一方面，奥姆斯特德和沃克斯创造的那种浪漫、流动的田园诗般的风景，很适合表达自由和民主。也许基于某种返祖的层面，我们会将这些景观与我们作为狩猎采集者的悠久传统联系在一起，显然，人类是自然的一部分。更直接地说，大型田园牧歌式公园中富余的小径、起伏多样的空间可以允许一种轻松、蜿蜒、多元的使用模式，以最少的冲突满足不同群体和个人的需求，并且似乎有助于形成宽容的态度。许多对田园诗般风景明确而正式的谈论唤起了精耕细作的乡村的和谐环境和自然节奏，使人们从城市强加的僵硬的空间和时间结构中解脱出来。

由于其空间规模、自然特征和社会多样性，几乎所有大型中央公园都有可能成为自由和民主的场所。然而，只有当恐惧不再如影随形时，这才是可能的。最近发生在中央公园的事件提醒我们，即使在这些宽容的空间里，社会对立也有可能爆发为暴力行为。只要导致犯罪和暴力的经济与社会不平等状况继续被忽视，这些伟大的公园就只有在人满为患且安全可靠的情况下才能保持其积极意义。

虽然步行商业街、中心广场和市场等小型中心空间的使用者群体往往不那么多样化，但如果设计和管理得当，这些场所也可以传递民主多元化的信息。要做到这一点，此类空间必须满足使用者的全部需求，而不是过分简单化的单一用途。在各种条件下，必须要有舒适的座位，也要有更多可以真正放松的庇护所。应该有许多机会去观察他人，也应该有积极参与的事情和活动。这些场所应该有一些重要的方面，在第一次到访时不会显露出来，但随着时间的推移，它们会被发现。这些场所还必须让所有人都能自由进入，并以更大社会允许的各种方式自由行动。许多城市需要做出特别努力，以确保较老的购物区不会继续向着种族隔离方向发展，这些努力必须超越公共空间，扩展到交通、住房和经济政策。与此同时，特定群体仍有可能对这些空间的某些部分做出暂时的领域宣示，并感受到如果某个空间运转不正常，会有办法予以改变。在这些情况下，使用该场所有助于建立起空间与个人历史、有价值的群体和整体文化之间的关联，从而传达持久的社会意义。

要使一个空间易共鸣、民主和有意义，就需要正确结合空间的设计、管理和使用。（斯蒂芬·卡尔）

社区公园、游乐场、游戏街道和花园通常都是朴素实用的。它们的赞助方和设计师通常并不希望为整个社会创造意义。这类空间通常由使用者自行设计，其目的是服务于那些相当同质且需求简单的当地居民。有时，随着社区的变化，这些空间的使用可能会发生冲突，空间有时会被青少年或养狗的人等特定群体占用，而将其他人排除在外。如果说有管理的话，这些地方由邻里和使用者负责管理，警察或公园部门偶尔会进行干预。总体来说，这些当地的空间为附近居民提供了出入和使用空间的自由，并受到相当民主的管理。

无论是对于当地社区还是对整个城市，提供开放空间来满足社会中所有群体的需求，都具有基本的社会意义。然而，公共空间的设计逐渐趋向于纪念性或最简化，以唤起过去独裁统治的荣耀，或者是仅仅满足眼下活动的功能需求。除了为数不多的几个大公园，人们很难找到某些空间能够以其形式传达多元民主制度运转所带来的宽松自由。具有讽刺意味的是，一些最好的例子来自偶然形成的空间，比如纽约公共图书馆的台阶，旧金山电报山上被重新用作花园的过于陡峭的街道，许多城市曾经的空置地块被征用并改造为社区使用。也许设计师和管理者被历史所吸引，或者被狭隘的功能主义所束缚，他们比其他人更难按照我们社会的理想行事。

为什么公共空间的设计和管理不能通过提供激发自由和民主的公共生活的环境来进一步实现？如果公共空间真正满足了人们的需求并保护了他们的权利，这本身将大大有助于使公共空间变得有意义。除此之外，作为艺术家的设计师和作为经理人的管理者都面临着挑战。针对不同的环境，即便使用者的社会阶层是多元化的，哪种恰当的形式和操作策略能够让他们感到放松，允许他们享受自我和彼此的陪伴？我们建议把这些问题交给使用者自己。参与式的设计和管理可以使公共空间更容易进入，更受人们欢迎，这对一个场所被人们铭记并成为个人生活中有意义的一部分有很大影响。

在我们周围正在蓬勃发展的公共空间中，存在着许多民主意义所创造的局部模式。我们试图从这些片段中为新的设计和管理模式提供一些信息。我们看到一种很有希望的方法正逐渐形成，这种方法以人们的需求和权利这一基本问题为基础，这些需求和权利由人们自己决定，继而创造出一种适合我们多元化公共生活的空间诗学。人们将充分认识到城市是大自然的一部分，将特别关注社会公平问题，并具有将私人主动权置于公共控制之下的坚定决心。我们期待未来的公共环境在所有意义上都是无障碍的，公共空间的思想和胸怀都是开放包容的。

作者

斯蒂芬·卡尔是一位建筑师、城市设计师和公共空间设计师。他是卡尔、林奇、哈克和桑德尔设计公司的总裁。他的公共空间设计包括公园、广场和步行街。他为亚利桑那州菲尼克斯一个25英里（约40.23千米）长的区域性公园、田纳西州查塔努加20英里（约32.19千米）长的河滨公园以及曼哈顿哈德逊河畔4.5英里（约7.24千米）长的滨水公园制定了参与式规划。1991年，他的公司在一场公开的国际比赛中获胜，重新设计了澳大利亚珀斯的滨水中心区。他是《城市标志与灯光》一书的作者。

马克·弗朗西斯是加利福尼亚大学戴维斯分校的风景园林学教授，也是联合设计公司的设计负责人，是景观设计师和建筑师。他曾在加利福尼亚州、纽约、马萨诸塞州和欧洲设计过公共空间项目。他是《花园的意义》一书（与小兰道夫·T. 赫斯特合作）的主编，也是《社区开放空间》这本书［与丽莎·卡什丹（Lisa Cashdan）和林恩·帕克森（Lynn Paxson）合著］的作者。

丽安娜·G. 里夫林是纽约城市大学研究生院的环境心理学教授。她目前的工作重点在于研究无家可归者的历史和经历以及相关政策。她是《环境心理学》［与哈罗德·M. 普罗尚斯基、威廉·H. 伊特尔逊（William H. Ittelson）合作］的主编，也是《环境心理学导论》［与威廉·H. 伊特尔逊、哈罗德·M. 普罗尚斯基和加里·H. 温克尔（Gary H. Winkel）合著］以及《儿童生活中的机构环境》［与玛克辛·沃尔夫（Maxine Wolfe）合著］的作者。1990年，她获得了环境设计研究协会颁发的职业奖。

安德鲁·M. 斯通是国家土地保护组织公共土地信托机构纽约市项目的负责人。此前，他曾与纽约市环境委员会、市长的开放空间工作组以及公园与娱乐管理局合作。

参考书目

Ariès P, & G. Duby (Gen. Eds.). 1987, 1988, 1989, 1990. *A History of Private Life*. Vols. 1–4. (A. Goldhamer, Trans.). Cambridge: Harvard University Press. (Original work published 1985, 1986, 1987 as *Histoire de la vie privée*. Paris: Sevil.)

Alexander, C., S. Ishikawa, M. Silverstein, M. Jacobsen, I. Fiksdahl-King, & S. Angel. 1977. *A Pattern Language*. New York: Oxford University Press.

Alexander, C., H. Neis, A. Anninou, & I. King. 1987. *A New Theory of Urban Design*. New York: Oxford University Press.

Altman, I., & D. Stokols. 1987. *Handbook of Environmental Psychology*. 2 vols. New York: Wiley.

Altman, I., & J. F. Wohlwill (Eds.). 1983. *Behavior and the Natural Environment*. Vol. 6 of *Human Behavior and Environment*. New York: Plenum.

Altman, I., & E. Zube (Eds.). 1989. *Public Places and Spaces*. Vol. 10 of *Human Behavior and Environment*. New York: Plenum.

Anderson, L. M., B. E. Mulligan, L. S. Goodman, & H. Z. Regen. 1983. Effects of sounds on preferences for outdoor settings. *Environment and Behavior* 15: 539–566.

Anderson, S. (Ed.). 1986. *On Streets*. Cambridge: MIT Press.

Anthony, K. 1979. Public and private spaces in Soviet cities. *Landscape* 23: 20–25.

Aoki, Y., Y. Yasuoka, & M. Naito. 1984. Assessing the impression of streetside greenery. *Landscape Research* 10: 9–13.

Appleton, J. 1975. *The Experience of Landscape*. New York: Wiley.

Appleyard, D. 1977. Understanding professional media. In I. Altman & J. F. Wohlwill (Eds.), *Advances in Theory and Research*, pp. 47–89. Vol. 2 of *Human Behavior and Environment*. New York: Plenum.

1979. The environment as social symbol. *Journal of American Planning Association* 45: 143–53.

1981. *Livable Streets*. Berkeley: University of California Press.

Appleyard, D., & M. Lintell. 1977. The environmental quality of city streets: The residents' viewpoint. *American Institute of Planners Journal* 43: 84–101.

Appleyard, D., K. Lynch, & J. Meyer. 1964. *The View from the Road*. Cambridge: MIT Press.

Bacon, K. 1981. Festivals: Hooking into the rhythm of city life. *Livability* 3: 3–4.

Balling, J. D., & J. H. Falk. 1982. Development of visual preference for natural environments. *Environment and Behavior* 14: 5–28.

Banerjee, T., & M. Southworth (Eds.). 1990. *City Sense and City Design: The Writings and Projects of Kevin Lynch*. Cambridge: MIT Press.

Barlow, E. 1972. *Fredrick Law Olmsted's New York*. New York: Praeger.

1987. *Restoring Central Park*. Cambridge: MIT Press.

Bassett, T. J. 1981. Reaping on the margins: A century of community gardening in America. *Landscape* 25, 2: 1–8.

Beardsley, J. 1981. *Art in Public Places*. Washington, D.C.: Partners for Livable Places.

1984. *Earthworks and Beyond: Contemporary Art in the Landscape*. New York: Abbeville Press.
Becker, F. 1973. A class-conscious evaluation: Going back to Sacramento's pedestrian mall. *Landscape Architecture* 64: 295–345.
Bengtsson, A. 1972. *Adventure Playgrounds*. London: Crosby Lockwood.
Benn, S. I., & G. F. Gaus (Eds.). 1983. *Public and Private in Social Life*. New York: St. Martin's Press.
Berdichevsky, N. 1984. Gågade, the Danish pedestrian street. *Landscape Journal* 3: 115–123.
Berman, M. 1986. Take it to the streets: Conflict and community in public space. *Dissent* 33, 4: 476–485.
Biederman, D. A., & Nager, A. R. 1981. Up from smoke: A new improved Bryant Park? *New York Affairs* 6: 97–105.
Biesenthal, L., & J. D. Wilson. 1980. *To Market, to Market: The Public Market Tradition in Canada*. Toronto, Canada: Peter Martin Associates.
Boehm, E. 1980. Youth Farms. In P. F. Wilkinson (Ed.), *Innovation in Play Environments*, pp. 76–84. London: Croom-Helm.
Borchert, J. 1979. Alley landscapes of Washington, D.C. *Landscape* 23: 3–10.
Bosselmann, P. 1983a. Shadowboxing: Keeping sunlight on Chinatown's kids. *Landscape Architecture* 73: 74–76.
1983b. Simulating the impacts of urban development. *Garten und Landschaft* 93: 636–640.
1987. Times Square. *Places* 4, 2: 55–63.
Boston Urban Gardeners. 1979. *A City Gardener's Guide*. Boston: Boston University Press.
Brambilla, R., & G. Longo. 1977. *For Pedestrians Only: Planning, Design and Management of Traffic-Free Zones*. New York: Whitney Library of Design.
Breines, S., & W. Dean. 1974. *The Pedestrian Revolution: Streets without Cars*. New York: Vintage.
Brill, M. 1989a. Transformation, nostalgia and illusion in public life and public place. In I. Altman & E. Zube (Eds.), *Public Places and Spaces*, pp. 7–30. Vol. 10 of *Human Behavior and Environment*. New York: Plenum.
1989b. An ontology for exploring urban public life today. *Places* 6, 1: 24–31.
Broadbent, G. 1990. *Emerging Concepts in Urban Space Design*. New York: Van Nostrand Reinhold.
Brower, S. 1973. Streetfront and sidewalk. *Landscape Architecture* 63: 364–369.
1977a. The design of neighborhood parks. Baltimore: Baltimore City Planning Commission.
1977b. A year of celebration. Baltimore: Baltimore City Department of Planning.
1988. *Design in Familiar Places*. New York: Praeger.
K. Dockett, & R. Taylor. 1983. Residents' perceptions of territorial features and perceived local threat. *Environment and Behavior* 15: 419.
Brown, D., P. Sijpkes, & M. MacLean. 1986. The community role of public indoor space. *Journal of Architectural and Planning Research* 3: 161–172.
Brown, J., & C. Burger. 1984. Playground designs and preschool children's behavior. *Environment and Behavior* 16: 599–626.
Bryant Park Restoration Corporation. 1981. Annual Report. New York.
Buker, C., & A. Montarzino. 1983. The meaning of water. Paper presented at the Fourth Annual Conference of the Wilderness Psychology Group. Missoula, Mont., August.
Burden, A. 1977. Greenacre Park. New York: Project for Public Spaces.
Burns, J. 1978. Evaluation: A classic recycling after 11 years. *AIA Journal* 67: 50–59.
Buttimer, A., & D. Seamon (Eds.). 1980. *The Human Experience of Space and Place*. New York: St. Martin's Press.
Campbell, C. 1973. Seattle's gas plant park. *Landscape Architecture* 63: 338–342.
Campbell, R. 1980. Lure of the marketplace: Real-life theater. *Historic Preservation* 63: 46–49.
Carmody, D. 1933. Proposal for restaurant in Bryant Park disputed. *New York Times*, May 16, p. B3.
Carr, S. 1973. *City Signs and Lights*. Cambridge: MIT Press.
Carr, S., & K. Lynch. 1968. Where learning happens. *Daedalus* 97: 4.
Carr, S., & K. Lynch. 1981. Open space: Freedom and control. In L. Taylor (Ed.), *Urban Open Spaces*, pp. 17–18. New York: Rizzoli.
Carr, S., & D. Schissler. 1969. The city as a trip. *Environment and Behavior* 1: 7–36.

Carr, Lynch Associates. 1984. Rio Salado Master Plan. Phoenix: Rio Salado Development District.
1985. Tennessee Riverpark Master Plan. Chattanooga: Moccasin Bend Task Force of the Chattanooga/Hamilton County Regional Planning Commission.
Chabrier, Y. U. 1985. The greening of Copley Square. *Landscape Architecture* 75: 70–76.
Chidister, M. 1986. The effect of context on the use of urban plazas. *Landscape Journal* 5: 115–27.
1989. Public places, private lives: Plazas and the broader public landscape. *Places* 6, 1: 32–37.
CitiCorp Center: A megastructure that ties into the street. 1978. *Urban Design* 9 (Spring): 23–25.
City of New York. 1897. Report of the Committee on Small Parks. Department of Parks.
1914. Annual Report. Department of Parks.
1960. Twenty-six years of Park Progress: 1934–1960. Department of Parks.
Cobb, E. 1959. The ecology of imagination in childhood. *Daedalus* 8: 537–48.
Cooper, C. 1970. Adventure playgrounds. *Landscape Architecture* 60: 18–29, 88–91.
Cooper Marcus, C. 1978a. Environmental autobiography. *Childhood City Newsletter* 14: 3–5.
1978b. Evaluation: A tale of two spaces. *AIA Journal* 67: 34–8.
1978c. Remembrance of landscapes past. *Landscape* 22: 34–43.
1990. The garden as metaphor. In M. Francis & R. Hester (Eds.), *The Meaning of Gardens,* pp. 26–33. Cambridge: MIT Press.
Cooper Marcus, C., & C. Francis (Eds.). 1990. *People Places*. New York: Van Nostrand Reinhold.
Cooper Marcus, C., & W. Sarkissian. 1986. *Housing as If People Mattered*. Berkeley: University of California Press.
Corbett, M. 1981. *A Better Place to Live*. Emmaus, Penn.: Rodale Press.
Corbin, A. 1986. *The Foul and the Fragrant: Odor and the French Social Imagination*. (Miriam Kochan, Trans.). Cambridge: Harvard University Press. (Original work published 1982. as *Le miasme et la jonquille*. Paris: Aubier Montaigne.)
Correll, M. R., J. H. Lillydahl, & L. D. Singell. 1978. The effects of greenbelts on residential property values. *Land Economics* 54: 204–217.
Cranz, G. 1978. Changing roles of urban parks: From pleasure garden to open space. *Landscape* 22: 9–18.
1980. Women in urban parks. In C. R. Stimpson, E. Dixler, J. J. Nelson, & K. B. Yaktrakis (Eds.), *Women in the American City*. Chicago: University of Chicago Press.
1982. *The Politics of Park Design*. Cambridge: MIT Press.
Crouch, D. P. 1979. The historical development of urban open space. In E. Taylor (Ed.), *Urban Open Spaces,* pp. 7–8. New York: Rizzoli.
Cullen, G. 1961. *Townscape*. New York: Van Nostrand Reinhold.
Dalton, D. W. 1987. Harvey Fite's Opus 40: The evolution of meaning from private garden to public art work. In M. Francis & R. Hester (Eds.), *The Meaning of Gardens,* pp. 198–205. Cambridge: MIT Press.
Dawson, K., M. Francis, & S. Jones. 1990. The Davis Greenway. In *Contemporary Landscape Architecture: An International Perspective,* pp. 232–233.Tokyo: Process Architecture.
Degnore, R. 1987. The experience of public art in urban settings. Ph.D. dissertation, City University of New York.
Driver, B. L., & P. Greene. 1977. Man's nature: Innate determinants of response to natural environments. In *Children, Nature and the Urban Environment: Proceedings of a Symposium-Fair,* pp. 63–70. USDA Forest Service General Technical Report NE-30. Washington, D.C.: Government Printing Office.
Erickson, A. 1985. *Playground Design*. New York: Van Nostrand Reinhold.
Eubank-Ahrens, B. 1985. The impact of woonerven on children's behavior. *Children's Environments Quarterly* 1: 39–45.
Fein, A. 1972. *Frederick Law Olmsted and the American Environmental Tradition*. New York: George Braziller.
Feinberg, R. A., B. Scheffler, & J. Meoli. 1987. Some ecological insights into consumer behavior in the retail mall. In *Proceedings of the Division of Consumer Psychology,* pp. 17–18. Washington, D.C.: American Psychological Association.

Feiner, J. S., & S. M. Klein. 1982. Graffiti talks. *Social Policy* 12: 47–53.
Filler, M. 1981. Art without museums. In L. Taylor (Ed.), *Urban Open Spaces*, pp. 86–87. New York: Rizzoli.
Firey, W. 1945. Sentiment and symbolism as ecological variables. *American Sociological Review* 10: 140–148.
1968. *Land Use in Central Boston*. Westport, Conn.: Greenwood Press. (Original work published 1947.)
Fischer, C. 1976. *The Urban Experience*. New York: Harcourt Brace Jovanovich.
1981. The public and private worlds of city life. *American Sociological Review* 46: 306–16.
Ford, L. R., & E. Griffen. 1981. Chicano Park. *Landscape* 25: 42–48.
Forrest, A., & L. Paxson. 1979. Provisions for peoples: Grand Central Terminal/CitiCorp Study. In L. G. Rivlin & M. Francis (Eds.). New York: Center for Human Environments, City University of New York.
Fowler, G. 1982. Crime in Bryant Park down sharply. *New York Times*, August 10, p. B1.
Fox, T. 1989. Using vacant land to reshape American cities. *Places* 6, 1: 78–81.
Fox, T., & T. Huxley. 1978. Open space development in the South Bronx: A report on a demonstration project. Washington, D.C.: Institute for Local Self Reliance.
Fox, T., I. Koeppel, & S. Kellam. 1985. *Struggle for Space: The Greening of New York City*. New York: Neighborhood Open Space Coalition.
1990. *Urban Open Space: An Investment That Pays*. New York: The Neighborhood Open Space Coalition.
Francis, M. (Ed.) 1979. *Participatory Planning and Neighborhood Control*. New York: Center for Human Environments, City University of New York.
1984. Mapping downtown activity. *Journal of Architectural and Planning Research* 1: 21–35.
1987a. The making of democratic streets. In A. Vernez Moudon (Ed.), *Public Streets for Public Use*, pp. 23–39. New York: Van Nostrand Reinhold.
1987b. Some different meanings attached to a public park and community gardens. *Landscape Journal* 6: 100–112.
1987c. Urban open spaces. In E. Zube & G. Moore (Eds.), *Advances in Environment, Behavior and Design*, Vol. 1, pp. 71–106. New York: Plenum.
1988a. Changing values for public spaces. *Landscape Architecture* 78: 54–59.
1988b. Negotiating between children and adult design values in open space projects. *Design Studies* 9: 67–75.
1989a. Control as a dimension of public space quality. In I. Altman & E. Zube (Eds.), *Public Places and Spaces*, pp. 147–172. Vol. 10 of *Human Behavior and Environment*. New York: Plenum.
1989b. The urban garden as public space. *Places* 6, 1: 52–59.
Francis, M., L. Cashdan, & L. Paxson. 1984. *Community Open Spaces*. Washington, D.C.: Island Press.
Francis, M., & R. Hester (Eds.). 1990. *The Meaning of Gardens*. Cambridge: MIT Press.
Francis, M., & A. Stone. 1981. Neighborhood residents and environmental researchers and planners. In A. E. Osterberg, C. P. Tiernan, & R. Findlay (Eds.), *Proceedings of the 12th Environmental Design Research Association Conference*. Washington, D.C.
Franck, K. A., & L. Paxson. 1989. Women and urban public space: Research, design, and policy issues. In E. Zube & G. Moore (Eds.), *Advances in Environment, Behavior and Design*, Vol. 2, pp. 122–146. New York: Plenum.
French, J. 1978. *Urban Space: A Brief History of the City Square*. Dubuque, Iowa: Kendall-Hunt Publishing.
Fried, F. 1990. *Built to Amuse: Views from America's Past*. Washington, D.C.: Preservation Press.
Fried, M. 1963. Grieving for a lost home. In L. J. Duhl (Ed.), *The Urban Condition: People and Policy in the Metropolis*, pp. 151–177. New York: Basic Books.
Fried, M., & P. Gleicher. 1961. Some sources of satisfaction in an urban slum. *Journal of the American Institute of Planners* 27: 4.
Frieden, B. J., & L. B. Sagalyn. 1989. *Downtown, Inc*. Cambridge: MIT Press.
Frost, J. C. 1985. History of playground safety in America. *Children's Environments Quarterly* 2, 4: 13–23.
Gans, H. 1962. *The Urban Villagers*. New York: Free Press.
Gas Works Park. 1981. *Landscape Architecture*, September, 71: 594–596.

Gehl, J. 1987. *The Life between Buildings*. New York: Van Nostrand Reinhold.

1989. A changing street life in a changing society. *Places* 6: 8–17.

Girot, C. 1988. Captive waters. Master of Landscape Architecture thesis, Department of Landscape Architecture, University of California at Berkeley.

Girouard, M. 1985. *Cities and People*. New Haven: Yale University Press.

Glazer, N., & M. Lilla (Eds.). 1987. *The Public Face of Architecture: Civic Culture and Public Spaces*. New York: Free Press.

Global Architecture. 1977. *Centre Georges Pompidou, Paris*. Tokyo: A.D.A. Edita.

Godbey, G., & M. Blazey. 1983. Old people in urban parks. *Journal of Leisure Research* 15: 229–244.

Goffman, E. 1963. *Behavior in Public Places: Notes on the Social Organization of Gatherings*. New York: Macmillan.

Gold, S. 1972. Non-use of neighborhood parks. *AIP Journal* 38: 369–378.

Goldberger, P. 1989. Can architects serve the public good? *New York Times*, June 25, II, 1: 2.

Goldfarb, W. 1945. Psychological privation in infancy and subsequent adjustment. *American Journal of Orthopsychiatry* 15: 247–255.

Goldman, E. 1955. *Rendevous with Destiny*. New York: Vintage.

Goldstein, S. 1975. Seeing Chicago's plazas: Delight and despair. *Inland Architect* 19, 8: 19–23.

Goodey, B. 1979. Towards new perceptions of the environment: Using the town trail. In D. Appleyard (Ed.), *The Conservation of European Cities*, pp. 282–293.Cambridge: MIT Press.

Gottlieb, M. 1984. The magic is faded, but the ghosts of Broadway past haunt Times Square. *New York Times*, August 30, pp. B1, 7.

Greenbie, B. B. 1981. *Spaces: Dimensions of the Human Landscape*. New Haven: Yale University Press.

Haag, R. 1982. It's a gas. *Outreach*, Department of Landscape Architecture, Ohio State University, 4: 3–6.

Halbwachs, M. 1980. *The Collective Memory*. New York: Harper and Row. (Original work published 1950.)

Hall, E. T. 1966. *The Hidden Dimension*. New York: Doubleday.

Halpern, K. 1978. *Downtown USA: Urban Design in Nine American Cities*. New York: Whitney Library of Design.

Halprin, J., & J. Burns. 1974. *Taking Part: A Workshop Approach to Collective Creativity*. Cambridge: MIT Press.

Hardy, H. 1986. Make it dance. *The Livable City* 10: 6–7.

Hart, R. 1974. The genesis of landscaping. *Landscaping Architecture* 65: 356–363.

1978. *Children's Experience of Place*. New York: Irvington.

1987. Children's participation in design and planning. In C. S. Weinstein & T. David (Eds.), *Spaces for Children: The Built Environment and Child Development*, pp. 217–239.New York: Plenum.

Hartig,T., M. Mang, & G. W. Evans. 1991. Restorative effects of natural environment experiences. *Environment and Behavior* 23: 3–26.

Hayden, D. 1984. *Redesigning the American Dream*. New York: Norton.

Hayward, D. G., M. Rothenberg, & R. R. Beasley. 1974. Children's play and urban playground environment. A comparison of traditional, contemporary and adventure playground types. *Environment and Behavior* 6: 131–168.

Hayward, J. 1989. Urban parks: Research, planning and social change. In I. Altman & E. Zube (Eds.), *Public Places and Spaces*, pp. 193–215. Vol. 10 of *Human Behavior and Environment*. New York: Plenum.

Hayward, J., & W. Weitzer. 1984. The public's image of urban parks. *Urban Ecology* 8: 243–268.

Heckscher, A., & P. Robinson. 1977. *Open Spaces: The Life of American Cities*. New York: Harper and Row.

Hedman, R. 1985. *Fundamentals of Urban Design*. Chicago: Planners Press, American Planning Association.

Helphand, K. 1976. Environmental autobiography. Eugene: Department of Landscape Architecture, University of Oregon. Unpublished manuscript.

Henry, G. M. 1986. Welcome to the pleasure dome: Canada's Ghermezians create Disney-style shopping playground. *Time*, October 27, p. 75.

Heritage Conservation and Recreation Service. 1979. *Urban Waterfront Revitalization.* Washington, D.C.: U.S. Department of Interior.

Heroz, T. R. 1985. A cognitive analysis of preferences for waterscapes. *Journal of Environmental Psychology* 5: 225–241.

Hester, R. T. 1983. Labors of love in the public landscape. *Places* 1: 18–27.

1984. *Planning Neighborhood Space with People.* 2nd ed. New York: Van Nostrand Reinhold.

1985. Subconscious landscapes in the heart. *Places* 2: 10–22.

1987. Participatory design and environmental justice. *Journal of Architectural and Planning Research* 4: 301–309.

1990. *Community Design Primer.* Mendocino, Calif.: Ridge Times Press.

Hill, M. R. 1984. Stalking the urban pedestrian: A comparison of questionnaire and tracking methodologies for behavior mapping in large scale environments. *Environment and Behavior* 16: 539–550.

Hiss, T. 1987. Reflections: Experiencing places. *New Yorker,* June 22, pp. 46–68 and June 29, pp. 73–86.

1990. *The Experience of Place.* New York: Knopf.

Hitt, J., R. Fleming, E. Plater-Zyberk, R. Sennett, J. Wines, & E. Zimmerman. 1990. Whatever became of the public square? *Harpers* 281:49 –60.

Horwitz, J. 1980. Working at home and being at home: The interaction of microcomputers and the social life of households. Ph.D. dissertation, Environmental Psychology Program, City University of New York.

Horwitz, J., & S. M. Klein. 1977. *Lunatics, Lovers and Bums: A Look at the Unintended Uses of the New York Public Library Entrance* [Ten minute Super 8 sound and color film]. New York: Graduate School, City University of New York.

Hough, M. 1984. *City Form and Natural Process.* New York: Van Nostrand Reinhold.

1990. *Out of Place: Restoring Identity to the Regional Landscape.* New Haven: Yale University Press.

Hough, M., & S. Barrett. 1987. *People and City Landscapes.* Toronto: Conservation Council of Ontario.

Howard, E. 1945. *Garden Cities for Tomorrow.* London: Faber and Faber.

Howett, C. 1985. The Vietnam Veterans Memorial: Public art and politics. *Landscape* 28: 1–38.

Iacofano, D. 1986. Public involvement as an organizational development process: A proactive theory for environmental planning program management. Ph.D. dissertation, Department of Landscape Architecture, University of California at Berkeley.

Im, S. B. 1984. Visual preferences in enclosed urban spaces. *Environment and Behavior* 16: 235–262.

Israel, T. 1988. The art in the environment experience: Reactions to public murals in England. Ph.D. dissertation, City University of New York.

Iwasaki, S., & J. Tyrwhitt. 1978. Pedestrian areas in central Yokohama. *Ekistics* 273: 436–440.

Jackson, J. B. 1981. The public park needs appraisal. In L. Taylor (Ed.), *Urban Open Spaces,* pp. 34–35. New York: Rizzoli.

1984. *Discovering the Vernacular Landscape.* New Haven: Yale University Press.

1985. Urban circumstances. *Design Quarterly* 128: 1–32.

Jacobs, A. 1985. *Looking at Cities.* Cambridge: Harvard University Press.

Jacobs, J. 1961. *The Death and Life of Great American Cities.* New York: Vintage.

Janowitz, M. 1967. *The Community Press in an Urban Setting.* 2nd ed. Chicago: University of Chicago Press.

Jensen, R. 1981. Dreaming of urban plazas. In L. Taylor (Ed.), *Urban Open Spaces,* pp. 52–53. New York: Rizzoli.

Joardar, S. D., & J. W. Neill. 1978. The subtle differences in configuration of small public spaces. *Landscape Architecture* 68: 487–491.

Johnson, T. 1982. Skid row parks: Derelicts' needs vs. business interests. *Landscape Architecture* 72: 84–88.

Kaplan, R. 1973. Some psychological benefits of gardening. *Environment and Behavior* 5: 145–161.

1983. The role of nature in the urban context. In I. Altman & J. Wohlwill (Eds.), *Behavior and the Natural Environment,* pp. 127–162. Vol. 6 of *Human Behavior and Environment.* New York: Plenum.

1985. Nature at the doorstep: Residential satisfaction and the nearby environment.

Journal of Architectural and Planning Research 2: 115–127.

Kaplan, R., & S. Kaplan. 1989. *The Experience of Nature*. Cambridge: Cambridge University Press.

Kaplan, R., & S. Kaplan. 1990. Restorative experience: The healing power of nearby nature. In M. Francis & R. Hester (Eds.), *The Meaning of Gardens*, pp. 238–243. Cambridge: MIT Press.

Kaplan, S., & J. Talbot. 1983. Psychological benefits of a wilderness experience. In I. Altman & J. Wohlwill (Eds.), *Behavior and the Natural Environment*, pp. 163–201. Vol. 6 of *Human Behavior and Environment*. New York: Plenum.

Karp, D. S., G. Stone, & W. Yoels. 1977. *Being Urban: A Social Psychological View of Urban Life*. Lexington, Mass.: D. C. Heath.

Knack, R. 1982. Pedestrian malls: Twenty years later. *Planning* 48: 15–19.

Korosec-Serfaty, P. 1976. Protection of urban sites and appropriation of public squares. In P. Korosec-Serfaty (Ed.), *Appropriation of Space*, pp. 46–69. Proceedings of the Architectural Psychology Conference, Strasbourg, France.

1982. *The Main Square: Functions and Daily Uses of Stortorget, Malmo*. AIRS-Nova Series NRI. Lund, Sweden: University of Lund Press.

Kostoff, S. 1985. *A History of Architecture: Settings and Rituals*. New York: Oxford University Press.

Kowinski, W. S. 1985. *The Malling of America*. New York: William Morrow.

Ladd, F. 1975. City kids in the absence of . . . In *Children, Nature and the Urban Environment: Proceedings of a Symposium-Fair*, pp. 77–81. USDA Forest Service General Technical Report NE-30. Washington, D.C.: Government Printing Office.

1978. Home and personal history. *Childhood City Newsletter* 14: 18–19.

Lady Allen of Hurtwood. 1968. *Planning for Play*. London: Thames and Hudson.

Lang, J. 1987. *Creating Architectural Theory*. New York: Van Nostrand Reinhold.

Laurie, I. C. 1978. Overdesign is the death of outdoor liveliness. *Landscape Architecture* 68: 485–486.

(Ed.). 1979. *Nature in Cities*. New York: Wiley.

Leavitt, J., & S. Saegert. 1989. *Housing Abandonment in Harlem: The Making of Community Households*. New York: Columbia University Press.

Lee, R. G. 1972. The social definition of outdoor recreation places. In W. Burch (Ed.), *Social Behavior, Natural Resources and the Environment*, pp. 68–84. New York: Harper and Row.

Lennard, S. H. C., & H. Lennard. 1984. *Public Life in Urban Places*. Southhampton, N.Y.: Gondolier Press.

Levine, C. 1984. Making city spaces lovable places. *Psychology Today* 18, 6: 56–63.

Linday, N. 1977. Drawing socio-economic lines in Central Park. *Landscape Architecture* 67: 515–520.

1978. It all comes down to a comfortable place to sit and watch. *Landscape Architecture* 68: 6: 492–497.

Lindsey, R. 1986. A patchwork of rulings on free speech at malls. *New York Times*, February 10, p. A12.

Little, C. 1990. *Greenways for America*. Baltimore: Johns Hopkins University Press.

Lofland, L. 1973. *A World of Strangers: Order and Action in Urban Public Space*. New York: Basic Books.

1983. The sociology of communities: Research trends and priorities. Paper presented at the meeting of the American Sociological Association, Detroit, Michigan. September.

1984. Women and urban public space. *Women and Environments* 6: 12–14.

1989a. Social life in the public realm: A review essay. *Journal of Contemporary Ethnography* 17, 4: 453–482.

1989b. The morality of urban public life: The emergence and continuation of a debate. *Places* 6, 1: 24–31.

Love, R. L. 1973. The fountains of urban life. *Urban Life and Culture* 2: 161–209.

Low, S. 1986. The social meaning of the plaza. Unpublished grant proposal.

1987. Advances in qualitative methods. In E. Zube & G. Moore (Eds.), *Advances in Environment, Behavior and Design*, Vol. 1, pp. 281–306. New York: Plenum.

1988. Urban public spaces as reflections of culture: The plaza. Unpublished paper. Environmental Psychology Program, City University of New York.

Lyle, J. T. 1970. People-watching in parks. *Landscape Architecture* 60: 51–52.
Lyman, S. M., & M. B. Scott. 1972. Territoriality. A neglected sociological dimension. In R. Gutman (Ed.), *People and Buildings*, pp. 65–82. New York: Basic Books.
Lynch, K. 1963. *The Image of the City*. Cambridge: MIT Press.
1972a. The openness of open space. In G. Kepes (Ed.), *Arts of the Environment*, pp.108–124. New York: George Braziller.
1972b. *What Time Is This Place?* Cambridge: MIT Press.
1981. *A Theory of Good City Form*. Cambridge: MIT Press.
1984. Reconsidering *The Image of the City*. In L. Rodwin and R. M. Hollister (Eds.), *Cities of the Mind: Images and Scenes of the City in the Social Sciences*, pp. 151–161. New York: Plenum.
Machlis, G. E. 1989. Managing parks as human ecosystems. In I. Altman & E. Zube. (Eds.), *Public Places and Spaces*, pp.255–276. Vol. 10 of *Human Behavior and Environment*. New York: Plenum.
Madden, K., & E. Bussard. 1977. Riis Park: A study of use and design. New York: Project for Public Spaces.
Maitland, B. 1985. *Shopping Malls: Planning and Design*. Essex, England: Construction Press.
Martin, D. 1987. Behemoth on the Prairie. *New York Times*, January 4, 5:19.
Marx, L. 1964. *The Machine in the Garden: Technology and the Pastoral Ideal in America*. New York: Oxford University Press.
McCabe, J. D., Jr. 1984. *New York by Gaslight*. New York: Crown. (Original work published 1982 under the title *New York by Sunlight and Gaslight*.)
Meining, D. W. (Ed.). 1979. *The Interpretation of Ordinary Landscapes*. New York: Oxford University Press.
Melville, H. 1961. *Moby Dick*. New York: New American Library. (Original work published 1851.)
Milgram, S. 1970. The experience of living in cities. *Science* 167: 1461–1468.
Mooney, R. T. 1979. Waterfronts: Building along the Mississippi. *AIA Journal* 68, 2: 47–53.
Moore, E. O. 1981. A prison environment's effect on health case service demands. *Journal of Environmental Systems* 11: 17–34.
Moore, G. T. 1985. State of the art in play environment research and applications. In J. Frost (Ed.), *When Children Play*, pp. 171–192. Wheaton, Md: Association for Childhood Education International.
Moore, R. C. 1978. Meanings and measures of children/environment quality: Some findings from Washington Environmental Yard. In W. E. Rogers & W. H. Ittelson (Eds.), *New Directions in Environmental Design Research*, EDRA 9, pp. 287–306. Washington, D.C.: Environmental Design Research Association.
1980. Collaborating with young people to assess their landscape values. *Ekistics* 281: 128–135.
1986. *Childhood's Domain: Play and Place in Child Development*. London: Croom-Helm.
1987. Streets as playgrounds. In A. Vernez-Moudon (Ed.), *Public Streets for Public Use*, pp. 45–62. New York: Van Nostrand Reinhold.
1989. Playgrounds at the crossroads: Policy and action research needed to ensure a viable future for public playgrounds in the United States. In I. Altman & E. Zube. (Eds.), *Public Places and Spaces*, pp. 83–121. Vol. 10 of *Human Behavior and Environment*. New York: Plenum.
Moore, R. C., S. Goltsman, & O. Iacofano. 1987. *The Play for All Guidelines: Planning, Design and Management of Outdoor Settings for All Children*. Berkeley, Calif.: MIG Communications.
Moore, R. C., & D. Young. 1978. Childhood outdoors: Toward a social ecology of the landscape. In I. Altman & J. Wohlwill (Eds.), *Children and the Environment*. Vol. 3 of *Human Behavior and Environment*, pp. 83–130. New York: Plenum.
Morris, A. E. J. 1979. *History of Urban Form before the Industrial Revolution*. 2nd ed. New York: Wiley.
Mozingo, L. 1989. Women and downtown open spaces. *Places* 6, 1: 38–47.
Muller, P. 1980. Improvement of children's play opportunities in residential areas through traffic reduction schemes. *Garten und Landschaft* 90: 108–112.
Mumford, L. 1961. *The City in History: Its Origins, Its Transformation*. New York: Harcourt Brace and World.

1970. *The Culture of Cities*. New York: Harcourt Brace Jovanovich.
Nager, A. R., & W. R. Wentworth. 1976. Bryant Park: A comprehensive evaluation of its image and use with implications for urban open space design. New York: Center for Human Environments, City University of New York.
Nasar, J. L. (Ed.). 1988. *Environmental Aesthetics: Research, Theory and Application*. Cambridge: Cambridge University Press.
Newman, O. 1973. *Personal Space*. New York: Macmillan.
1980. A new marketplace with the vitality of an old landmark: Harborplace in Baltimore. *Architectural Record* 168, 5: 100–104.
Newton, N. T. 1971. *Design on the Land*. Cambridge: Harvard University Press.
Nicholson, S. 1971. How not to cheat children: The theory of loose parts. *Landscape Architecture* 62, 1: 30–34.
Norberg-Schulz, C. 1980. *Genus Loci: Toward a Phenomenology of Architecture*. New York: Rizzoli.
O'Donnell, P. M. 1981. Houghton Park extension: User survey report. Paper presented at the meeting of the Environmental Design Research Association, Ames, Iowa, April.
Organization for Economic Cooperation and Development. 1974. *Streets for People*. Paris.
Olmsted, F. L., Jr., & T. Kimball. (Eds.). 1973. *Forty Years of Landscape Architecture*. Cambridge: MIT Press.
Partners for Livable Places. *The Economics of Livability*. Washington, D.C. 168, 5: 100–104.
Pateman, C. 1970. *Participation and Democratic Theory*. Cambridge: Cambridge University Press.
Perez, C., & R. Hart. 1980. Beyond playgrounds: Children's accessibility to the landscape. In P. F. Wilkinson (Ed.), *Innovations in Play Environments*, pp. 252–271. New York: St. Martin's Press.
Pitt, D. G. 1989. The attractiveness and use of aquatic environments as outdoor recreation places. In I. Altman & E. Zube (Eds.), *Public Places and Spaces*, pp. 217–254. Vol. 10 of *Human Behavior and Environment*. New York: Plenum.
Place debate: Piazza d'Italia. 1984. *Places* 1, 2: 7.
Plattner, S. 1978. Public markets: Functional anachronisms or functional necessities? *Ekistics* 273: 444–446.
Poulton, M. 1982. The best pattern of residential streets. *Journal of American Planning Association* 4: 466–480.
President's Commission on Americans Outdoors. 1987. *Americans Outdoors*. Washington, D.C.: Island Press.
Pressman, N. (Ed.). 1985. *Reshaping Winter Cities*. Waterloo, Ontario: University of Waterloo Press.
Program on Public Space Partnerships. 1987. Report. Winter/Spring. Cambridge: Kennedy School of Government, Harvard University, 1987.
Project for Public Spaces, Inc. 1977. Greenacre Park study. 48 pp. New York.
1978. Plazas for people: Seattle's First National Bank Plaza and Seattle Federal Building Plaza – a case study. 44 pp. New York.
1979. *Film on User Analysis*. 72 pp. Washington, D.C.: American Society of Landscape Architects.
1981a. Bryant Park: Intimidation or recreation. New York.
1981b. What people do downtown: How to look at mainstreet activity. Washington, D.C.: National Trust for Historic Preservation.
1982a. Designing effective pedestrian improvements in business districts. 60 pp. Chicago: American Planning Association.
1982b. User analysis: An approach to park planning and management. Washington, D.C.: American Society of Landscape Architects.
1984. *Managing Downtown Public Spaces*. Chicago: Planners Press, American Planning Association.
Proshansky, H. M. 1978. The city and self-identity. *Environment and Behavior* 10, 2: 147–169.
Proshansky, H. M., A. K. Fabian, & R. Kaminoff. 1983. Place identity, physical world socialization of self. *Journal of Environmental Psychology* 3, 1: 57–83.
Proshansky, H. M., W. H. Ittelson, & L. G. Rivlin. 1970. Freedom of choice and behavior in a physical setting. In H. M. Proshansky, W. H. Ittelson, L. G. Rivlin (Eds.), *Environmental Psychology: Man and His Physical Environment*, pp. 173–182. New York: Holt, Rinehart & Winston.

Pruis, R. 1987. Developing loyalty: Fostering purchasing relationship in the marketplace. *Urban Life* 15: 331–366.

Rapoport, A. 1982. *The Meaning of the Built Environment: A Nonverbal Communication Approach*. Beverly Hills, Calif.: Sage.

Relph, T. 1976. *Place and Placelessness*. London: Pion.

1987. *The Modern Urban Landscape*. Baltimore: Johns Hopkins University Press.

Reps, J. W. 1965. *The Making of Urban America*. Princeton: Princeton University Press.

Richardson, M. 1982. Being in the market versus being in the plaza: Material culture and the construction of social reality in Spanish America. *American Ethnologist* 9: 421–436.

Riis, J. A. 1957. *How the Other Half Lives*. New York: Hill and Wang. (Originally published in 1890.)

Riley, R. 1987. Vernacular landscapes. In E. H. Zube & G. T. Moore (Eds.), *Advances in Environment, Behavior and Design*, Vol. 1, pp. 129–150. New York: Plenum.

1990. Flowers, power and sex. In M. Francis & R. Hester (Eds.) *The Meaning of Gardens*, pp. 60–75. Cambridge: MIT Press.

Rivlin, L. G. 1982. Group membership and place meanings in an urban neighborhood. *Journal of Social Issues* 38, 3:75–93.

1987. The neighborhood, personal identity, and group affiliations. In I. Altman & A. Wandersman (Eds.), *Neighborhood and Community Environments*, pp. 1–34. Vol. 9 of *Human Behavior and Environment*. New York: Plenum.

Rivlin, L. G., & M. Francis (Eds.). 1979. Provisions for people: Grand Central and Citicorp study. New York: Center for Human Environments, City University of New York.

Rivlin, L. G., & A. Windsor. 1986. A study of found spaces. New York: Environmental Psychology Program, City University of New York. Unpublished report.

Rivlin, L. G., & M. Wolfe. 1985. *Institutional Settings in Children's Lives*. New York: Wiley.

Roundtable on Rouse. 1981. *Progressive Architecture* 62, 7: 100–106.

Royal Dutch Touring Club. 1978. Woonerf: Residential precinct. *Ekistics* 273: 417–423.

Rudofsky, B. 1964. *Architecture without Architects*. New York: Museum of Modern Art.

1969. *Streets for People*. New York: Doubleday.

Rustin, M. 1986. The fall and rise of public space. *Dissent* 33: 486–494.

Rutledge, A. J. 1976. Looking beyond the applause: Chicago's First National Bank Plaza. *Landscape Architecture* 66: 22–26.

1986. *A Visual Approach to Park Design*. New York: McGraw-Hill.

Ryan, M. P. 1981. *Cradle of the Middle Class: The Family in Oneida County, New York, 1790–1865*. Cambridge: Cambridge University Press.

Sale, Kirkpatrick. 1990. *Dwellers in the Land: The Bioregional Vision*. San Francisco: Sierra Club Books.

San Francisco Department of City Planning. 1985. *The San Francisco Downtown Plan*. San Francisco.

Sandels, S. 1975. *Children in Traffic*. London: Paul Elek.

Scharnberg, C. 1973. *Bornenes jord* (Children's earth). Arhus, Denmark: Forlaget Avos.

Scheer, R. 1969. Dialectics of confrontation: Who ripped off the park. *Ramparts* 7, 2: 42–49, 52–53.

Schonberg, H. D. 1982. Where the real world meets the artists' world. *New York Times*, September 8, p. C24.

Schroeder, H. W. 1989. Research on urban forests. In E. H. Zube & G. T. Moore (Eds.), *Advances in Environment, Behavior and Design*, Vol. 2, pp. 87–113. New York: Plenum.

Schroeder, H. W., & L. M. Anderson. 1983. Perception of personal safety in urban recreation sites. *Journal of Leisure Research* 16: 178–194.

Scott, M. 1969. *American City Planning*. Berkeley: University of California Press.

Seamon, D., & C. Nordin. 1980. Marketplace as place ballet: A Swedish example. *Landscape* 24, 3: 35–41.

Sennett, R. 1977. *The Fall of Public Man*. New York: Random House.

Sijpkes, P., D. Brown, & M. MacLean. 1983. The behavior of elderly people in Montreal's indoor city. *Plan Canada* 23: 14.

Sime, J. 1986. Creating places or designing spaces. *Journal of Environmental Psychology* 6: 49–63.

Sommer, B., & R. Sommer. 1985. *A Practical Guide to Behavioral Research*. 2nd ed. New York: Oxford University Press.

Sommer, R. 1980. *Farmers' Markets of America*. Santa Barbara, Calif.: Capra Press.
1981. The behavioral ecology of supermarkets and farmer's markets. *Journal of Environmental Psychology* 1: 13–19.
1983. *Social Design*. Englewood Cliffs, N.J.: Prentice Hall.
1989. Farmers' markets as community events. In I. Altman & E. Zube (Eds.), *Public Places and Spaces*, pp. 57–82. Vol. 10 of *Human Behavior and Environment*. New York: Plenum.
Sommer, R., & F. Becker. 1969. The old men in Plaza Park. *Landscape Architecture* 59: 111–113.
Sommer, R., J. Herrick, & T. Sommer. 1981. The behavioral ecology of supermarkets and farmers' markets. *Journal of Environmental Psychology* 1: 13–19.
Sommer, R., M. Stumpf, & H. Bennett. 1982. Quality of farmers' market produce, flavor and pesticide residues. *Journal of Consumer Affairs* 16: 130–136.
Sommer, R., & R. L. Thayer. 1977. The radicalization of common ground. *Landscape Architecture* 67: 510–514.
Sommer, R., M. Wing, & S. Aitkins. 1980. Price savings to consumers at farmers' markets. *Journal of Consumer Affairs* 14, 2: 452–462.
Sommers, L. 1984. *The Community Garden Book*. Burlington, Vt.: National Gardening Association.
Sorensen, G., T. Larsson, & S. Ledet. 1973. Byggelegepladser I Storkobenhaun (Adventure playgrounds). Copenhagen. Unpublished report.
Spirn, A. W. 1984. *The Granite Garden: Urban Nature and Human Design*. New York: Basic Books.
1988. The poetics of city and nature: Towards a new aesthetic for urban design. *Landscape Journal* 2: 108–126.
Spitz, R. A. 1945. Hospitalism: An inquiry into the genesis of psychiatric conditions in early childhood. *Psychoanalytic Study of the Child* 1: 53–74.
Spivack, M. 1969. The political collapse of a playground. *Landscape Architecture* 59: 288–292.
Spring, B. F. 1978. Evaluation: Rockefeller Center's two contrasting generations of space. *AIA Journal* 67: 26–31.
Stearn, J. 1981. *Towards Community Uses of Wastelands*. London: Wastelands Forum.
Stephens, S. 1978a. At the core of the apple. *Progressive Architecture* 59: 54–59.
1978b. Introversion and the urban context. *Progressive Architecture* 59: 49–53.
Stewart, J., & R. L. McKenzie. 1978. Composing urban spaces for security, privacy and outlook. *Landscape Architecture* 68: 392–398.
Stilgoe, J. 1982. *Common Landscapes in America*. New Haven: Yale University Press.
Stokols, D., & S. A. Shumaker. 1981. People in places: A transactional view of settings. In J. H. Harvey (Ed.), *Cognition, Social Behavior, and the Environment*, pp. 441–488. Hillsdale, N.J.: Lawrence Erlbaum Associates.
Stoks, F. 1983. Assessing urban environments for danger of violent crime: Especially rape. In D. Joiner et al. (Eds.), *PAPER: Proceedings of the Conference on People and Physical Environment Research*. Wellington, New Zealand: Ministry of Work and Development.
Stone, A. 1986. A history of open space in New York City. New York: Open Space Task Force.
Storr, R. 1985. Tilted Arc. *Art in America* 73: 90–97.
Strauss, A. L. (Ed.). 1961. *Images of the American City*. New York: Free Press.
Suttles, G. 1968. *The Social Order of the Slum*. Chicago: University of Chicago Press.
Suzuki, P. 1976. Germans and Turks at German railroad stations. *Urban Life* 4: 387–412.
Talbot, J. F., & R. Kaplan. 1984. Needs and fears: The response to trees and nature in the inner city. *Journal of Arboriculture* 10: 222–228.
Taylor, L. (Ed.). 1981. *Urban Open Spaces*. New York: Rizzoli.
Tishler, W. (Ed.). 1989. *American Landscape Architecture*. Washington, D.C.: National Trust for Historic Preservation.
Trancik, R. 1986. *Finding Lost Space*. New York: Van Nostrand Reinhold.
Tuan, Y. F. 1974. *Topophilia*. Englewood Cliffs, N.J.: Prentice-Hall.
1978. Children and the natural environment. In I. Altman & I. F. Wohlwill (Eds.), *Children and the Environment*, pp. 5–32. New York: Plenum.

1980. Rootedness versus sense of place. *Landscape* 23, 1: 3–8.
Tyburczy, J. 1982. The effects of California state certified farmers' markets on downtown revitalization. M.A. thesis, University of California at Davis.
Tyburczy, J., & R. Sommer. 1983. Farmers' markets are good for downtown. *California Agriculture* 37: 30–32.
Ulrich, R. S. 1979. Visual landscapes and psychological well being. *Landscape Research* 4: 17–19.
1984. View through a window may influence recovery from surgery. *Science* 224: 420–421.
Ulrich, R. S., & D. L. Addoms. 1981. Psychological and recreational benefits of a residential park. *Journal of Leisure Research* 13: 43–65.
Ulrich, R. S., & R. F. Simons. 1986. Recovery from stress during exposure to everyday outdoor environments. In J. Wineman, R. Barnes, & C. Zimring (Eds.), *The Cost of Not Knowing: Proceedings of the 17th Environmental Design Research Association Conference*, pp. 115–122. Washington, D.C.
Untermann, R. 1984. *Accommodating the Pedestrian*. New York: Van Nostrand Reinhold.
van Andel, J. 1985. Effects on children's outdoor behavior of physical changes in a Leiden neighborhood. *Children's Environments Quarterly* 1: 46–54.
1986. Physical changes in an elementary school yard. *Children's Environments Quarterly* 3: 40–51.
Van Dyke, J. C. 1909. *The New New York: A Commentary on the Place and the People*. New York: Macmillan.
Van Vliet, W. 1983. An examination of the home range of city and suburban teenagers. *Environment and Behavior* 15: 567–588.
Vance, B. 1982. Adventure playgrounds: The American experience. *Parks and Recreation* 17, 9: 67–70.
Verwer, D. 1980. Planning residential environments according to their real use by children & adults. *Ekistics* 281: 109–113.
Vernez-Moudon, A. 1986. *Built for Change: Neighborhood Architecture in San Francisco*. Cambridge: MIT Press.
Vernez-Moudon, A. (Ed.). 1987. *Public Streets for Public Use*. New York: Van Nostrand
Veyne, P. 1987. The Roman empire. In P. Veyne (Ed.), *A History of Private Life*, pp. 5–233. Vol. 1 of *From Pagan Rome to Byzantium*. (A. Goldhammer, Trans.). Cambridge: Harvard University Press. (Original work published 1985.)
Violich, F. 1983. Urban reading and the design of small urban places. *Town Planning Review* 54: 41–62.
Von Eckardt, W. 1981. Reclaiming our waterfront. In L. Taylor (Ed.), *Urban Open Spaces*, pp.48–49. New York: Rizzoli.
Wachs, J. 1979. Primal experiences and early cognitive intellectual development. *Merrill-Palmer Quarterly* 25: 3–42.
Walzer, M. 1986. Pleasures and costs of urbanity. *Dissent* 33, 4: 479–485.
Wampler, J. 1977. *All Their Own*. Cambridge, Mass.: Schenkman Publishing.
Wandersman, A. 1981. A framework of participation in community organizations. *Journal of Applied Behavioral Science* 17: 27–58.
Ward, C. 1978. *The Child in the City*. New York: Pantheon Books.
Warner, S. B. 1962. *Street Car Suburb*. Cambridge: Harvard University Press.
1987. *To Dwell Is to Garden*. Boston: Boston University Press.
Webber, M. 1963. Order in diversity: Community without propinquity. In L. Wingo, Jr. (Ed.), *Cities and Space: The Future Use of Urban Land*, pp. 23–54. Baltimore: Johns Hopkins University Press.
Weinstein, C. S., & T. David (Eds.). 1987. *Spaces for Children: The Built Environment and Child Development*. New York: Plenum.
West Side Waterfront Panel. 1990. A Vision for the Hudson River Waterfront Park. New York: A Report to Governor Mario M. Cuomo and Mayor David N. Dinkins.
Westin, A. F. 1967. *Privacy and Freedom*. New York: Atheneum.
Whitaker, B., & K. Browne. 1971. *Parks for People*. New York: Schocken Books.
White, R. W. 1959. Motivation reconsidered: The concept of competence. *Psychological Review* 66: 313–324.
Whitzman, C. 1990. Design guidelines towards a safer city. Draft Report. City of Toronto Planning and Development Department.
Whyte, W. H. 1980. *The Social Life of Small Urban Spaces*. Washington, D.C.: The Con-

Whyte, W. H. 1988. *City: Rediscovering the Center*. New York: Doubleday.

Wilkinson, P. F., & R. S. Lockhart. 1980. Safety in children's formal play environments. In P. F. Wilkinson (Ed.), *Innovation in Play Environments*, pp. 85–96. London: Croom-Helm.

Wiedermann, D. 1985. How secure are public open spaces? *Garten und Landschaft* 95: 26–27.

Wuellner, L. H. 1979. Forty guidelines for playground design. *Journal of Leisure Research* 11: 4–14.

Wurman, R., A. Levy, & J. Katz. 1972. *The Nature of Recreation*. Cambridge: MIT Press.

Zeisel, J. 1981. *Inquiry by Design*. Cambridge: Cambridge University Press.

Zube, E. H., J. L. Sell, & J. G. Taylor. 1982. Landscape perception: Research, application and theory. *Landscape Planning* 9: 1–33.

Zube, E. & G. Moore (Eds.). 1987. 1989. 1991. *Advances in Environment, Behavior and Design*. 3 Vols. New York: Plenum.

Zucker, P. 1959. *Town and Square: From the Agora to the Village Green*. New York: Columbia University Press.

姓名索引 *

* 原书“主题索引”省略。